하루 한 권
엄마표 책 놀이터

한 그루의 나무가 모여 푸른 숲을 이루듯이
청림의 책들은 삶을 풍요롭게 합니다.

교과서가 재미있어지는 초등 교과 학습 놀이 150

하루 한 권 엄마표 책 놀이터

권정아 · 권정민 지음

청림Life

프롤로그

책 놀이로 발견하는 배움의 즐거움

"아이가 초등학교에 입학하는데 무엇을 준비해야 할까요?"

"어떻게 하면 성적을 올릴 수 있을까요?"

"공부 습관을 들이려면 어떻게 해야 할까요?"

"초등 저학년 때 학원만 보내면 될까요? 집에서 무언가를 더 해줘야 할까요?"

교사인 저희에게 부모님들이 자주 하는 질문입니다. 저희는 초등학교 저학년 시기에 무엇을 해야 할지, 성적을 올리는 방법이 있는지 질문을 받을 때마다 "독서가 중요하죠. 아이와 함께 책을 읽어보세요."라고 말씀을 드립니다. 그런데 저희 말을 듣고 부모님들은 더 고민하게 됩니다. 아이들이 책 읽기에 흥미가 없기 때문이죠. 아이의 성장 과정을 돌이켜보면 아이가 처음부터 책을 싫어하지는 않았을 겁니다. 아이가 영아기에 처음 접한 책은 새로운 경험으로 가득합니다. 책의 알록달록하고 재미있는 그림은 시각을, 부모님이 읽어주는 목소리는 청각을, 책장을 만지고 넘길 때의 경험은 촉각을 자극합니다. 이렇게 흥미로운 자극이 가득하기 때문에 대부분의 영아는 책을 좋아합니다. 하지만 아이가 책보다 더 강렬한 자극을 주는 텔레비전이나 컴퓨터 게임, 스마트폰 영상 등을 알게 되면서 책과 점점 멀어집니다. 그래서 부모님들은 저희 해답을 듣고도 '어떻게 하면 아이가 책을 다시 좋아하게 만들 수 있을까?', '어떻게 하면 아이가 책을 재미있게 읽을 수 있을까?'를 고민하게 됩니다.

아이들이 독서에 흥미를 갖게 하기 위해 저희는 가정에서 쉽게 따라 할 수 있는 책 놀이를 고안했습니다. 놀이의 소재가 되는 책은 초등학교 수업의 가장 기본이 되는 국어 교과서에 수록된 것으로 선정했습니다. 아이와 함께 재미있게 이야기를 읽고 부모가 놀이로 흥미를 이끌어준다면 아이는 쉽게 독서 습관을 들일 수 있을 것입니다. 또한 놀이는 이야기를 내면화하는 데에도 아주 효과적입니다. 보편적인 독후 활동은 책의 줄거리 요약하기, 느끼고 생각한 점 정리하기, 내가 등장인물이라면 어떻게 할지 생각해보기, 책의 제목을 다시 짓기, 끝부분에서 이어질 내용 상상해보기 등 주로 글쓰기를 통해 이뤄집니다. 하지만 생각을 글로 정교하게 풀어내기란 쉬운 일이 아니어서 아이들이 어려워하고 오랜 시간에 걸쳐 연습해야 합니다. 게다가 이렇게 정형화된 독후 활동은 아이가 책을 더 멀리하는 역효과를 낳기도 합니다. 그래서 어린아이들이 재미있고 편안하게 느낄 수 있는 놀이로 독후 활동에 접근하고자 했습니다. 특히 초등학교 입학을 준비하는 6, 7세부터 독서 습관이 바로잡혀야 하는 10세를 염두하며 아이들의 눈높이에 맞춘 활동을 개발했습니다.

과거 학교나 가정에서 이뤄진 독서 교육은 아이가 책을 몇 권 읽었는지 양적인 면을 중요시하거나 독후감 등의 독후 결과물에 치중하는 경향이 있었습니다. 하지만 최근에는 슬로 리딩, 온작품 읽기, 반복 읽기 등 한 권을 제대로 읽는 방향으로, 즉 양보다 질적인 면을 중시하는 방향으로 독서 교육이 변하고 있습니다. 책을 2번 읽으면 1번만 읽을 때보다 더 많은 독서 효과를 볼 수 있습니다. 아이가 책을 처음 읽을 때는 줄거리를 파악하는 것에 초점을 두고 두 번째 읽을 때는 그전에 놓쳤던 것들을 얻을 수 있게 꼼꼼히 읽혀보세요. 등장인물의 마음을 조금 더 이해하거나, 이야기와 관련된 새로운 의문점을 갖게 되는 식으로 아이는 책을 더 깊이 이해하게 됩니다. 이 책에서는 반복해서 읽어도 새로움을 발견할 수 있도록 하나의 이야기에 2가지 놀이를 구성했습니다. 아이가 같은 내용을 두세 번 읽는 다독을 하면 책 읽기에 싫증을 낼 수 있습니다. 같은 책을 읽어도 새로운 놀이를 하며 기대감을 높여주세요. 놀이를 먼저 하고 아이의 흥미와 호기심을 높인 후, 관련된 책을 읽는 순서로 진행해도 됩니다.

이 책은 독서와 학교 공부를 동시에 잡을 수 있도록 기획했습니다. 우선 초등학교 1~3학년 국어 교과서에 소개된 책의 줄거리를 읽습니다. 함께 제시된 질문들을 통해 내용을 더욱 깊이 있게 이해할 수 있을 것입니다. 그다음 창의력, 사고력, 상상력을 자극하는 학습 놀이로 아이의 생각을 한껏 키워줍니다. 특히 국어, 수학, 과학, 미술, 음악, 체육, 실과(코딩, 요리) 교과의 기초 개념을 익힐 수 있도록 실용성을 더했습니다. 과학 교육 전문가 선생님과 코딩 교육 전문가 선생님이 의기투합하여 놀이 속에 숨겨진 과학과 코딩 개념을 깊이 있게 담았습니다. 이 책에서 소개하는 놀이를 학교 공부에 대한 예습이나 복습으로 활용한다면 아이가 자신감을 갖고 학교생활을 하는 데 도움이 될 것입니다.

이 책은 방대한 양의 교육 자료, 다양한 교육 방법 속에서 어떤 선택이 아이를 위한 길인지 고민하는 부모님들께 도움을 드리기 위해 집필했습니다. 재미있는 놀이를 통해 공부와 독서에 자기주도적인 아이로 키우는 방법을 제시합니다. 하루 한 권 책 놀이로 배움의 즐거움을 발견하고 아이 스스로 책 읽고 공부하는 놀라운 변화를 경험하길 바랍니다.

미리보기 이 책의 구성 소개

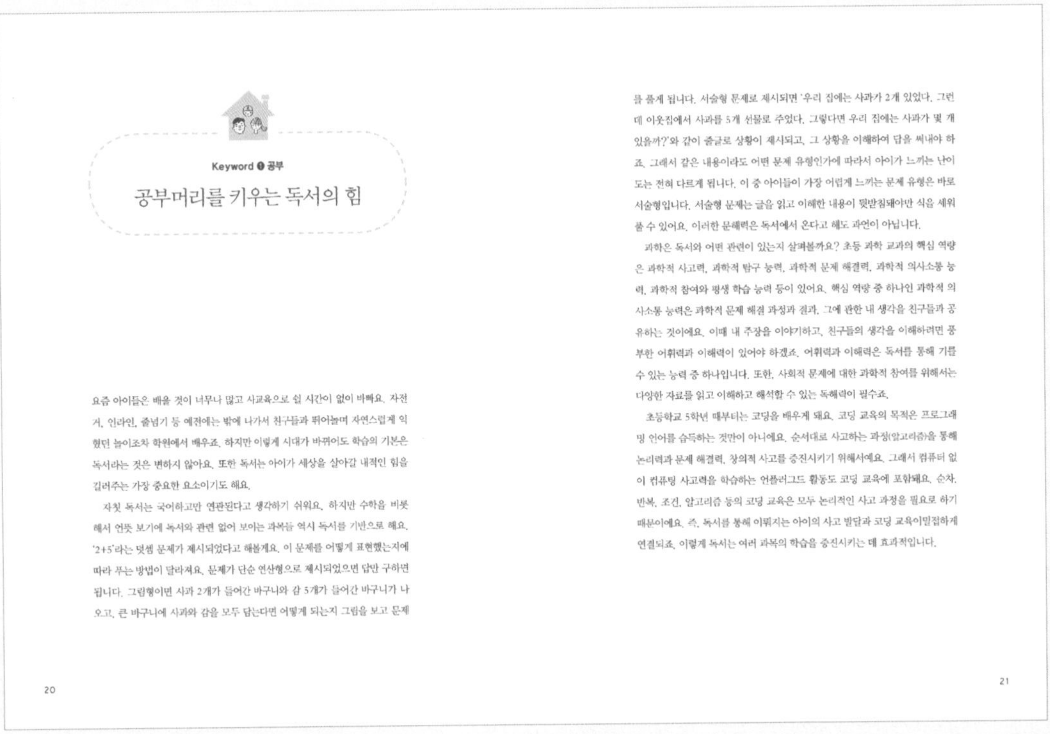

Keyword ❶ 공부

공부머리를 키우는 독서의 힘

요즘 아이들은 배울 것이 너무나 많고 사교육으로 쉴 시간이 없이 바빠요. 자전거, 인라인, 줄넘기 등 예전에는 밖에 나가서 친구들과 뛰어놀며 자연스럽게 익혔던 놀이조차 학원에서 배우죠. 하지만 이렇게 시대가 바뀌어도 학습의 기본은 독서라는 것은 변하지 않아요. 또한 독서는 아이가 세상을 살아갈 내적인 힘을 길러주는 가장 중요한 요소이기도 해요.

자칫 독서는 국어하고만 연관된다고 생각하기 쉬워요. 하지만 수학을 비롯해서 언뜻 보기에 독서와 관련 없어 보이는 과목들 역시 독서를 기반으로 해요. '2+5'라는 덧셈 문제가 제시되었다고 해볼게요. 이 문제를 어떻게 표현했는지에 따라 푸는 방법이 달라져요. 문제가 단순 연산형으로 제시되었으면 답만 구하면 됩니다. 그림형이면 사과 2개가 들어간 바구니와 감 5개가 들어간 바구니가 나오고, 큰 바구니에 사과와 감을 모두 담는다면 어떻게 되는지 그림을 보고 문제

20

를 풀게 됩니다. 서술형 문제로 제시되면 '우리 집에는 사과가 2개 있었다. 그런데 이웃집에서 사과를 5개 선물로 주었다. 그렇다면 우리 집에는 사과가 몇 개 있을까?'와 같이 줄글로 상황이 제시되고, 그 상황을 이해하여 답을 써내야 하죠. 그래서 같은 내용이라도 어떤 문제 유형인가에 따라서 아이가 느끼는 난이도는 전혀 다르게 됩니다. 이 중 아이들이 가장 어렵게 느끼는 문제 유형은 바로 서술형입니다. 서술형 문제는 글을 읽고 이해한 내용이 뒷받침돼야만 식을 세워 풀 수 있어요. 이러한 문해력은 독서에서 온다고 해도 과언이 아닙니다.

과학은 독서와 어떤 관련이 있는지 살펴볼까요? 초등 과학 교과의 핵심 역량은 과학적 사고력, 과학적 탐구 능력, 과학적 문제 해결력, 과학적 의사소통 능력, 과학적 참여와 평생 학습 능력 등이 있어요. 핵심 역량 중 하나인 과학적 의사소통 능력은 과학적 문제 해결 과정과 결과, 그에 관한 내 생각을 친구들과 공유하는 것이에요. 이때 내 주장을 이야기하고, 친구들의 생각을 이해하려면 풍부한 어휘력과 이해력이 있어야 하겠죠. 어휘력과 이해력은 독서를 통해 기를 수 있는 능력 중 하나입니다. 또한, 사회적 문제에 대한 과학적 참여를 위해서는 다양한 자료를 읽고 이해하고 해석할 수 있는 독해력이 필수죠.

초등학교 5학년 때부터는 코딩을 배우게 돼요. 코딩 교육의 목적은 프로그래밍 언어를 습득하는 것만이 아니에요. 순서대로 사고하는 과정(알고리즘)을 통해 논리력과 문제 해결력, 창의적 사고를 증진시키기 위해서예요. 그래서 컴퓨터 없이 컴퓨팅 사고력을 학습하는 언플러그드 활동도 코딩 교육에 포함돼요. 순차, 반복, 조건, 알고리즘 등의 코딩 교육은 모두 논리적인 사고 과정을 필요로 하기 때문이에요. 즉, 독서를 통해 이뤄지는 아이의 사고 발달과 코딩 교육이밀접하게 연결되죠. 이렇게 독서는 여러 과목의 학습을 증진시키는 데 효과적입니다.

21

3가지 키워드로 알아보는 책 놀이의 힘

공부, 독서, 독후 활동 3가지 키워드를 통해서 책 놀이가 아이에게 어떤 영향을 주는지 알아봅니다. 첫 번째 키워드 공부에서는 독서가 수학, 과학, 코딩 등 초등 교과와 어떤 연관성이 있는지 살펴봅니다. 두 번째 키워드 독서에서는 놀이를 통해 책을 좋아하고 자발적으로 책을 읽는 아이로 만드는 노하우를 나눕니다. 세 번째 키워드 독후 활동에서는 아이 발달에 맞춘 단계별 가이드라인을 제시합니다.

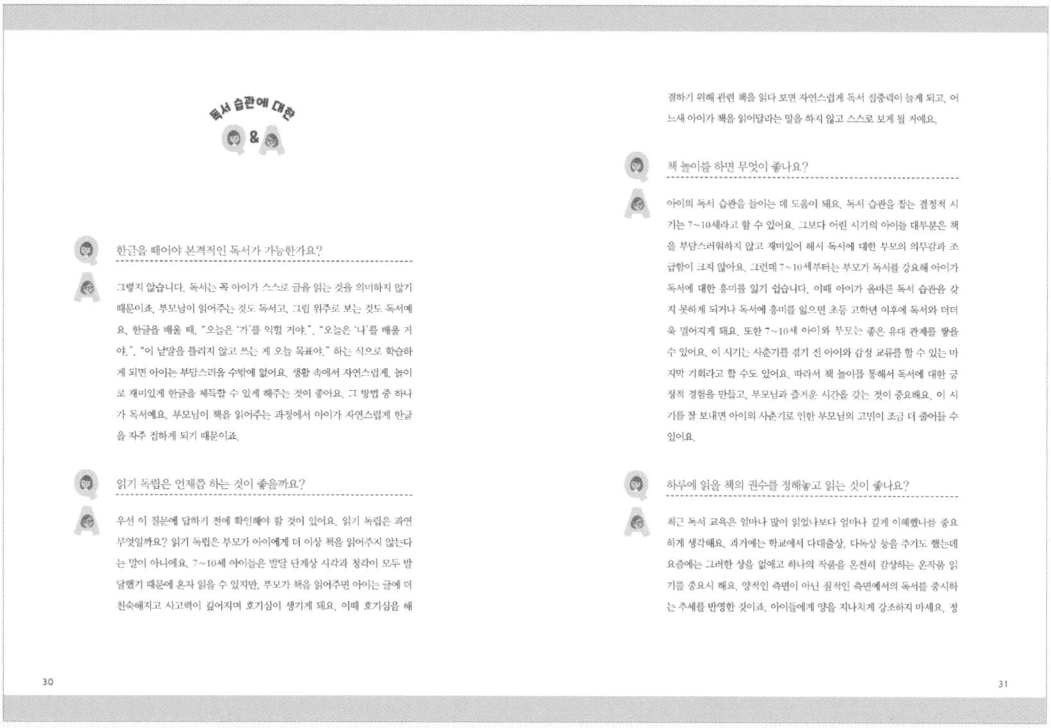
독서 습관에 대한 Q&A

Q 한글을 떼어야 본격적인 독서가 가능한가요?

A 그렇지 않습니다. 독서는 꼭 아이가 스스로 글을 읽는 것을 의미하지 않기 때문이죠. 부모님이 읽어주는 것도 독서고, 그림 위주로 보는 것도 독서예요. 한글을 배울 때, "오늘은 '가'를 익힐 거야.", "오늘은 '나'를 배울 거야.", "이 낱말을 틀리지 않고 쓰는 게 오늘 목표야." 하는 식으로 학습하게 되면 아이는 부담스러울 수밖에 없어요. 생활 속에서 자연스럽게, 놀이로 재미있게 한글을 체득할 수 있게 해주는 것이 좋아요. 그 방법 중 하나가 독서예요. 부모님이 책을 읽어주는 과정에서 아이가 자연스럽게 한글을 자주 접하게 되기 때문이죠.

Q 읽기 독립은 언제쯤 하는 것이 좋을까요?

A 우선 이 질문에 답하기 전에 확인해야 할 것이 있어요. 읽기 독립은 과연 무엇일까요? 읽기 독립은 부모가 아이에게 더 이상 책을 읽어주지 않는다는 말이 아니에요. 7~10세 아이들은 발달 단계상 시각과 청각이 모두 발달했기 때문에 혼자 읽을 수 있지만, 부모가 책을 읽어주면 아이는 글에 더 친숙해지고 사고력이 깊어지며 호기심이 생기게 돼요. 이때 호기심을 해

30

결하기 위해 관련 책을 읽다 보면 자연스럽게 독서 집중력이 늘게 되고, 어느새 아이가 책을 읽어달라는 말을 하지 않고 스스로 보게 될 거예요.

Q 책 놀이를 하면 무엇이 좋나요?

A 아이의 독서 습관을 들이는 데 도움이 돼요. 독서 습관을 잡는 결정적 시기는 7~10세라고 할 수 있어요. 그보다 어린 시기의 아이들 대부분은 책을 부담스러워하지 않고 재미있어 해서 독서에 대한 부모의 의무감과 조급함이 크지 않아요. 그런데 7~10세부터는 부모가 독서를 강요해 아이가 독서에 대한 흥미를 잃기 쉽습니다. 이때 아이가 올바른 독서 습관을 갖지 못하게 되거나 독서에 흥미를 잃으면 초등 고학년 이후에 독서와 더더욱 멀어지게 돼요. 또한 7~10세 아이와 부모는 좋은 유대 관계를 쌓을 수 있어요. 이 시기는 사춘기를 겪기 전 아이와 감성 교류를 할 수 있는 마지막 기회라고 할 수도 있어요. 따라서 책 놀이를 통해서 독서에 대한 긍정적 경험을 만들고, 부모님과 즐거운 시간을 갖는 것이 중요해요. 이 시기를 잘 보내면 아이의 사춘기로 인한 부모님의 고민이 조금 더 줄어들 수 있어요.

Q 하루에 읽을 책의 권수를 정해놓고 읽는 것이 좋나요?

A 최근 독서 교육은 얼마나 많이 읽었나보다 얼마나 깊게 이해했나를 중요하게 생각해요. 과거에는 학교에서 다대출상, 다독상 등을 주기도 했는데 요즘에는 그러한 상을 없애고 하나의 작품을 온전히 감상하는 온작품 읽기를 중요시 해요. 양적인 측면이 아닌 질적인 측면에서의 독서를 중시하는 추세를 반영한 것이죠. 아이들에게 양을 지나치게 강조하지 마세요. 정

31

책 놀이를 하기 전 알아두면 좋은 Q&A

초등학교 선생님인 저자들이 자주 받는 질문을 뽑아 '독서 습관에 대한 Q&A'와 '독후 활동에 관한 Q&A'로 구성했습니다. 독서 습관에 대한 Q&A는 아이에게 책을 처음 접하게 하는 방법, 책을 대충 읽는 것을 바로잡는 방법 등의 비결을 공개합니다. 독후 활동에 관한 Q&A는 책을 선정하는 기준부터 독후 활동에서 부모의 역할까지 다양한 궁금증을 다룹니다.

생각의 깊이를 확인하는 질문

질문을 통해 아이와 자연스럽게 이야기를 나눠봅시다. 책의 내용을 이해했는지 확인하는 질문과 창의력 및 사고력을 키우는 열린 질문으로 아이 생각의 깊이를 확인할 수 있습니다.

01

글자동물원

이안 글 | 최미란 그림 | 문학동네 | 2015

국어 교과서 수록 학년

1-1, 6단원 (받침이 있는 글자)

이야기 내용 소개

초등 1학년 국어 교과서에는 「글자동물원」 동시집에 수록된 동시 「큰자동롬원」이 나와요. 이 시를 처음 읽으면 고개를 갸우뚱할 거예요. 거꾸로 뒤집어진 글자가 이곳저곳 숨어 있거든요. 예를 들어 '글'은 '른'으로 '물'은 '롬'으로요. 그래서 '글자동물원'이라는 시 제목도 '큰자동롬원'이라고 써 있어요. 이 시 안에는 뒤집어진 글자가 총 7개 숨어 있어 책을 요리조리 돌려가며 원래 글자를 맞춰보는 재미가 있어요. 뒤집어진 글자를 원래대로 맞추면 비로소 시의 의미를 파악할 수 있을 거예요.

40

Q

내용 이해하기

1. 아래 제시된 글자 중 뒤집어도 읽을 수 있는 글자를 찾아보세요.

른, 가, 나, 뭉

2. 위에서 찾은 글자를 뒤집어서 읽어볼까요?

생각 주머니 키우기

1. 다음 글자를 거꾸로 뒤집으면 어떤 모양이 될지 써보세요.

곰 →

2. 거꾸로 뒤집어진 글자를 보며 어떤 느낌이나 생각이 들었나요?

나의 감상을 한 줄로 표현해보세요.

41

국어 교과서 수록 도서 39권 소개

책 놀이에 활용되는 도서는 모두 2015 개정 교육과정 초등 1~3학년 국어 교과서에 실린 것으로 선정했습니다. 책 제목과 함께 국어 교과서 수록 학년 및 단원을 알 수 있게 표기했습니다. 줄거리를 간략하게 담아 책 놀이를 할 때 참고할 수 있도록 했습니다.

한 줄 감상문

인상 깊은 문장이나 감상 후 느낀 점, 줄거리 요약 등을 직접 쓰는 공간입니다.

초등 교사 저자들이 개발한 놀이 수업

8개 교과 놀이(국어놀이, 수학놀이, 과학놀이, 코딩놀이, 미술놀이, 음악놀이, 체육놀이, 요리놀이)를 통해 아이가 교과 학습을 할 수 있습니다.

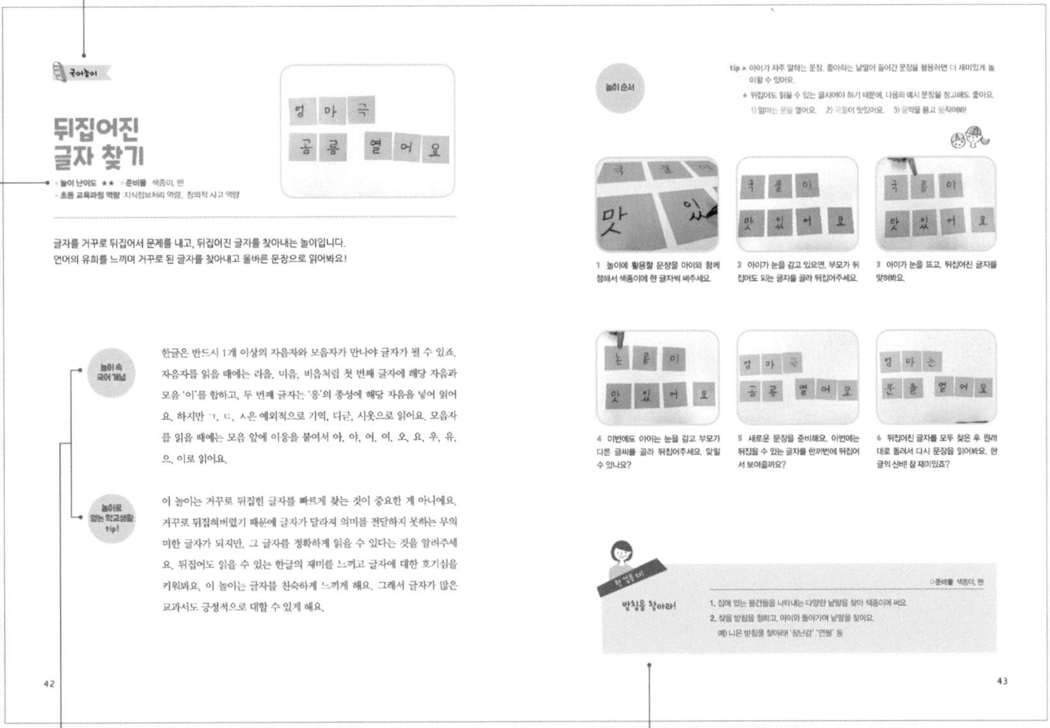

국어놀이

뒤집어진 글자 찾기

- 놀이 난이도 ★★ - 준비물 색종이, 펜
- 초등 교육과정 역량 지식정보처리 역량, 창의적 사고 역량

글자를 거꾸로 뒤집어서 문제를 내고, 뒤집어진 글자를 찾아내는 놀이입니다.
언어의 유희를 느끼며 거꾸로 된 글자를 찾아내고 올바른 문장으로 읽어봐요!

놀이 속 국어 개념

한글은 반드시 1개 이상의 자음자와 모음자가 만나야 글자가 될 수 있죠. 자음자를 읽을 때에는 리을, 미음, 비읍처럼 첫 번째 글자에 해당 자음과 모음 '이'를 합하고, 두 번째 글자는 '응'의 종성에 해당 자음을 넣어 읽어요. 하지만 ㄱ, ㄷ, ㅅ은 예외적으로 기역, 디귿, 시옷으로 읽어요. 모음자를 읽을 때에는 모음 앞에 이응을 붙여서 아, 야, 어, 여, 오, 요, 우, 유, 으, 이로 읽어요.

놀이로 얻는 학교생활 tip!

이 놀이는 거꾸로 뒤집힌 글자를 빠르게 찾는 것이 중요한 게 아니에요. 거꾸로 뒤집혀버렸기 때문에 글자가 달라져 의미를 전달하지 못하는 무의미한 글자가 되지만, 그 글자를 정확하게 읽을 수 있다는 것을 알려주세요. 뒤집어도 읽을 수 있는 한글의 재미를 느끼고 글자에 대한 호기심을 키워봐요. 이 놀이는 글자를 친숙하게 느끼게 해요. 그래서 글자가 많은 교과서도 긍정적으로 대할 수 있게 해요.

42

놀이 순서

tip ★ 아이가 자주 말하는 문장, 좋아하는 낱말이 들어간 문장을 활용하면 더 재미있게 놀이할 수 있어요.
★ 뒤집어도 읽을 수 있는 글자여야 하기 때문에, 다음의 예시 문장을 참고해도 좋아요.
1) 엄마는 문을 열어요. 2) 국물이 맛있어요. 3) 음악을 듣고 움직여봐!

1 놀이에 활용할 문장을 아이와 함께 정해서 색종이에 한 글자씩 써주세요.

2 아이가 눈을 감고 있으면, 부모가 뒤집어도 되는 글자를 골라 뒤집어주세요.

3 아이가 눈을 뜨고, 뒤집어진 글자를 맞혀봐요.

4 이번에도 아이는 눈을 감고 부모가 다른 글씨를 골라 뒤집어주세요. 맞힐 수 있나요?

5 새로운 문장을 준비해요. 이번에는 뒤집을 수 있는 글자를 한꺼번에 뒤집어서 보여줄까요?

6 뒤집어진 글자를 모두 찾은 후 원래대로 돌려서 다시 문장을 읽어봐요. 한글의 신비! 참 재미있죠?

한 걸음 더!

받침을 찾아라!

○준비물 색종이, 펜

1. 집에 있는 물건들을 나타내는 다양한 낱말을 찾아 색종이에 써요.
2. 찾을 받침을 정하고, 아이와 돌아가며 낱말을 찾아요.
예) ㄴ은 받침을 찾아라! '장난감' '연필' 등

43

초등 입학 준비부터 수업 복습까지 학교생활 마스터!

'놀이 속 교과 개념'은 본격적으로 놀이하기 전, 아이와 놀이 속에 숨어 있는 학습 내용을 나눌 수 있게 구성했습니다. '놀이로 얻는 학교생활 tip!'에는 심화 연계 교육과정, 학교생활 도움말, 놀이 시 주목해서 다뤄야 할 점 등을 담았습니다.

플러스 놀이

소개된 놀이와 비슷한 준비물로 할 수 있는 확장 놀이를 실었습니다.

놀이 난이도 및 초등 교육과정 역량

놀이 난이도는 아이 연령에 따라 별 1~3개로 표현했습니다. 별 1개는 6~8세, 2개는 8~9세, 3개는 8~10세 아이가 하기에 알맞습니다. 2015 개정 교육과정은 6가지 핵심 역량(지식정보처리 역량, 창의적 사고 역량, 의사소통 역량, 심미적 감성 역량, 자기관리 역량, 공동체 역량)을 바탕으로 합니다. 해당 놀이로 키울 수 있는 초등 교육과정 역량을 명시했습니다.

차례

Chapter 01 공부 자신감과 독서 습관이 생기는 책 놀이의 마법

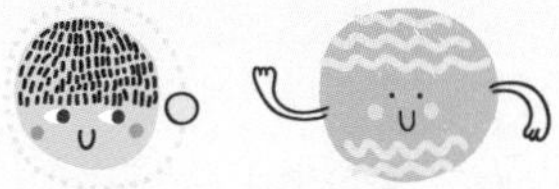

Chapter 02

★어휘력·표현력 UP★

호기심을 자극하는 엉뚱한 상상 이야기

Chapter 03

★인성·관계 UP★

마음이 따뜻해지는 사랑 이야기

Chapter 04

★사고력·창의력 UP★

신기한 별별 세계 이야기

놀이 Index

아이만의 표현력이 쑥쑥
미술놀이

리듬감을 익히는
음악놀이

소근육을 발달시키는
체육놀이

맛있는 음식이 뚝딱!
요리놀이

Chapter 01

\ 공부 자신감과 /
독서 습관이 생기는
책 놀이의
마법

Keyword ❶ 공부

공부머리를 키우는 독서의 힘

요즘 아이들은 배울 것이 너무나 많고 사교육으로 쉴 시간이 없이 바빠요. 자전거, 인라인, 줄넘기 등 예전에는 밖에 나가서 친구들과 뛰어놀며 자연스럽게 익혔던 놀이조차 학원에서 배우죠. 하지만 이렇게 시대가 바뀌어도 학습의 기본은 독서라는 것은 변하지 않아요. 또한 독서는 아이가 세상을 살아갈 내적인 힘을 길러주는 가장 중요한 요소이기도 해요.

자칫 독서는 국어하고만 연관된다고 생각하기 쉬워요. 하지만 수학을 비롯해서 언뜻 보기에 독서와 관련 없어 보이는 과목들 역시 독서를 기반으로 해요. '2+5'라는 덧셈 문제가 제시되었다고 해볼게요. 이 문제를 어떻게 표현했는지에 따라 푸는 방법이 달라져요. 문제가 단순 연산형으로 제시되었으면 답만 구하면 됩니다. 그림형이면 사과 2개가 들어간 바구니와 감 5개가 들어간 바구니가 나오고, 큰 바구니에 사과와 감을 모두 담는다면 어떻게 되는지 그림을 보고 문제를 풀게 됩니다. 서술형 문제로 제시되면 '우리 집에는 사과가 2개 있었다. 그런데 이웃집에서 사과를 5개 선물로 주었다. 그렇다면 우리 집에는 사과가 몇 개 있을까?'와 같이 줄글로 상황이 제시되고, 그 상황을 이해하여 답을 써내야 하죠. 그래서 같은 내용이라도 어떤 문제 유형인가에 따라서 아이가 느끼는 난이도는 전혀 다르게 됩니다. 이 중 아이들이 가장 어렵게 느끼는 문제 유형은 바로 서술형입니다. 서술형 문제는 글을 읽고 이해한 내용이 뒷받침돼야만 식을 세워 풀 수 있어요. 이러한 문해력은 독서에서 온다고 해도 과언이 아닙니다.

과학은 독서와 어떤 관련이 있는지 살펴볼까요? 초등 과학 교과의 핵심 역량은 과학적 사고력, 과학적 탐구 능력, 과학적 문제 해결력, 과학적 의사소통 능력, 과학적 참여와 평생 학습 능력 등이 있어요. 핵심 역량 중 하나인 과학적 의사소통 능력은 과학적 문제 해결 과정과 결과, 그에 관한 내 생각을 친구들과 공유하는 것이에요. 이때 내 주장을 이야기하고, 친구들의 생각을 이해하려면 풍부한 어휘력과 이해력이 있어야 하겠죠. 어휘력과 이해력은 독서를 통해 기를 수 있는 능력 중 하나입니다. 또한, 사회적 문제에 대한 과학적 참여를 위해서는 다양한 자료를 읽고 이해하고 해석할 수 있는 독해력이 필수죠.

초등학교 5학년 때부터는 코딩을 배우게 돼요. 코딩 교육의 목적은 프로그래밍 언어를 습득하는 것만이 아니에요. 순서대로 사고하는 과정(알고리즘)을 통해 논리력과 문제 해결력, 창의적 사고를 증진시키기 위해서예요. 그래서 컴퓨터 없이 컴퓨팅 사고력을 학습하는 언플러그드 활동도 코딩 교육에 포함돼요. 순차, 반복, 조건, 알고리즘 등의 코딩 교육은 모두 논리적인 사고 과정을 필요로 하기 때문이에요. 즉, 독서를 통해 이뤄지는 아이의 사고 발달과 코딩 교육이밀접하게 연결되죠. 이렇게 독서는 여러 과목의 학습을 증진시키는 데 효과적입니다.

Keyword ❷ 독서

독서 시간이 즐거워지는 책 놀이

책이 주는 긍정적인 효과는 무궁무진합니다. 독서의 효과를 한번 살펴볼까요. 책을 통해 아이는 새로운 정보와 지식을 얻고, 호기심을 충족시켜요. 또한 세상에 대한 이해의 폭이 넓어지며, 깊이 있게 사고하는 능력을 키울 수 있어요. 상상력과 창의력은 커지고, 정서는 풍부해져요. 또한 건강한 자아 개념을 갖고 자신감과 문제 해결력을 키우는 데도 도움이 돼요. 책을 매개로 부모님과 대화를 자주 하면 유대감도 깊어질 수 있어요.

초등학교 저학년 아이를 둔 부모들의 주요 관심사는 책을 좋아하는 아이, 독서하는 아이, 독서 습관이 잘 잡혀서 공부 습관으로 이어지는 아이로 키우는 거예요. 책을 좋아하는 아이도 있지만 그렇지 않은 아이도 있어요. 어릴 때는 책을 좋아하는 것 같았는데 점점 관심을 보이지 않는 것 같아 걱정하는 경우도 있죠. 책을 좋아하는 아이로 키우려면 아이에게 학습과 공부의 도구로 책을 주지 말고, 이를 닦고 밥을 먹고 잠을 자는 기본적인 생활 습관처럼 책이 일상 속에 있게 하는 것이 중요합니다. 그리고 무엇보다도 아이에게 책이 즐겁게 인식될 수 있도록 해야 해요. 재미있고, 새로운 사실을 알 수 있고, 궁금증을 해결해줄 수 있는 것이 바로 독서라고 말이죠. 만약 아이에게 매일 몇 권의 책을 의무적으로 읽게 한다거나 이 책을 읽으면 원하는 것을 들어준다고 하거나 책을 읽고 꼭 줄거리를 요약해보라고 하는 등 의무감이나 부담감을 심어주면 아이는 독서에 대한 흥미를 점점 잃어버릴 수밖에 없어요.

독서 습관을 잡는 데 가장 중요한 시기는 7~10세입니다. 이 시기 아이에게 책을 가까이 하고 독서를 생활화하는 습관을 만들어주기 위해서 가장 중요한 것은 바로 책을 좋아하게 만드는 거예요. 책을 좋아하게 하려면 책을 자주 접하는 것이 좋겠죠. 아이가 책을 곁에 두고 생활할 수 있는 환경을 제공해주는 것이 가장 좋아요. 거실에 텔레비전을 없애고, 많은 책을 아이 주변에 두고, 가족 구성원 모두가 책을 즐겨 읽는 환경을 제공하면 가장 좋겠지만, 현실적으로 쉽지 않아요. 그래서 대안이 될 수 있는 방법은 책을 놀이의 일부로 활용하는 거예요. 물론 책을 자주 접하는 환경과 책 놀이를 병행하면 효과가 더욱 클 거예요. 책이 곧 놀이가 되는 경험을 통해 독서에 대한 긍정적인 감정을 가질 수 있고, 그 시간 동안 아이의 어휘력과 독해력, 사고력, 상상력, 창의력이 커지게 돼요. 이러한 경험이 반복되면 부모님이 독서 후에 놀이를 같이 하지 않아도 아이 스스로 책과 관련된 놀이를 만드는 놀라운 모습이 나타나기도 해요.

Keyword ❸ 독후 활동

독후 활동의 A to Z

독후 활동은 아이에게 책을 읽고 또 다른 활동을 해야 한다는 부담을 줄 수 있어요. 하지만 어떤 근사한 결과물을 만들어야 한다는 편견과 의무감에서 벗어나 아이의 눈높이에 맞는 독후 활동을 한다면 독서에 대한 흥미는 물론 사고력, 창의력을 높이는 시간으로 만들 수 있어요. 독후 활동은 아이가 스스로 무언가를 해내면서 자존감을 높이고, 메타인지 능력을 기르는 데 도움이 돼요. 이 장에서는 독후 활동의 종류를 살펴보고, 아이의 수준에 따라 차츰 난이도를 높여갈 수 있는 방법을 소개할게요.

쓰기 활동

Step1 가장 간단한 쓰기 활동으로는 읽었던 책 기록하기를 들 수 있어요. 어떤 책을 읽었는지 제목과 지은이를 쓰거나, 가장 인상 깊었던 문장을 써보는 것이죠. 감상은 한 문장으로 간단해도 좋아요. 학교에서는 '독서 기록장'을 이용하기도 해요.

Step2 기록하기에서 한 발짝 더 나아가 내용 요약하기를 해볼 수 있어요. 내용을 요약할 때는 독후감처럼 줄글로만 써야 한다는 부담을 주지 않고, 자유로운 표현 방식을 우선으로 하는 게 좋아요. 이때 마인드맵을 활용하면 내용 요약이 훨씬 쉬워져요.

Step3 자신의 생각을 글로 표현하는 데 어느 정도 익숙해졌다면, 조금 더 발전된 형태의 활동을 해볼 수 있어요. 책의 주인공이나 작가에게 편지를 써보기, 결말을 바꿔서 써보기, 다른 사람에게 이 책을 추천하는 글쓰기, 책의 내용이나 느낀 점을 시로 표현해보기 등 아이에게 독후감 형식을 제안해주세요. 아이가 형식에 맞춰 생각을 정리하고 글쓰기 능력도 기를 수 있어요.

Step4 메타인지 능력을 기르는 데 도움이 되는 다양한 쓰기 활동이 있어요. OX 퀴즈, 빈 칸 채우기, 낱말 채우기 등 독서 퀴즈를 풀며 자신이 무엇을 모르는지 확인할 수 있어요. 독서 퀴즈를 직접 만들어보면 아이의 두뇌 발달에 더욱 도움이 돼요.

Step5 심화 활동으로는 아이가 스스로 독후감 형식을 선택해보는 것이 있어요. 자신의 감상을 어떻게 하면 가장 잘 드러낼 수 있을지 생각하는 과정은 아이에게 어려울 수 있어요. 하지만 생각을 자유롭게 펼칠 수 있기 때문에 아이의 생각 주머니를 넓히는 데 아주 효과적이에요. 독후감을 쓸 때에는 줄거리 요약보다 아이의 감상을 더 많이 담아내는 것이 중요하다는 것을 꼭 강조해주세요. 쓰기에 흥미가 없는 아이의 경우 독후감을 강요하면 독서에 흥미를 잃고 책을 부담스러워하며 질려버릴 수 있다는 것을 주의하세요. 또 다른 쓰기 활동으로는 학교에서 자주 하는 문집 만들기를 집에서도 해볼 수 있어요. 아이가 만든 독후 활동을 다 모아서 문집으로 엮으면 아이의 성취감도 커지게 됩니다.

말하기 활동

Step1 책을 소리 내어 읽어보세요. 책 전체를 소리 내 읽기 힘들면, 우선 책을 다 읽고 가장 흥미진진했던 부분만 부모와 다시 소리 내 읽는 방법이 있어요. 이때 아이와 부모가 각자 등장인물 역할을 맡아 읽기, 한 문장씩 번갈아 가며 읽기, 한 문단씩 읽기 등 방법을 정해서 읽으면 집중력이 높아질 뿐만 아니라 정확한 발음을 연습하는 데 큰 도움이 돼요.

Step2 책과 관련된 내 생각을 말하는 것 역시 말하기 활동에 포함돼요. 아이들은 쓰는 것에 부담을 느끼는 경향이 있어요. 쓰기는 말하기보다 더 오래 걸리고, 더 연습해야 하고, 덜 익숙하기 때문이죠. 쓰기 활동에서 했던 책의 주인공이나 작가에게 편지 써보기, 결말을 바꿔서 써보기, 책을 소개하는 글 써보기를 모두 말하기 활동으로 대체할 수 있어요. 책의 주인공이나 작가를 만나면 꼭 하고 싶은 말하기, 결말이 달라졌다면 어땠을지 예상해서 말하기 등을 해볼 수도 있고요. 이때 부모는 아이의 말을 충분히 들어주는 수용적인 분위기를 유도하고 아이가 이야기를 더 할 수 있도록 이끌어주는 것이 중요해요. 친구에게 책을 추천하는 말하기는 역할 놀이를 통해 부모가 친구가 되어주는 방법으로 할 수 있어요.

Step3 독후감 쓰기에 앞서 말로 내용을 정리해볼 수 있어요. '읽기 전 생각(책을 읽게 된 동기, 책의 표지를 보고 든 느낌)', '읽으며 든 생각(전체 줄거리, 인상 깊은 장면)', '읽고 난 후 생각(책을 읽고 난 후 느낌, 새롭게 알게 된 점, 더 알고 싶은 점)'으로 아이가 생각을 추리고 말하는 것은 체계적인 독후감 쓰기의 밑바탕이 돼요.

읽기 활동

Step1 읽기를 독후 활동으로 한다는 것은 '연계 독서'를 의미해요. 연계 독서는 관련 도서를 읽고 사고의 폭을 넓힐 수 있는 좋은 방법이에요. 이때 관련 도서를 선정하는 기준은 다양해요. 창작, 명작, 전래, 과학, 인성, 자연관찰 등의 대분야 안에서 선택할 수 있어요. 그리고 책의 소재에 따라 같은 소재를 다룬 책을 찾아볼 수 있어요. 이때는 아이와 함께 이 책의 소재가 무엇인지 생각해보는 과정을 거치는 것이 좋아요. '친구', '교실', '오해', '싸움', '화해' 등 아이와 함께 책의 주요 소재를 찾아봐요.

Step2 같은 작가가 쓴 다른 책을 찾아보는 방법도 있어요. 이 방법은 이야기에서 벗어나 이 책을 지은 사람에 대한 궁금증으로 생각을 확장시키고, 인물에 대한 탐구를 할 수 있는 좋은 방법이에요. 한 작가의 다른 책을 읽어보고 "작가는 왜 이러한 이야기를 썼을까?", "작가의 실제 이야기일까?", "작가가 어린이들에게 하고 싶은 말이 무엇일까?"에 대해 함께 이야기를 나누어볼 수 있어요.

Step3 서점이나 도서관을 방문해 연계 독서로 읽을 책을 아이와 함께 고르는 방법도 좋아요. 독서 습관을 들이는 데 있어서 서점이나 도서관을 아이에게 친숙한 공간으로 만드는 것은 중요해요. 도서관이나 서점에 방문해 책들의 분류 기준을 살펴보거나 신간을 찾아보는 등의 활동도 함께할 수 있어요.

그리기/만들기 활동

Step1 그림으로 표현하는 독후 활동으로는 책 표지 따라 그려보기, 등장인물 따라 그려보기, 인상 깊은 장면을 따라 그려보기, 글로 표현된 장면을 머릿속에 떠오르는 장면으로 표현하기 등이 있어요. 또 책 내용에 나온 중요한 물건이나 이야기 소재를 직접 찰흙, 색종이 등으로 만들어보는 것도 좋아요.

Step2 한 단계 더 심화된 활동으로는 전체 줄거리를 요약한 미니 북 만들기, 책 광고지 만들기, 인상 깊은 구절을 쓴 책갈피 만들기, 재미있었던 내용을 만화로 그리기 등이 있어요. 이 활동들은 그리거나 만들기 전에 완성된 모습을 구상하는 과정이 필요해요.

Step3 마지막 단계는 아이가 직접 나만의 책을 만들어보는 거예요. 뒷부분의 내용을 바꾸어 써본다든가 등장인물에 변화를 주는 식으로 이야기를 직접 지어볼까요? 아이가 책의 제목도 직접 붙여볼 수 있겠죠. 이 활동으로 아이는 작가가 되는 경험을 할 수 있어요.

그 외 활동

책에 나온 음식을 요리해보고 미술관이나 음악회, 영화관에서 관련 작품을 관람하는 것도 독후 활동이 될 수 있어요. 책의 내용과 관련해서 가족 여행을 다녀오는 것도 의미 있는 독후 활동이에요. 예를 들어, 시각장애인이 주인공인 책을 읽고 서울시 북촌에 있는 '어둠속의대화' 프로그램을 체험하는 거예요. 이 프로그램은 100분 동안 암흑 속에서 다양한 활동을 하며 시각장애인의 입장을 경험해볼 수 있어요. 또 책 속에 식물이 나온다면 식물을 직접 길러보는 활동도 할 수 있겠죠. 책에 나오는 장면을 체험하는 활동은 아이에게 큰 의미를 주고 기억에도 오래 남아요. 7~10세 아이들이 좋아하는 활동으로 보드게임도 있어요. 학교에서 쉬는 시간에 삼삼오오 둘러앉아 보드게임을 하느라 시간 가는 줄 모르는 아이들이 많아요. 간단한 보드게임판을 만들어보는 것도 추천해요.

마지막으로 드리고 싶은 말은 독후 활동을 꼭 시간을 정해서, 책상에 앉아서 해야 할 필요는 없다는 것이에요. 일상 속에서 손쉽게 할 수 있는 독후 활동부터 찾아서 함께 해보세요.

독서 습관에 대한 Q&A

Q 한글을 떼어야 본격적인 독서가 가능한가요?

A 그렇지 않습니다. 독서는 꼭 아이가 스스로 글을 읽는 것을 의미하지 않기 때문이죠. 부모님이 읽어주는 것도 독서고, 그림 위주로 보는 것도 독서예요. 한글을 배울 때, "오늘은 '가'를 익힐 거야.", "오늘은 '나'를 배울 거야.", "이 낱말을 틀리지 않고 쓰는 게 오늘 목표야." 하는 식으로 학습하게 되면 아이는 부담스러울 수밖에 없어요. 생활 속에서 자연스럽게, 놀이로 재미있게 한글을 체득할 수 있게 해주는 것이 좋아요. 그 방법 중 하나가 독서예요. 부모님이 책을 읽어주는 과정에서 아이가 자연스럽게 한글을 자주 접하게 되기 때문이죠.

Q 읽기 독립은 언제쯤 하는 것이 좋을까요?

A 우선 이 질문에 답하기 전에 확인해야 할 것이 있어요. 읽기 독립은 과연 무엇일까요? 읽기 독립은 부모가 아이에게 더 이상 책을 읽어주지 않는다는 말이 아니에요. 7~10세 아이들은 발달 단계상 시각과 청각이 모두 발달했기 때문에 혼자 읽을 수 있지만, 부모가 책을 읽어주면 아이는 글에 더 친숙해지고 사고력이 깊어지며 호기심이 생기게 돼요. 이때 호기심을 해

결하기 위해 관련 책을 읽다 보면 자연스럽게 독서 집중력이 늘게 되고, 어느새 아이가 책을 읽어달라는 말을 하지 않고 스스로 보게 될 거예요.

책 놀이를 하면 무엇이 좋나요?

아이의 독서 습관을 들이는 데 도움이 돼요. 독서 습관을 잡는 결정적 시기는 7~10세라고 할 수 있어요. 그보다 어린 시기의 아이들 대부분은 책을 부담스러워하지 않고 재미있어 해서 독서에 대한 부모의 의무감과 조급함이 크지 않아요. 그런데 7~10세부터는 부모가 독서를 강요해 아이가 독서에 대한 흥미를 잃기 쉽습니다. 이때 아이가 올바른 독서 습관을 갖지 못하게 되거나 독서에 흥미를 잃으면 초등 고학년 이후에 독서와 더더욱 멀어지게 돼요. 또한 7~10세 아이와 부모는 좋은 유대 관계를 쌓을 수 있어요. 이 시기는 사춘기를 겪기 전 아이와 감정 교류를 할 수 있는 마지막 기회라고 할 수도 있어요. 따라서 책 놀이를 통해서 독서에 대한 긍정적 경험을 만들고, 부모님과 즐거운 시간을 갖는 것이 중요해요. 이 시기를 잘 보내면 아이의 사춘기로 인한 부모님의 고민이 조금 더 줄어들 수 있어요.

하루에 읽을 책의 권수를 정해놓고 읽는 것이 좋나요?

최근 독서 교육은 얼마나 많이 읽었나보다 얼마나 깊게 이해했나를 중요하게 생각해요. 과거에는 학교에서 다대출상, 다독상 등을 주기도 했는데 요즘에는 그러한 상을 없애고 하나의 작품을 온전히 감상하는 온작품 읽기를 중요시 해요. 양적인 측면이 아닌 질적인 측면에서의 독서를 중시하는 추세를 반영한 것이죠. 아이들에게 양을 지나치게 강조하지 마세요. 정

독이 우선입니다.

아이가 책을 싫어하면 어떻게 해야 하나요?

아이가 책에 흥미가 없다면 책을 접할 수 있는 환경에 자주 노출시켜주세요. 도서관이나 대형 서점처럼 책이 많고 책을 읽고 고르는 여러 사람들의 모습을 접할 수 있는 곳을 부모와 함께 가면 아이에게 긍정적인 자극을 줄 수 있어요.

아이에게 책과 재미있는 이벤트는 서로 관련 있다는 인식을 심어주는 것도 하나의 방법이에요. 도서관에 가는 날은 도서관 식당에서 맛있는 라면을 사 먹는 날이라든지, 서점에 가는 날은 가지고 싶은 책을 무엇이든 한 권 사는 날이라든지 말이죠.

책을 읽기 전에 아이의 호기심을 유발하는 활동을 하는 것도 책과 친해지는 좋은 방법이에요. 예를 들어, 책의 표지를 보고 내용을 추측해보는 것도 좋아요. 같은 동화책이라도 출판사마다 책 표지가 다르기 때문에 비교하면서 공통점과 차이점을 찾아보는 것도 재미있어요.

어쩌면 아이는 책 자체가 아닌 독서할 때 정해진 규칙 때문에 책을 싫어할 수도 있어요. 시간이나 권수를 정해놓고 매일 강요하거나, 아이의 흥미를 고려하지 않은 독후 활동을 하면 아이가 지루하고 부담스러워할 수 있어요. 이러한 경우, 어떻게 독서하고 싶은지 아이 생각을 들어주고 스스로 약속을 정해서 지킬 수 있도록 지지해주는 것이 효율적이에요.

Q 아이가 책을 대충 읽고 다 읽었다고 할 때는 어떻게 해야 하나요?

A 아이에게 책의 내용을 물어봤을 때 잘 이해하고 있다면 보다 높은 수준의 책이 필요한 상태예요. 하지만 그렇지 않다면 독서가 제대로 이뤄지지 않았다는 뜻이죠. 교실에서 아이들과 국어 지문을 읽을 때, 차례차례 한 명씩 돌아가며 소리 내어 읽기도 해요. 같은 학년이라도 아이들의 낭독 수준은 천차만별이어서 가정에서도 이렇게 낭독을 하면서 천천히 읽는 연습이 필요합니다. 아이의 친구들이 읽는 책의 수준을 참고는 하되 비교하지 말고, 내 아이의 독서 수준에 맞춰서 소리 내어 읽는 연습을 해보세요. 목표를 단계적으로 나누어 성공을 여러 번 경험하게 하는 것이 중요해요. 짧고 쉬운 책부터 소리 내어 읽고 내용을 파악하면 점차 길고 어려운 책도 읽게 될 수 있을 거예요.

독후 활동에 대한 Q&A

Q 꼭 연령별 추천 도서를 읽혀야 하나요?

A 독후 활동에서 책을 선정하는 것은 중요한 과정 중 하나입니다. 가끔 학교나 학원에서 연령별 추천 도서를 알려주기도 하는데요. 추천 도서 목록을 보면 그 책들을 다 읽혀야만 할 것 같은 부담감이 생기기도 해요. 하지만 추천 도서 목록은 참고 자료일 뿐, 책을 고를 때 가장 중요하게 고려해야 할 요소는 아이의 독서 연령이에요. 아이가 어느 정도의 책을 소화할 수 있는지를 살피고 그에 따라서 책을 골라주세요. 이때 아이의 기질과 흥미도 책을 고를 때 고려해야 할 중요한 요소예요. 예를 들어 아이가 우주에 관심이 많다면 우주에 관한 책을, 공룡에 관심이 많다면 공룡을 소재로 한 책을 골라보세요. 내 아이를 중심으로 책을 고르면 아이의 호기심을 충족시키고 상상력과 창의력, 사고력을 향상시킬 수 있어요. 또한 아이의 상황에 맞는 책을 선정하는 것도 중요합니다. 예를 들어 반려동물을 키우기 시작했을 때, 초등학교에 입학해 학교생활을 시작했을 때, 가족이나 친척 등 가까운 사람이 세상을 떠났을 때, 부모님의 이혼이나 재혼을 겪을 때 등 아이의 상황과 연관된 의미 있는 도서를 선정하면 성장에 큰 도움이 돼요. 이렇게 키운 아이의 건강한 자아 개념은 문제 해결 능력을 키우는 데에도 영향을 줘요. 아이의 특성을 고려해도 마땅한 책이 떠오르지 않아 뭘 읽혀

야 할지 막막할 때는 연령별 추천 도서나 아동문학상을 수상한 책을 참고하면 돼요. 세계적인 아동문학상에는 뉴베리상, 칼데콧상, 안데르센상, 케이트그린어웨이상 등이 있어요.

Q 학교, 교육청, 도서관 등 다양한 곳에서 아이를 위한 추천 도서 목록을 제공하는데요. 이 추천 도서 목록에도 우선순위가 있을까요?

A 모든 추천 도서를 다 읽을 필요도, 읽을 수도 없어요. 추천 도서 목록을 살펴보고 아이의 흥미를 끄는 것, 부모님이 보기에 현재 아이에게 적합하다고 느껴지는 책을 선택해서 읽히는 것이 좋아요. 추천 도서 목록의 우선순위를 굳이 정해보자면, 학교에서 학년별로 지정한 필독서를 일 년 동안 읽고 독서록을 쓰는 경우가 있어요. 이런 경우 학교에서 정한 필독서를 먼저 읽고 남은 시간에 교과서에 수록된 책이나 다른 추천 목록 중에서 선택해서 읽으면 돼요.

Q 독후감 쓰기가 꼭 필요한가요?

A 부모 세대의 학창 시절을 돌이켜보면, 매년 학교에서 하는 대회 중 하나가 바로 독후감 대회였을 거예요. 그런데 독후감 대회 날이 오기를 기대하거나, 학교에서 내주는 독후감 숙제를 좋아했던 적은 많지 않았을 겁니다. 아이도 마찬가지예요. 책을 읽은 후 독후감 쓰기를 강조하면 아이는 오히려 독서에 흥미를 잃고 책 읽기를 부담스러워할 수도 있어요. 따라서 독후감 쓰기를 강요하는 것은 좋지 않아요.

Q. 독후 활동을 하면 어떤 점이 좋은가요?

A. 많은 부모님들이 독후 활동을 독후감 쓰기와 같은 말이라고 오해하기도 해요. 독후 활동은 한마디로 책의 내용과 관련 있는 모든 활동이라고 할 수 있어요. 비슷한 책을 찾아 더 읽어보기, 주인공에게 편지 쓰기, 책의 뒷부분 상상해서 이야기하기, 가장 기억에 남는 장면 그리기 등 읽고, 쓰고, 말하고, 그리는 모든 것들이 독후 활동이 돼요. 책의 배경이 된 곳으로 여행을 가보는 것 또한 마찬가지예요. 책을 읽고 관련된 활동을 반복하면 두뇌 활동이 활발해져요. 독후 활동은 기억력, 창의력, 상상력, 사고력 발달에 도움이 돼요.

Q. 독서 활동에 있어서 부모의 역할은 무엇일까요?

A. 아이를 낳고 보육에 의무감을 느끼던 시기를 거쳐 교육에 더 치중해야 하는 때가 오면, 부모님은 또 다른 의미로 많은 부담감과 의무감을 느끼게 돼요. 독서의 중요성도 알고 필요성도 아는데, 아이 독서 활동의 어디서부터 어디까지 관여를 해야 하고, 어떻게 도움을 줄 수 있을까 고민하게 되죠. 가장 우선적으로 이뤄져야 하는 것은 독서하는 환경을 조성하는 것이에요. 아이에게 궁금한 것이 생겼을 때 자연스럽게 책을 읽을 수 있는 공간을 만들어주는 것이죠. 집에 책이 많은 것도 좋지만, 가까운 도서관을 이용하는 것도 좋은 방법이에요. 두 번째는 아이로 하여금 독서를 의무로 느끼게 하는 언행을 보이지 않는 것입니다. 아이가 관심 갖는 분야의 책을 많이 읽어주고, 책에 대한 아이의 물음이나 생각에 대해 수용적이고 긍정적으로 반응하고, 놀이를 통해 독서가 재미있고 즐겁게 느껴지도록 돕는다면 부모님이 할 수 있는 모든 역할을 다 했다고 할 수 있어요.

여러 분야의 책을 접하게 하면서 독후 활동도 함께하는 방법이 있을까요?

독서에 대한 부모님들의 고민 중 하나가 바로 "아이가 책 편식을 하는데 어떻게 해야 하나요?", "아이가 학습만화만 좋아해요."일 것입니다. 아이에게는 균형 잡힌 독서가 중요해요. 창작, 명작, 전래, 과학, 인성, 자연관찰 등 여러 분야의 책 중에서 더 중요한 분야가 있고 덜 중요한 분야가 있는 것은 아니에요. 아이가 여러 분야의 책을 골고루 읽고 흥미도 잃지 않게 하는 방법은 바로 아이가 좋아하는 것과 책을 연결시키는 거죠. 예를 들어, 만화를 좋아하는 아이의 경우, 줄글로 된 책을 읽고 나서 "이 책을 만화책으로 만들어볼까?"라고 제시하며 독후 활동으로 연결해볼 수 있어요. 혹은 과학책을 좋아하는 아이의 경우, "이 책에는 과학 이야기가 숨어 있다는데, 같이 읽으면서 찾아볼까?"라고 하며 책에 가미된 과학 요소를 활용하고, 독후 활동으로 간단한 과학 실험을 하는 것도 좋아요.

Chapter 02

\ 어휘력·표현력 UP /

호기심을 자극하는
엉뚱한 상상
이야기

01

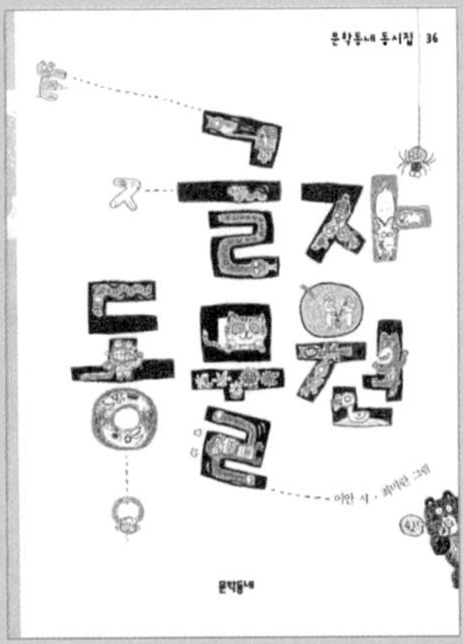

글자동물원

이안 글 | 최미란 그림 | 문학동네 | 2015

국어 교과서 수록 학년
1-1. 6단원 〈받침이 있는 글자〉

이야기 내용 소개

초등 1학년 국어 교과서에는 『글자동물원』 동시집에 수록된 동시 「른자동롬원」이 나와요. 이 시를 처음 읽으면 고개를 갸우뚱할 거예요. 거꾸로 뒤집어진 글자가 이곳저곳 숨어 있거든요. 예를 들어 '글'은 '른'으로 '물'은 '롬'으로요. 그래서 '글자동물원'이라는 시 제목도 '른자동롬원'이라고 써 있어요. 이 시 안에는 뒤집어진 글자가 총 7개 숨어 있어 책을 요리조리 돌려가며 원래 글자를 맞춰보는 재미가 있어요. 뒤집어진 글자를 원래대로 맞추면 비로소 시의 의미를 파악할 수 있을 거예요.

Q

내용 이해하기

1. 아래 제시된 글자 중 뒤집어도 읽을 수 있는 글자를 찾아보세요.

른, 가, 나, 믕

2. 위에서 찾은 글자를 뒤집어서 읽어볼까요?

생각 주머니 키우기

1. 다음 글자를 거꾸로 뒤집으면 어떤 모양이 될지 써보세요.

곰	→	

2. 거꾸로 뒤집어진 글자를 보며 어떤 느낌이나 생각이 들었나요?

나의 감상을 한 줄로 표현해보세요.

국어놀이

뒤집어진 글자 찾기

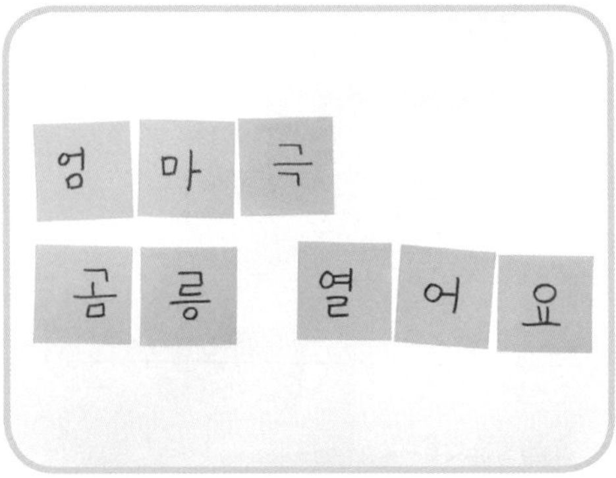

● **놀이 난이도** ★★ ● **준비물** 색종이, 펜
● **초등 교육과정 역량** 지식정보처리 역량, 창의적 사고 역량

글자를 거꾸로 뒤집어서 문제를 내고, 뒤집어진 글자를 찾아내는 놀이입니다.
언어의 유희를 느끼며 거꾸로 된 글자를 찾아내고 올바른 문장으로 읽어봐요!

놀이 속 국어 개념

한글은 반드시 1개 이상의 자음자와 모음자가 만나야 글자가 될 수 있죠. 자음자를 읽을 때에는 리을, 미음, 비읍처럼 첫 번째 글자에 해당 자음과 모음 '이'를 합하고, 두 번째 글자는 '응'의 종성에 해당 자음을 넣어 읽어요. 하지만 ㄱ, ㄷ, ㅅ은 예외적으로 기역, 디귿, 시옷으로 읽어요. 모음자를 읽을 때에는 모음 앞에 이응을 붙여서 아, 야, 어, 여, 오, 요, 우, 유, 으, 이로 읽어요.

놀이로 얻는 학교생활 tip!

이 놀이는 거꾸로 뒤집힌 글자를 빠르게 찾는 것이 중요한 게 아니에요. 거꾸로 뒤집혀버렸기 때문에 글자가 달라져 의미를 전달하지 못하는 무의미한 글자가 되지만, 그 글자를 정확하게 읽을 수 있다는 것을 알려주세요. 뒤집어도 읽을 수 있는 한글의 재미를 느끼고 글자에 대한 호기심을 키워봐요. 이 놀이는 글자를 친숙하게 느끼게 해요. 그래서 글자가 많은 교과서도 긍정적으로 대할 수 있게 해요.

놀이 순서

tip ★ 아이가 자주 말하는 문장, 좋아하는 낱말이 들어간 문장을 활용하면 더 재미있게 놀이할 수 있어요.

★ 뒤집어도 읽을 수 있는 글자여야 하기 때문에, 다음의 예시 문장을 참고해도 좋아요.

1) 엄마는 문을 열어요. 2) 국물이 맛있어요. 3) 음악을 듣고 움직여봐!

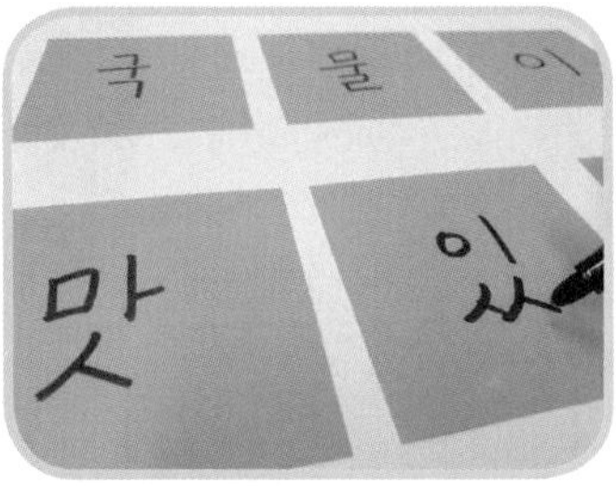

1 놀이에 활용할 문장을 아이와 함께 정해서 색종이에 한 글자씩 써주세요.

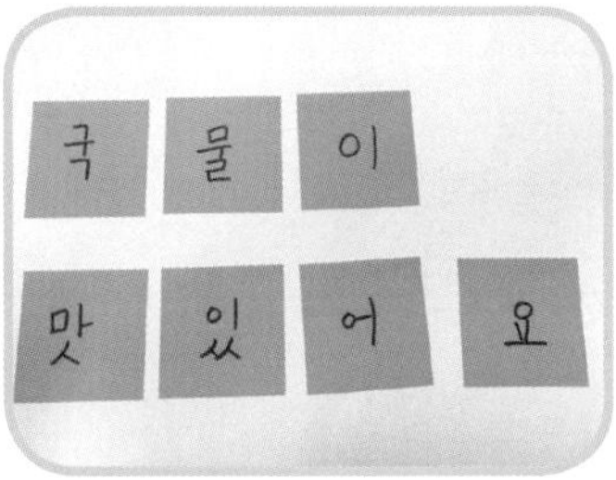

2 아이가 눈을 감고 있으면, 부모가 뒤집어도 되는 글자를 골라 뒤집어주세요.

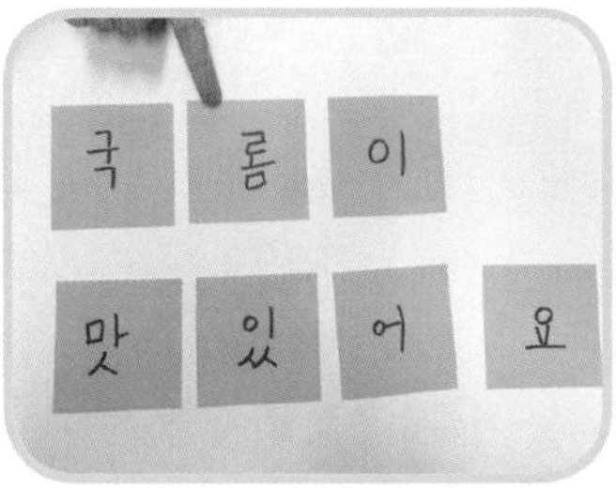

3 아이가 눈을 뜨고, 뒤집어진 글자를 맞혀봐요.

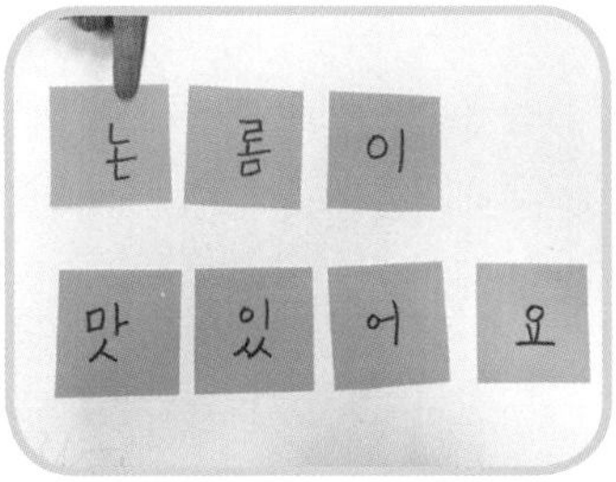

4 이번에도 아이는 눈을 감고 부모가 다른 글씨를 골라 뒤집어주세요. 맞힐 수 있나요?

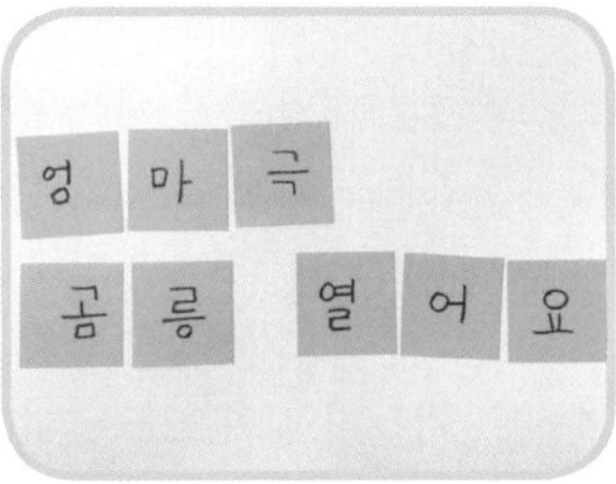

5 새로운 문장을 준비해요. 이번에는 뒤집을 수 있는 글자를 한꺼번에 뒤집어서 보여줄까요?

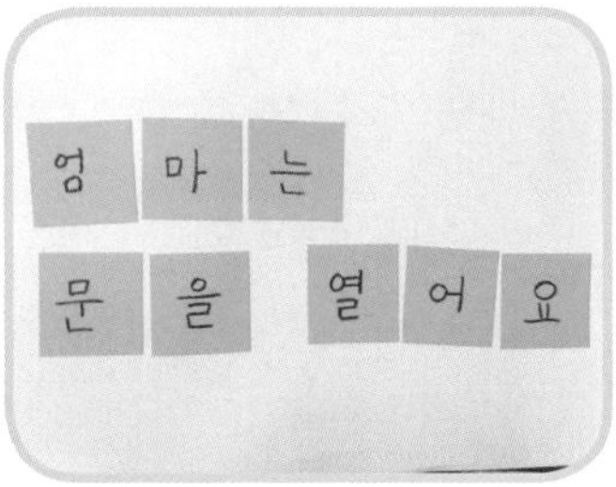

6 뒤집어진 글자를 모두 찾은 후 원래대로 돌려서 다시 문장을 읽어봐요. 한글의 신비! 참 재미있죠?

한 걸음 더!

받침을 찾아라!

○ **준비물** 색종이, 펜

1. 집에 있는 물건들을 나타내는 다양한 낱말을 찾아 색종이에 써요.
2. 찾을 받침을 정하고, 아이와 돌아가며 낱말을 찾아요.

예) 니은 받침을 찾아라! '장난감' '연필' 등

코딩놀이

거꾸로 길 찾기

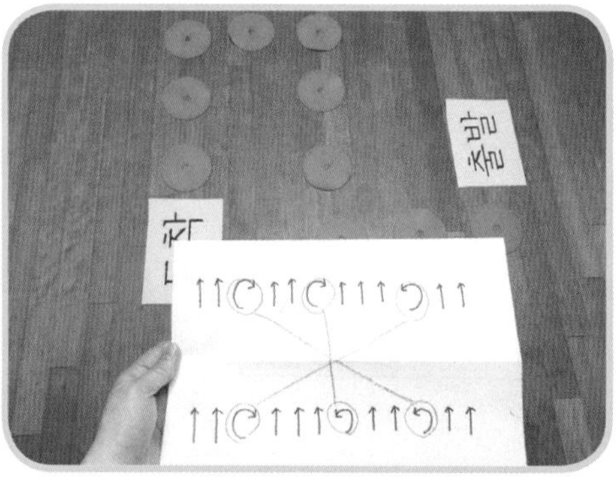

● **놀이 난이도** ★★★ ● **준비물** 납작콘, 종이, 연필
● **초등 교육과정 역량** 의사소통 역량, 지식정보처리 역량

길을 기록하면서 가볼까요? 가는 길과 오는 길을 기록해서 비교해보면, 서로 반대라는 걸 알 수 있어요. 재미있는 '거꾸로 길 찾기' 놀이를 시작해봐요!

놀이 속 코딩 개념

컴퓨터 코딩의 기본 개념 중 하나는 순차랍니다. 컴퓨터에게 일을 시키려면 일의 순서에 맞춰 정확하게 명령해야 하기 때문이죠. 그래서 아이들이 코딩을 배울 때 순차적으로 사고할 수 있는 힘이 중요해요. 매일 가는 길을 어떤 순서로 가는지 알아보고 반대도 비교해보는 경험을 통해 순차 개념을 익힐 수 있어요.

놀이로 얻는 학교생활 tip!

학교에는 다양한 공간이 있어요. 가장 많은 시간을 보내는 교실, 아플 때 찾아가는 보건실, 점심을 먹는 급식실, 체육 시간에 운동을 하는 강당, 특별활동을 하는 시청각실, 실험을 하는 과학 실험실, 가정통신문을 제출하러 가는 교무실 등 매우 많아서 수업 시간에 따라 이동할 때 길을 헤매는 학생이 꽤 많습니다. 순차적 사고력을 키우면, 안내 받은 길과 원래의 자리로 돌아오는 길을 잘 기억할 수 있죠. 이 능력이 뛰어난 아이는 학교 안에서도 길을 잃어버리지 않고, 다른 친구들이 길을 잘 모를 때 함께 가주는 멋진 도우미가 될 수 있어요!

놀이 순서

tip ★ 납작콘의 개수가 적을수록 아이가 탐색해야 할 길이 단순해져서 규칙성을 더 쉽게 발견할 수 있어요!

★ 납작콘 대신에 포스트잇을 사용할 수도 있어요.

1 납작콘을 깔아서 길을 만들어봐요.

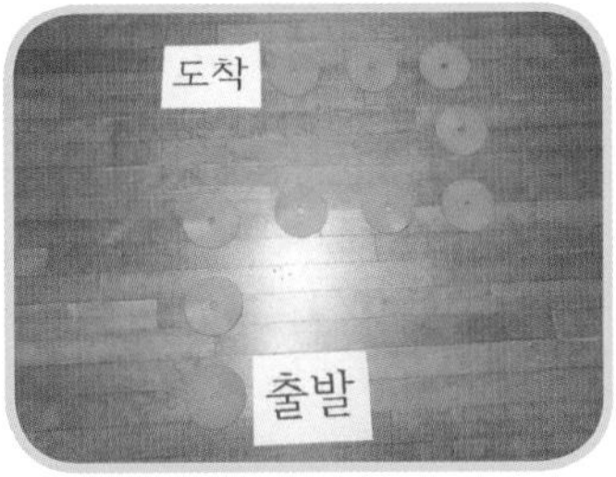

2 납작콘으로 만든 길에 출발지와 도착지를 표시해요.

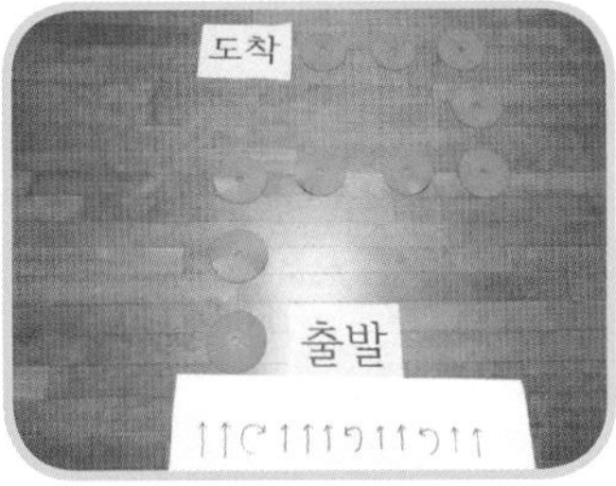

3 출발지에서 도착지까지 가는 길 탐색을 해볼까요. 한 칸씩 갈 때마다 ↑, →, ←를 기록해요.

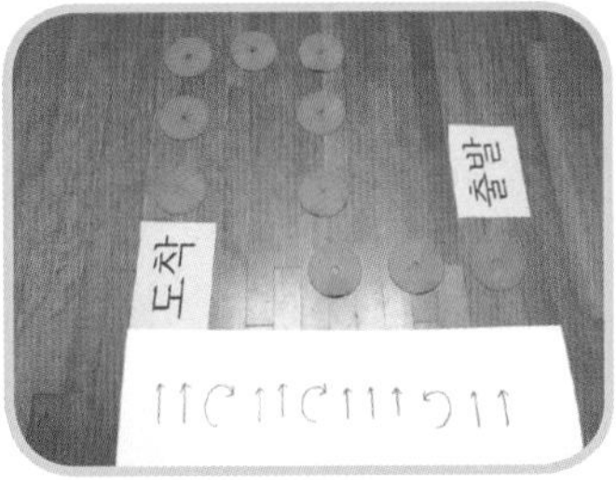

4 이번에는 도착지에서 출발지로 오는 길을 탐색해보세요.

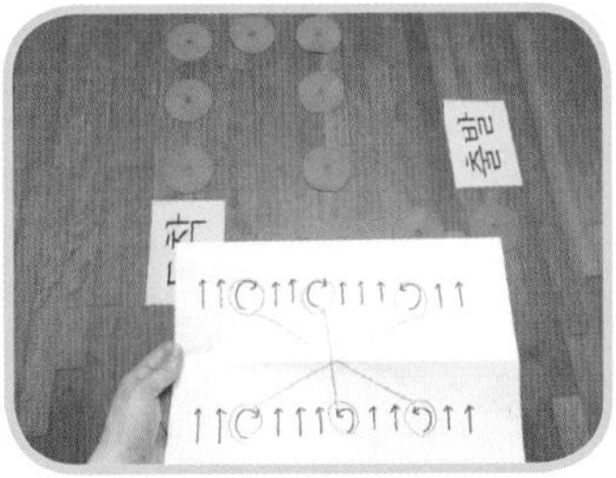

5 종이에 기록한 가는 길과 오는 길을 비교해서 규칙성을 발견해요!

한 걸음 더!

보물을 찾아라!

○ **준비물** 납작콘, 종이, 연필, 장난감

1. 납작콘을 정사각형 모양으로 16개를 깔고, 그중 한 곳의 바닥에 장난감(보물)을 숨겨요.
2. 부모는 출발지로부터 보물에 이르는 길을 종이에 순서대로 적어요.
3. 아이는 부모가 적어준 지도를 보고 직접 보물을 찾아나서요!

02

까르르 깔깔

이상교 글 | 길고은이 그림 | 미세기 | 2015

국어 교과서 수록 학년
1-2. 1단원 〈소중한 책을 소개해요〉

이야기 내용 소개

초등 1학년 국어 교과서에는 '발가락'을 소재로 한 재미있는 동시가 등장해요. 바로 『까르르 깔깔』에 수록된 「발가락」이라는 시예요. 발가락을 의인화해서 발가락이 심심하면 꼼질꼼질 움직이고, 서로 예쁘다고 칭찬해주면서 꼼질꼼질 움직인다고 표현했어요. 시를 읽으면 마치 발가락들이 어린아이처럼 까르르 깔깔 웃으면서 노는 것으로 느껴져요. 아이에게 읽는 즐거움을 주고 아이의 창의력을 발휘할 수 있게 해요.

Q

내용 이해하기

1. 발가락이 언제 움직인다고 표현했나요?

2. 발가락이 움직이는 모습을 어떻게 나타냈나요?

생각 주머니 키우기

1. 내가 만약 시인이라면 발가락이 어떻게 움직인다고 표현할까요?

2. '발가락' 대신에 '손가락'을 제목으로 짧은 동시를 지어보세요.

나의 감상을 한 줄로 표현해보세요.

미술놀이

발가락 세상을 만들어요

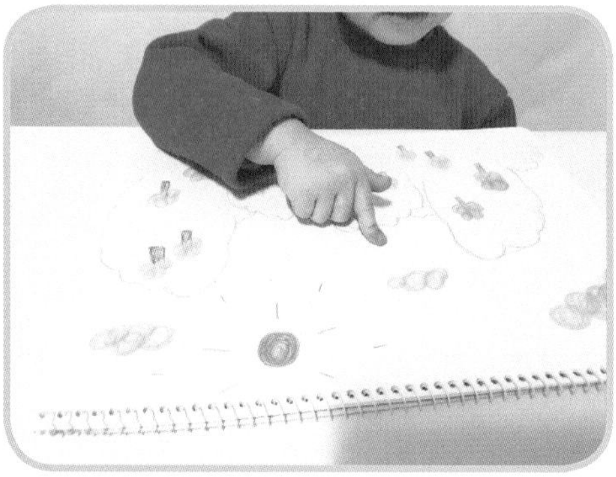

● **놀이 난이도** ★★ ● **준비물** 스케치북, 색칠 도구(색연필, 크레파스 등)
● **초등 교육과정 역량** 심미적 감성 역량, 창의적 사고 역량

부모님이나 아이의 발로 밑그림을 그리고, 그 위에 떠오르는 모습을 자유롭게 그려 그림을 완성하는 놀이입니다.

놀이 속 미술 개념

초등학교 국어 시간에 이보나 흐미엘레프스카의 그림책『발가락』을 읽고 발 그림을 그린 다음 떠오르는 장면을 재미있게 그려보는 활동을 합니다. 상상한 것을 그리는 활동은 아이의 성향에 따라 재미있어하기도 하고, 굉장히 어려워하기도 합니다.

놀이로 얻는 학교생활 tip!

동시는 너무 짧아서 어떻게 읽어줘야 할지 난감해하는 부모들이 많습니다. 방법만 익히면 어렵지 않아요. 부모가 전체를 통으로 읽어주는 방법과 부모가 한 줄을 읽으면 아이가 한 줄을 따라 읽는 방법이 있어요. 충분히 숙달이 되면 아이가 동시를 외워서 낭송해볼 수도 있습니다. 더 나아가 동시에서 재미있는 부분을 찾아보는 것도 좋아요. 어떤 부분이 재미있게 느껴지는지, 시를 읽으면서 머릿속에 떠오른 장면이 있었는지 이야기해보세요. 짧은 동시는 한글이 서툰 아이도 부담 없이 접근할 수 있는 장점이 있습니다. 동시 속에 숨겨진 언어의 재미를 느껴볼 수 있을 거예요.

놀이 순서

tip ★ 아이에게 자율성을 줘 스스로 그림을 완성하게 해주세요.
★ 최대한 다양한 색칠 도구를 준비해서 여러 재료를 활용할 수 있게 해주세요.
★ 부모님의 큰 발과 아이의 작은 발을 다양하게 배치하면 색다른 장면을 연출할 수 있어요.

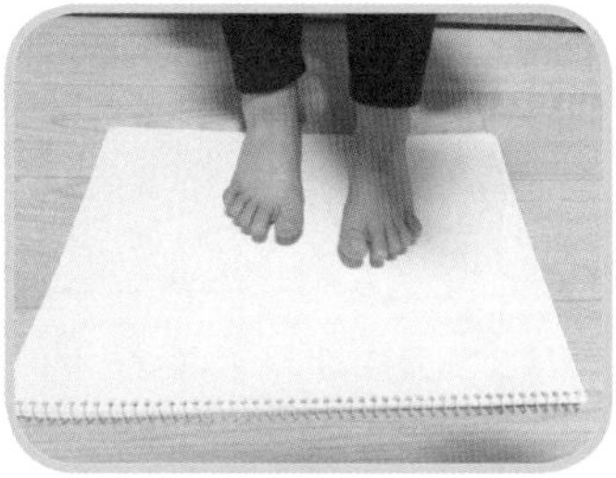

1 스케치북 위에 발을 올려요.

2 아이의 발을 따라 발 모양을 그려요.

3 아이 발 그림 옆에 부모님의 발을 대고 따라 그려요.

4 2개의 큰 발과 작은 발을 이용해서 연상되는 그림을 간단하게 스케치해요.

5 다양한 색칠 도구를 이용해서 그림을 완성해요.

6 무엇을 표현했는지 아이가 자신의 말로 설명해봐요.

한 걸음 더!

손가락 세상을 만들어요

○**준비물** 스케치북, 색칠 도구(색연필, 크레파스 등)

1. 이번에는 발 대신 손을 이용해서 그림을 그려보세요.
2. 손가락끼리 꼭 붙이거나 쫙 펴면 같은 손을 그려도 완전히 다르게 표현할 수 있어요.

발가락 낚시 대회

- **놀이 난이도** ★ - **준비물** 종이, 가위, 여러 가지 작은 물건, 바구니
- **초등 교육과정 역량** 자기관리 역량, 창의적 사고 역량

꼼질꼼질 움직이는 발가락을 이용해서 신나는 놀이를 해볼까요?
발가락이 간지러워 깔깔깔 웃고 즐거워하는 아이의 모습을 볼 수 있어요.

놀이 속 체육 개념

손가락과 발가락을 이용한 놀이는 아이의 집중력 향상은 물론, 소근육과 균형감각 발달에도 도움이 됩니다. 체육 교과의 '건강', '도전', '경쟁', '표현', '안전' 5가지 모든 영역과도 연관되죠.

놀이로 얻는 학교생활 tip!

아이마다 타고난 기질과 성향이 달라요. 그에 따라 경쟁을 대하는 방식도 달라져요. 학교에서 다양한 활동을 하다 보면 경쟁 상황이 생기기도 해요. 그럴 때 어떤 아이는 경쟁을 즐기는가 하면 어떤 아이는 경쟁 상황을 불편하게 느끼기도 합니다. 경쟁심이 강한 아이에게는 꼭 이기는 것만이 아니라 과정에서 배우는 것의 중요함을 알려주세요. 그리고 경쟁하는 상황을 불편해하는 아이에게는 편안한 마음을 가질 수 있게 유도해주세요.

놀이 순서

tip ★ 시간을 정해놓고 그 안에 몇 개를 옮겼는지 가족, 친구와 내기를 해보거나 스스로의 기록을 얼마나 단축했는지를 점검해봐도 좋아요.

★ 가벼운 물건부터 시작해서 점차 무거운 물건을 들어보는 등 아이 성향과 나이에 따라 난이도를 조절해주세요.

1 여러 가지 작은 물건을 발가락으로 집어서 바구니에 넣는 연습을 해봐요.

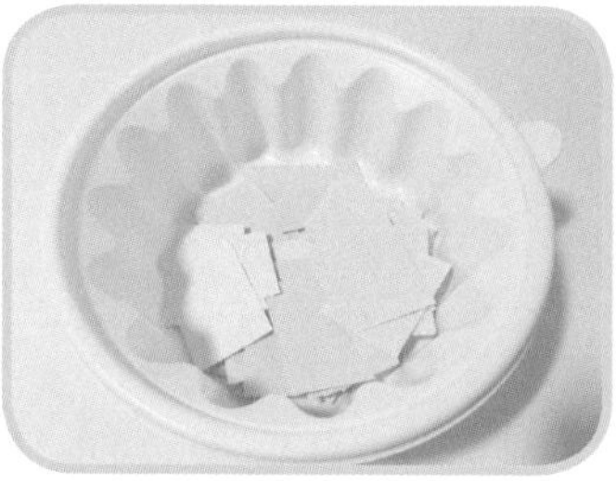

2 가위로 종이를 집기 좋게 잘라주세요.

3 종이를 바닥에 놓고 발가락으로 집어봐요.

4 발가락으로 집은 종이를 바구니에 옮겨봐요.

5 이번에는 종이를 한 바구니에 모두 넣고 다른 바구니로 옮겨요.

6 제한 시간 동안 한 바구니에서 다른 바구니로 종이를 몇 개 옮길 수 있는지 도전해봐요.

한 걸음 더!

자석 낚시 놀이

○ **준비물** 자석이 붙어 있는 전단지, 종이, 가위, 클립

1. 가위로 종이를 오린 뒤, 종이마다 클립을 하나씩 끼워주세요.
2. 자석이 붙어 있는 전단지를 발가락으로 집어서 들어주세요.
3. 전단지의 자석이 종이의 클립에 붙으면 자석 낚시 성공!

03

난 책이 좋아요

앤서니 브라운 글 · 그림 | 공경희 옮김 | 웅진주니어 | 2017

국어 교과서 수록 학년

1-2. 1단원 〈소중한 책을 소개해요〉

이야기 내용 소개

주인공 침팬지는 책이 참 좋다며 수줍게 말합니다. 그리고 어떤 책을 좋아하는지 알려줘요. 침팬지는 만화책, 색칠하기 책을 좋아하고요. 두꺼운 책, 얇은 책 상관없이 다 좋아해요. 그리고 책에 공룡이 나오거나 괴물이 나오면 무섭지만 또 재미나게 읽어요. 우주가 배경인 책을 읽으면 마치 우주비행사가 된 기분이 들죠. 해적이 나오는 책, 이상한 이야기책까지 침팬지는 이 모든 책이 정말 좋다고 말하죠.

Q

내용 이해하기

1. 침팬지는 어떤 종류의 책을 좋아하나요?

2. 이야기에 등장한 책 중에서 우리 집에 있는 책을 종류별로 찾아보세요.

생각 주머니 키우기

1. 나에게는 어떤 종류의 책이 있나요?

2. 내가 가장 좋아하는 책은 무엇인가요?

나의 감상을 한 줄로 표현해보세요.

국어놀이

팝업 북을 만들어요

- **놀이 난이도** ★★★
- **준비물** 도화지(또는 스케치북), 가위, 풀, 색연필(또는 펜)
- **초등 교육과정 역량** 지식정보처리 역량, 심미적 감성 역량

내가 가장 좋아하는 이야기를 주인공을 중심으로 정리해보고
세상에서 하나뿐인 나만의 책을 만드는 기쁨도 함께 느껴볼 수 있는
팝업 북 만들기 놀이를 소개합니다.

놀이 속 국어 개념

책의 형식으로 이야기를 표현하거나 시간의 순서대로 정리해보는 활동은 아이의 사고력 향상에 매우 의미가 있어요. 팝업 북은 펼쳤을 때 그림이나 글 등의 내용이 입체적으로 튀어나오는 책이에요. 팝업 북을 만들고 나면 아이들은 책의 내용을 글과 그림으로 표현했을 때보다 더 뿌듯해하기도 해요. 같은 책이어도 선택한 장면에 따라 다양한 팝업 북을 만들 수 있어요.

놀이로 얻는 학교생활 tip!

책을 읽는 기쁨을 느끼고 책의 내용을 잘 파악하는 것이 독후 활동이에요. 보기 좋은 결과물을 만드는 것이 독후 활동의 목적은 아니에요. 독후 활동의 의미를 새기며, 아이의 결과물을 엄격한 잣대로 평가하지 말아주세요. 특히 책 만들기 활동을 할 때, 이야기를 잘 표현했는지를 위주로 살피되 미술 실력을 지적하지 않도록 주의하세요. 아이가 학교에서 활동하고 집으로 가져오는 결과물에 대해서도 부족한 점을 찾기보다는 잘한 점을 찾아 칭찬해주세요.

놀이 순서

tip ★ 스케치북이나 도화지가 없을 때는 A4용지를 사용해도 돼요. 단, 얇은 종이보다는 어느 정도 두께가 있는 빳빳한 종이가 더 적합해요.

★ 이야기의 어떤 장면을 그림으로 표현할지 미리 계획을 한 후, 책 만들기를 시작해요.

★ 완성한 팝업 북을 아이가 다른 사람에게 소개하며 긍정적인 피드백을 받는 과정을 갖는 것이 좋아요.

1 도화지를 반으로 접어요.

2 다른 종이에 주인공이나 주요 물건 등 가장 강조하고 싶은 그림을 그려요. 완성했으면 테두리를 따라 잘라주세요.

3 반으로 접은 종이의 가운데에 가위질을 2번 한 후, 안쪽으로 접어서 튀어나오게 만들어요. 이때 **2**에서 완성한 그림의 가로 길이만큼 가위질을 해요.

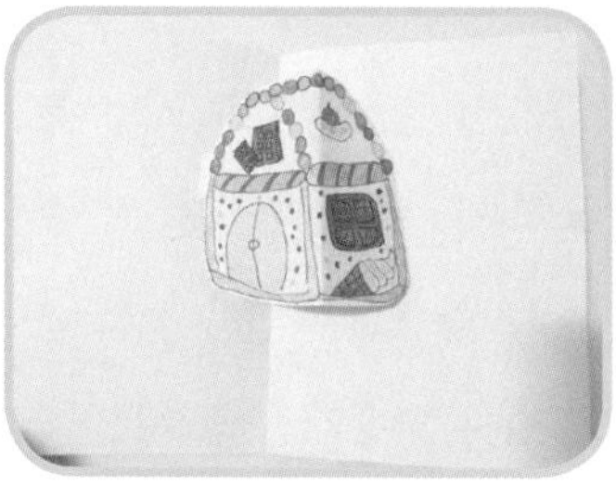

4 튀어나온 곳에 **2**에서 완성한 그림을 붙이고 함께 반을 접어보세요.

5 배경을 그려요.

6 이야기의 내용을 간단하게 글로 적어요. 팝업 북 완성!

병풍책을 만들어요

○ **준비물** 도화지(또는 스케치북), 색연필(또는 펜)

1. 도화지를 반으로 접어요.
2. 반을 접은 상태에서 같은 방향으로 1번 더 반을 접어요.
3. 종이를 펼쳐서 4등분이 되면 첫 번째 칸은 표지, 나머지 3칸은 이야기를 써 책으로 만들어 보세요.
4. 각 이야기 장면을 보여주며 말로 설명해보세요.

과학놀이

실수를 지울 때는 빵 지우개로 쓱싹쓱싹

● **놀이 난이도** ★ ● **준비물** 연필, 종이, 식빵
● **초등 교육과정 역량** 지식정보처리 역량, 창의적 사고 역량

열심히 내용을 쓰면서 책을 만들고 있어요. 앗, 그만 실수를 해버렸어요.
다행히 연필로 쓰고 있었으니까 지우개로 지우면 되겠어요. 그런데 지우개가 보이지 않아요.
지우개를 대신해서 사용할 수 있는 게 없을까요?

놀이 속 과학 개념

지금처럼 고무지우개가 있기 전, 옛날 사람들은 빵을 지우개로 사용했다고 해요. 연필심은 흑연으로 만들어졌어요. 우리가 종이에 글씨를 쓰거나 그림을 그리면 연필 가루인 흑연이 남아요. 이때 빵으로 흑연을 문지르면 빵 속에 있는 글루텐과 흑연이 달라붙어요. 그래서 빵에 검은색 부분이 묻고 종이의 연필 자국은 지워지게 돼요.

놀이로 얻는 학교생활 tip!

아이들이 초등학교에 입학하면 매일 글씨를 쓰고 지우고, 책과 공책을 서랍에 넣었다가 사물함에 넣었다가, 흘린 지우개 가루와 색종이 조각을 청소하는, 사소하면서도 반복되는 일들을 하게 돼요. 특히 자리 정돈하기는 가정에서부터 연습해야 해요. 정돈이 습관화돼 있지 않다면 교실에서도 잘하지 못하기 때문이에요. 문구점에서 작은 빗자루와 쓰레받기 세트를 구입해서 가정에서부터 자기가 사용한 공간은 스스로 정리하고 청소하는 습관을 기르도록 지도해주세요.

놀이 순서

tip ★ 빵 지우개를 만들 때는 식빵에 꼭꼭 힘을 줘서 뭉쳐야 해요.

★ 너무 진하게 쓰면 잘 지워지지 않아요. 되도록 연하게 쓴 후 지워보도록 해요.

★ 빵으로 지우면 지우개 가루처럼 빵 가루가 생겨요. 그리고 빵은 연필 가루인 흑연이 묻었기 때문에 검은색이 돼요.

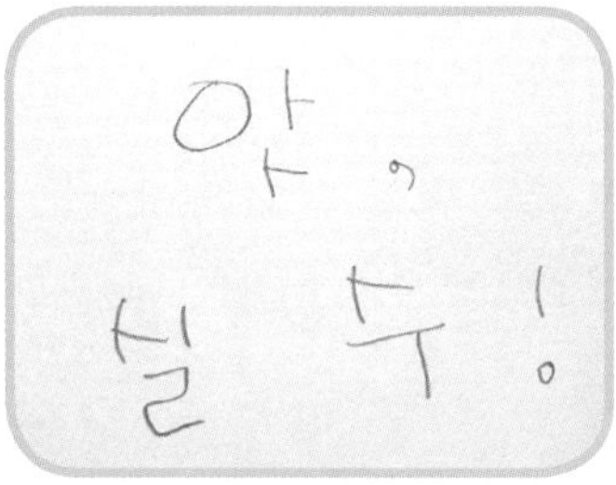

1 종이에 연필로 글씨를 쓰거나 그림을 그려요.

2 식빵의 가장자리 부분을 제거해요.

3 식빵을 꼭꼭 반죽하듯이 뭉쳐서 지우개처럼 만들어요.

4 연필로 쓴 부분 중에 지워야 할 부분을 문질러요.

5 잘 지워졌는지 확인해요.

6 연필을 지우고 난 빵 지우개는 색이 어떻게 변했는지 확인해요.

한 걸음 더!

나는야 빵 탐정!

○ **준비물** 다양한 종류의 빵, 연필, 종이

1. 종이에 글씨를 쓰거나 그림을 그려요.
2. 바게트, 호밀빵 등 여러 종류의 빵을 조금씩 떼어내서 지우개처럼 뭉쳐요.
3. 연필을 지울 수 있는 것은 무엇인지, 어떤 빵이 더 잘 지워지는지 확인해보세요.

04

1·2학년이 꼭 읽어야 할 교과서 동시

권오삼, 손동연, 전병호 엮음 | 주승인 그림 | 효리원 | 2020

국어 교과서 수록 학년
1-2. 5단원 〈알맞은 목소리로 읽어요〉

이야기 내용 소개

똑같아요

윤석중

무엇이 무엇이 똑같은가
젓가락 두 짝이 똑같아요

무엇이 무엇이 똑같은가
윷가락 네 짝이 똑같아요

선생님의 한마디

'무엇이 똑같을까'라는 물음에 '젓가락 두 짝이 똑같아요', '윷가락 네 짝이 똑같아요'라고 대답하는 형식의, 너무나도 유명한 동요예요. 반복되는 표현을 통해 리듬감을 느낄 수 있고, 젓가락과 윷가락 대신 다른 낱말을 넣어서 노래를 불러보면서 말의 재미를 느낄 수 있어요.

Q

내용 이해하기

1. 두 짝이 똑같은 것은 무엇인가요?

2. 네 짝이 똑같은 것은 무엇인가요?

생각 주머니 키우기

1. 똑같은 모양이 짝을 이룬 물건을 아는 대로 말해보세요.

2. 우리 집에 있는 물건 중에서 모양이 같아서 짝이 되는 것을 찾아보세요.

나의 감상을 한 줄로 표현해보세요.

똑같은 수 만들기

- **놀이 난이도** ★★★ ● **준비물** 종이, 펜, 가위
- **초등 교육과정 역량** 지식정보처리 역량, 창의적 사고 역량

젓가락 두 짝과 윷가락 네 짝처럼 똑같은 물건들이 많이 있어요.
물건뿐만 아니라 숫자도 똑같게 만들 수 있을까요? 사칙연산을 이용해서 숫자를 같게 만들어요.

놀이 속 수학 개념

초등학교 1학년 수학 시간에 모으기와 가르기, 덧셈식과 뺄셈식을 보고 알맞은 기호 넣기, 그림을 보고 덧셈식과 뺄셈식 만들기 등의 활동을 하게 됩니다. 따라서 초등학교 1학년 수학 교육과정을 잘 학습한 아이는 덧셈과 뺄셈을 활용해서 '똑같은 수 만들기' 놀이를 충분히 잘할 수 있어요.

놀이로 얻는 학교생활 tip!

사칙연산을 익힐 때는 반복이 중요해요. 하지만 너무 반복해서 풀게 하면, 아이가 수학 자체를 싫어하게 될 수도 있어요. 따라서 아이가 연산을 배울 때 무작정 학습지를 많이 풀고 오래 푸는 것보다는 실생활에서 자연스럽게 접하고 놀이로 재미있게 연습하는 것이 보다 효과적이에요.

놀이 순서

tip ★ 아이의 연령, 수준에 맞춰 놀이 시간과 수식의 난이도를 조절해주세요.
★ 아이가 수식을 어려워하면 동그라미로 개수를 표현하는 방법을 써보세요.
★ 아이의 생각이 제한되지 않도록 덧셈과 뺄셈, 곱셈 등 다양한 경우를 부모가 먼저 보여줘요.

1 종이를 5장으로 오리고 1부터 5까지 숫자를 적어요.

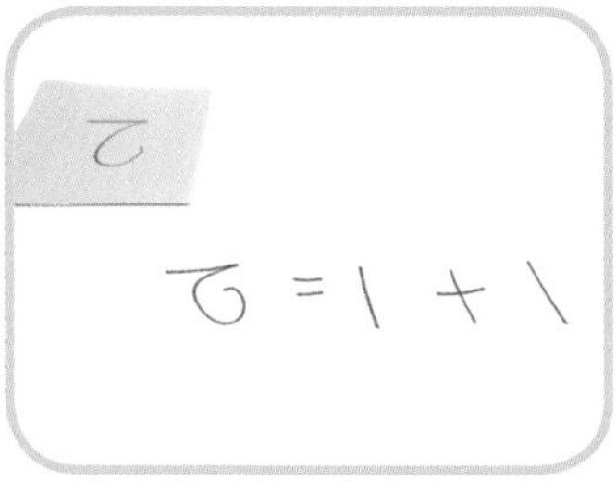

2 종이의 뒷면이 보이게 놓고, 1장을 뒤집어요. 부모가 먼저 종이에 적힌 숫자가 답이 되는 수식을 적어요.

3 이번에는 아이가 같은 답이 되는 수식을 적어요.

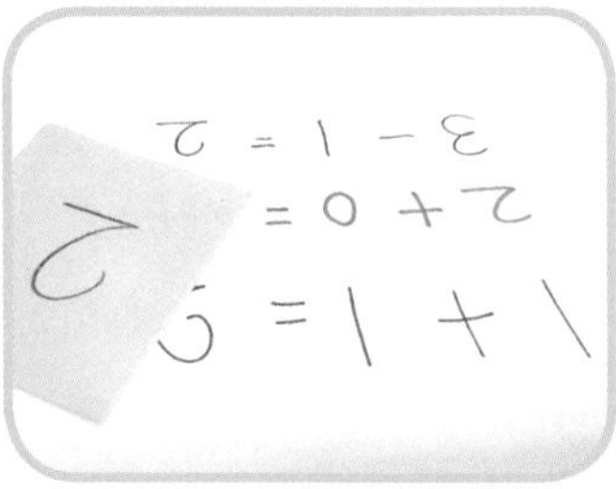

4 부모와 아이가 번갈아가며 수식을 적는 과정을 반복해요.

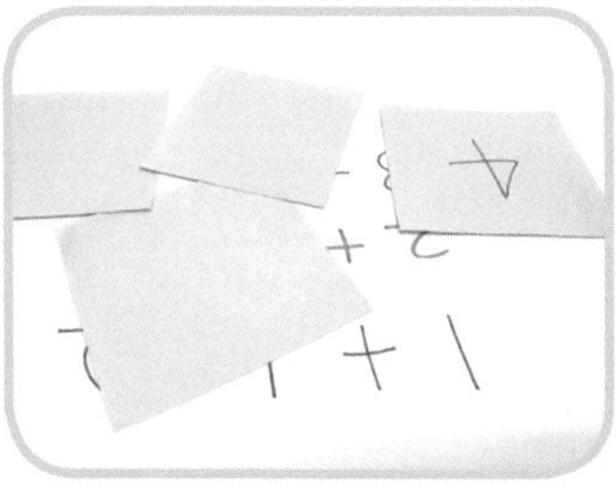

5 더 이상 새로운 식이 나오지 않으면 남은 4장의 종이 중 1장을 뒤집어서 놀이를 계속해요.

한 걸음 더!

빙글빙글 수학놀이

○ **준비물** 플라스틱 뚜껑, 송곳, 박스테이프, 펜

1. 송곳으로 플라스틱 뚜껑에 구멍을 두세 개 뚫어요.
2. 박스테이프를 바닥에 고정시키고 플라스틱 뚜껑을 박스테이프 안쪽에 놓아요.
3. 플라스틱 뚜껑 구멍에 펜을 끼워 넣고 천천히 돌리면(테이프를 왼손으로 잡고, 오른손으로 뚜껑 구멍에 끼운 펜을 잡고 돌리면 편해요) 박스테이프가 고정돼 있어서 그 안쪽에서 뚜껑이 빙글빙글 움직이면서 무늬가 만들어져요.
4. 여러 가지 색의 펜을 활용하면 화려한 무늬를 만들 수 있어요.

미술놀이

기억력 박사님의 쌍둥이 그림

- **놀이 난이도** ★★★
- **준비물** 물티슈 뚜껑, 색종이, 스케치북, 색연필
- **초등 교육과정 역량** 지식정보처리 역량, 창의적 사고 역량

물티슈를 다 쓰고 남은 뚜껑을 이용한 놀이예요.
똑같은 그림을 그리기 위해서는 짧은 시간 동안 집중해서 기억해야 해요.
기억력 박사님이 돼봐요!

놀이 속 미술 개념

데칼코마니는 종이를 반으로 접거나 다른 종이로 덮어서 한쪽 종이의 물감을 다른 쪽으로 찍어내 대칭적인 무늬를 만드는 미술 기법이에요. 데칼코마니는 대칭을 이용했기 때문에 '기억력 박사님의 쌍둥이 그림' 놀이와는 차이가 있지만 똑같은 그림을 만드는 점에서 비슷해요.

놀이로 얻는 학교생활 tip!

최근 메타인지에 대한 교육적, 사회적 관심이 많아지고 있어요. 메타인지란 '인지에 대한 인지', '상위인지', '초인지'를 뜻해요. 즉 메타인지는 내가 어디까지 아는지에 대한 인식과 그에 대한 조절을 이르는 말로, 이 능력이 뛰어난 아이는 자신의 학습 현황을 제대로 파악하고 부족한 부분을 보충하는 계획을 세워요. 자신의 부족한 부분을 알기 때문에 시험을 보고 나서 예상하는 점수와 실제 점수가 거의 일치하죠. 이 놀이를 하면서 그림을 똑같이 그리려면 무엇부터 봐야 할지, 어떤 부분에 집중해야 할지 등 자신만의 전략을 짤 수 있어요. 이러한 전략이 메타인지를 향상시키는 데 도움이 돼요.

놀이 순서

tip ★ 뚜껑을 열고 10초 동안 그림을 눈에 담은 후 따라 그려봐요. 똑같이 그리기 어렵다면 다시 한번 10초의 기회를 줘요. 아이 연령에 따라 시간을 15~20초 정도로 늘려도 괜찮아요. 원그림의 형태, 색 등 난이도를 조절해서 놀이해보세요.

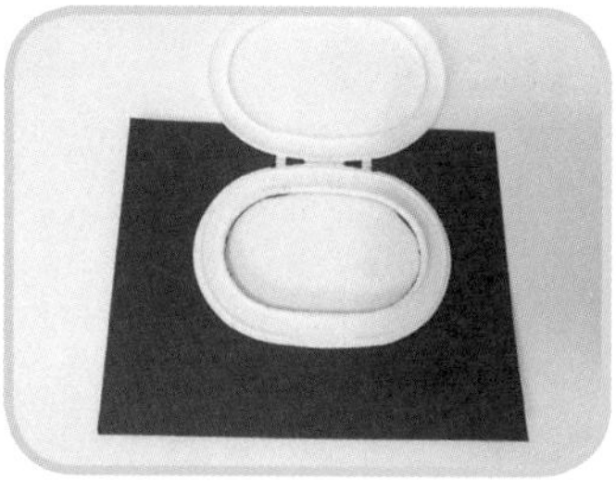

1 물티슈 뚜껑에 색종이를 붙이고, 가운데 부분에 구멍을 내요. 그리고 스케치북 위에 놓아요.

2 부모가 뚜껑을 열고 간단한 그림을 그려요. 이때 아이는 눈을 감고 있어요.

3 아이에게 뚜껑을 열고 그림을 보여줘요.

4 10초 후, 뚜껑을 닫고 똑같은 그림을 그려보도록 해요.

5 다시 뚜껑을 열고 10초 동안 그림을 확인하고 뚜껑을 닫은 후, 남은 그림을 마저 완성해요.

6 다시 뚜껑을 열고 쌍둥이 그림이 그려졌는지 확인해봐요.

한 걸음 더!

상상해서 그려봐요

○ **준비물** 물티슈 뚜껑, 종이, 연필(또는 색연필), 그림책

1. 그림책 크기에 맞게 종이를 자른 후 물티슈 뚜껑을 가운데에 붙이고, 뚜껑의 가운데 부분은 구멍을 내요(그림책의 내용이 비치지 않도록 두께감이 있는 종이를 사용해요).
2. 그림책을 펼친 뒤 재빨리 물티슈 뚜껑이 달린 종이로 덮어요.
3. 뚜껑을 열고 보이는 그림을 다른 종이에 따라 그려요.
4. 뚜껑에 가려져 안 보이는 부분의 그림을 상상해서 그림을 완성해요.
5. 종이를 치우고 그림책의 그림과 내가 그린 그림을 비교해봐요.

05

바삭바삭 갈매기

전민걸 글 · 그림 | 한림출판사 | 2014

국어 교과서 수록 학년
3–1. 1단원 〈재미가 톡톡톡〉

이야기 내용 소개

큰 바위섬에 살고 있는 갈매기는 파란 하늘과 구름을 즐기며 살아가고 있었어요. 그러던 어느 날, 큰 배가 지나가며 사람들이 던져준 '바삭바삭'을 먹게 돼요. 처음 알게 된 맛에 매료된 갈매기는 더 먹고 싶은 마음에 사람들이 사는 마을까지 쫓아가게 되었어요. 마을 깊숙한 곳까지 이곳저곳을 찾아 헤매다가 '바삭바삭'을 찾아내게 되죠. 갈매기가 골목 모퉁이를 돌아 드디어 '바삭바삭'을 물어뜯으려는 순간, "야아아아아옹!" 하는 고양이를 마주치고 말아요. 깜짝 놀란 갈매기는 날아서 저 벌리 도망쳤어요. 아침 해가 밝고, '바삭바삭'을 구하려는 다른 갈매기 친구들은 여전히 큰 배 주변에 모여 있었어요. 갈매기는 부둣가와 사람들로부터 멀리 떨어진 바다로 날아갔답니다.

Q

내용 이해하기

1. 갈매기가 먹고 싶어 하는 것은 무엇인가요?

2. 갈매기가 '바삭바삭'을 먹으려다 골목 모퉁이에서 무엇을 봤나요?

생각 주머니 키우기

1. '바삭바삭'은 어떤 음식일까요? 그 이유도 함께 말해봐요.

2. 나에게도 처음 맛을 본 뒤 잊지 못하는 음식이 있나요?

나의 감상을 한 줄로 표현해보세요.

국어놀이

감각적 표현 짝 맞추기 놀이

● **놀이 난이도** ★★★ ● **준비물** 종이, 연필
● **초등 교육과정 역량** 창의적 사고 역량, 의사소통 역량

'바삭바삭 갈매기' 참 재미있는 제목이죠?
우리도 이야기 속 등장인물과 사물에 맞는 감각적 표현을 생각해보고,
그 표현으로 짝 맞추기 놀이를 해봐요!

놀이 속 국어 개념

감각적 표현을 할 때 자주 등장하는 의성어와 의태어는 무슨 뜻일까요? 의성어는 사람이나 사물의 소리를 흉내 내는 말이에요. '참새는 짹짹', '병아리는 삐악삐악', '학교종이 땡땡땡'처럼요. 의태어는 사람이나 사물의 모양이나 행동을 표현하는 말이에요. '고개를 갸우뚱', '별이 반짝반짝', '단풍이 울긋불긋' 등이 그 예가 될 수 있어요.

놀이로 얻는 학교생활 tip!

학교에서는 계절 맞이 시 쓰기 활동을 하는 경우가 많아요. 시 속에 자신의 의도를 잘 담아내기 위해서는 '감각적 표현'을 잘 활용하는 것이 정말 해요. 봄, 여름, 가을, 겨울에 맞는 감각적 표현은 무엇이 있을까요? 봄을 표현할 수 있는 감각적 표현에는 '푸릇푸릇 돋아나는 새싹', '두근두근 설레는 첫 등교', '딸기맛 팝콘처럼 활짝 핀 벚꽃' 등이 있어요. 이렇듯 계절에 어울리는 감각적 표현을 생각해보는 건 정말 즐겁고 유익한 일이에요.

놀이 순서

tip ★ 각 낱말에 어울리는 감각적 표현은 이야기에서 찾아도 좋고, 스스로 생각해내도 좋아요!

★ 아이가 아직 한글을 능숙하게 읽지 못하는 경우, 부모님이 직접 읽어주세요.

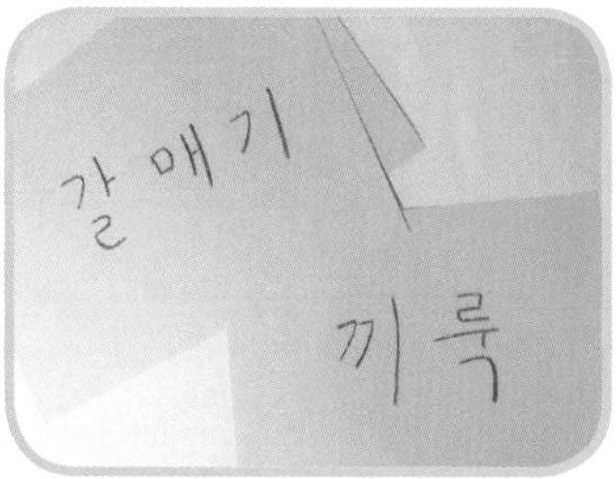

1 갈매기와 어울리는 감각적 표현을 찾아서 종이에 써요.

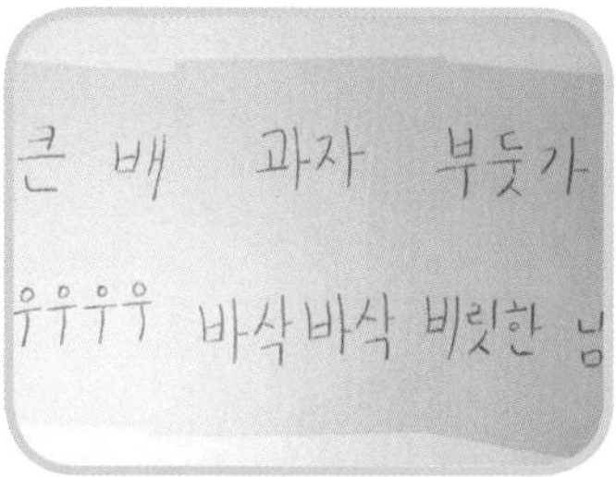

2 마찬가지로 큰 배, 과자, 부둣가에 어울리는 감각적 표현을 골라 종이에 써요.

3 단어를 적은 종이를 2번씩 접어요.

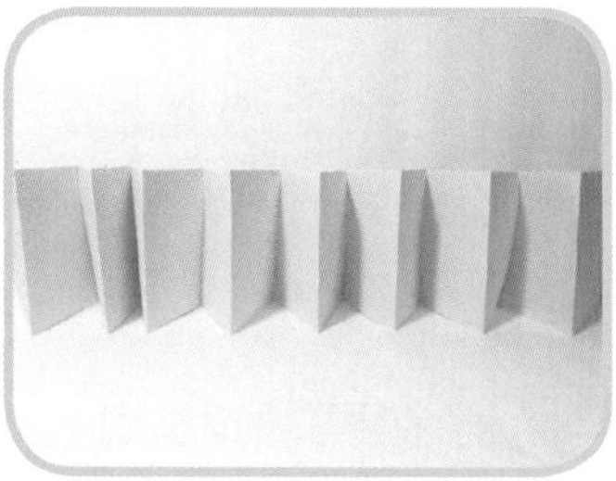

4 접은 종이를 한 줄로 놓고 누구부터 놀이를 시작할지 정해요.

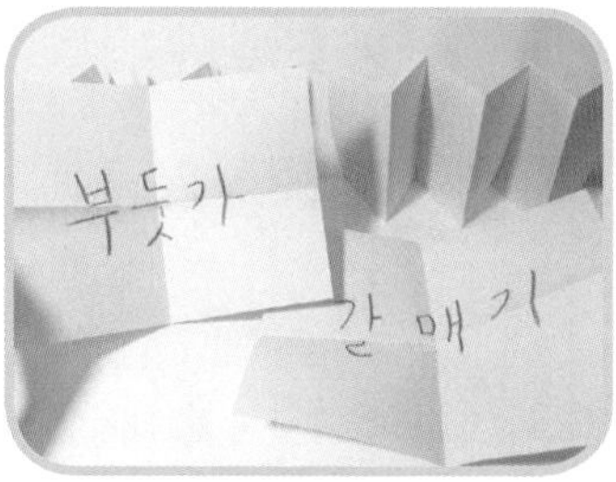

5 차례인 사람이 종이를 2장 선택하고, 단어와 그에 맞는 감각적 표현인지 확인해요. 짝이 맞으면 종이를 가져가고 맞지 않으면 제자리에 두고 다음 사람의 차례로 넘어가요.

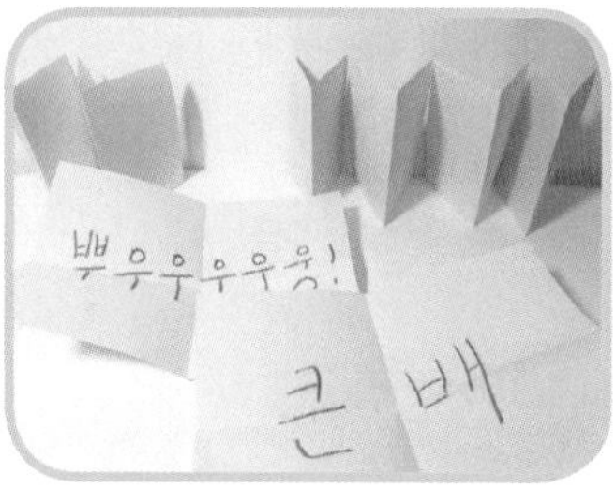

6 낱말과 감각적 표현이 일치하는 종이를 가장 많이 가진 사람이 승자예요.

한 걸음 더!

감각적으로 표현하는 동물 퀴즈

○**준비물** 종이, 펜

1. 술래는 마음속으로 생각한 동물을 종이에 써요.
2. 종이를 접어서 상대방이 안 보이게 두고, 감각적 표현으로 힌트를 줘요.
3. 상대방은 손을 들어서 동물을 맞혀요.
4. 정답을 맞히면 술래가 넘어가고, 맞히지 못하면 또 다른 감각적 표현으로 힌트를 줘요.

바삭바삭 목걸이 만들기

● **놀이 난이도** ★ ● **준비물** 다양한 색의 동그란 과자, 실
● **초등 교육과정 역량** 창의적 사고 역량, 심미적 감성 역량

갈매기가 좋아하는 '바삭바삭'으로 목걸이를 만들어볼까요?

놀이 속 코딩 개념

컴퓨터에게 명령할 때에는 가장 효율적인 방법을 사용하는 것이 좋아요. 그만큼 명령하는 절차도 단순해지고, 컴퓨터의 처리 속도도 빨라지는 장점이 있기 때문이죠. 그래서 코딩은 규칙성을 찾는 것이 아주 중요해요. 같은 명령을 여러 번 하는 것 대신 특정 규칙을 반복하라고 명령하면 되기 때문이에요.

놀이로 얻는 학교생활 tip!

초등 수학 교과에는 규칙성을 기반으로 하는 활동이 자주 등장해요. 예를 들어, 2학년 수학에 〈규칙 찾기〉라는 단원이 있어요. 이 단원에서는 쌓여 있는 블록 모양을 보고 어떤 규칙성이 있는지 찾고, 직접 규칙을 정해서 실제로 블록을 쌓아보는 활동을 해요.

놀이 순서

tip ★ 색깔이 알록달록하거나 반복되는 모양이 여러 개 있는 과자가 좋아요. 이런 과자를 찾기 어렵다면 여러 종류의 과자를 준비해도 돼요.

★ 실이 목에 감기는 등 위험한 일이 발생하지 않도록 조심해서 목걸이를 착용해요.

1 실에 첫 번째 과자를 끼워요.

2 다음으로는 다른 색의 과자를 끼워요.

3 또 다른 색의 과자를 끼워요.

4 반복해서 끼우다보면 규칙성이 만들어져요.

5 실을 묶어서 목걸이를 완성해요! 냠냠 규칙에 맞춰 먹어도 돼요.

한 걸음 더!

똑같은 목걸이 만들기

○ **준비물** 다양한 색의 과자, 실

1. 과자 색의 배열에 일정한 규칙성이 있도록 실에 과자를 끼워요.
2. 다음 사람은 끼워진 규칙성을 보고 그에 맞게 목걸이를 완성해요.
3. 처음 만든 사람이 따라 만든 목걸이를 받아서 배열이 틀리지 않게 끼워졌는지 확인해요.

06

저 풀도 춥겠다

부산 알로이시오초등학교 어린이 글 | 박선미 엮음 | 보리 | 2017

국어 교과서 수록 학년

2-2. 5단원 〈간직하고 싶은 노래〉

이야기 내용 소개

팝콘

한영우

쪼그만 옥수수 알갱이가 / 냄비 안에서
탁 타타탁 / 펑펑 펑펑
유리 뚜껑을 열고 / 나갈라 한다.
힘도 세지 / 입안에 들어가니
아삭아삭 사라라 / 부드러운데

선생님의 한마디

쪼그만 옥수수 알갱이가 팝콘이 되기까지의 과정을 나타낸 동시예요. 냄비 안에서 유리 뚜껑을 열고 나가려는 듯 옥수수 알갱이가 튀는 모습과 완성된 팝콘을 입안에 넣었을 때의 부드러움이 잘 표현돼 있어요.

Q

내용 이해하기

1. 무엇에 대해 나타낸 동시인가요?

2. 팝콘이 입안에 들어가면 어떤 느낌이 든다고 표현했나요?

생각 주머니 키우기

1. 내가 시인이라면 옥수수 알갱이가 냄비 안에서 탕탕 튀는 모습을 어떤 표현으로 나타낼 수 있을까요?

2. 내가 시인이라면 입안에 들어간 팝콘을 어떻게 표현할 수 있을까요?

나의 감상을 한 줄로 표현해보세요.

옥수수 빨리 옮기기 시합

● **놀이 난이도** ★★ ● **준비물** 삶은 옥수수, 젓가락
● **초등 교육과정 역량** 자기관리 역량, 창의적 사고 역량

조그만 옥수수 알갱이를 젓가락을 이용해서 빨리 옮겨볼까요?
생각보다 쉽게 되지는 않아요. 집중력을 발휘해야 한답니다.

놀이 속 체육 개념

체육 활동으로 신체의 균형적인 발달을 이룰 수 있어요. 체육 시간에 대근육과 소근육을 조화롭게 쓰며 함께 발달시키는 활동을 해요. 신체 활동은 두뇌 발달에 도움이 되는 건 물론이고, 스트레스 해소에도 도움이 돼요. 따라서 아이의 연령이 높아질수록 자칫 소홀해질 수 있는 체육 활동에 대해서 적극적이고 긍정적인 태도가 필요합니다.

놀이로 얻는 학교생활 tip!

학교에서는 개인 수저를 가지고 다니지 않고 학교에 있는 공용 수저를 사용하는 경우가 많아요. 그리고 아동용 수저가 따로 준비돼 있지 않고 어른용 수저를 사용하는 경우도 있어요. 젓가락질이 서툰 아이에게 어른용 젓가락을 쓰게 하면 당황하겠죠. 초등학생 중에는 젓가락질이 서툰 경우가 의외로 많아요. 놀이를 통해 아이가 젓가락질을 연습할 수 있게 해주세요.

놀이 순서

tip ★ 아이 젓가락질의 숙련도에 따라 서툰 아이에게는 아동용 젓가락을, 능숙한 아이에게는 어른용 젓가락을 사용하게 하는 것이 좋아요.
★ 플라스틱 젓가락, 쇠 젓가락, 나무 젓가락 등 다양한 젓가락을 이용해보세요.
★ 같은 수의 알갱이를 누가 빨리 옮기는지 시합하면 더 재미있어요.

1 삶은 옥수수를 준비해요.

2 옥수수 알갱이를 하나하나 떼어요.

3 손가락으로 알갱이 하나를 집어 다른 그릇으로 옮겨요.

4 젓가락을 이용해 알갱이 하나를 다른 그릇으로 옮겨요.

5 젓가락으로 알갱이 두세 개를 한꺼번에 집어서 다른 그릇으로 옮겨요.

한 걸음 더!

옥수수 그림을 그려요

○**준비물** 삶은 옥수수, 종이

1. 옥수수 알갱이를 하나하나 떼어요.
2. 종이 위에 옥수수 알갱이로 얼굴을 만들어봐요.
3. 옥수수 알갱이를 이용해서 자유롭게 그림을 완성해요.

팝콘을 만들어 함께 먹어요

- **놀이 난이도** ★ - **준비물** 팝콘용 옥수수, 전자레인지(또는 냄비)
- **초등 교육과정 역량** 창의적 사고 역량, 공동체 역량

「팝콘」 동시에서 표현한 것처럼 냄비 안에서 유리 뚜껑을 열고 나가려는 듯 옥수수 알갱이가 튀는 모습, 완성된 팝콘의 부드러운 맛을 직접 느껴볼까요?

놀이 속 요리개념

팝콘용 옥수수 알갱이에는 수분이 들어 있어요. 옥수수를 냄비에 넣고 열을 가하면 알갱이 속에 있던 수분이 증기로 바뀝니다. 액체가 기체로 변하면서 부피가 늘어나면 냄비 안의 압력이 높아져 옥수수 알갱이는 펑 터지고 팝콘이 됩니다.

놀이로 얻는 학교생활 tip!

초등 4학년 과학 교과에서는 열에 의한 물체의 부피 변화를 배워요. 초등학교 때 배우는 과학은 이론 위주가 아닌, 생활에서 접하는 과학 현상을 주로 학습해요. 따라서 생활 속 과학을 접하고 궁금증을 갖는 것과 놀이나 실험을 통해 즐겁게 학습하는 것이 중요해요.

놀이 순서

tip ★ 전자레인지 대신 냄비를 이용할 때는 투명한 냄비를 사용하는 것이 좋아요. 옥수수가 튀어 오르면서 팝콘으로 변하는 모습을 아이가 눈으로 관찰할 수 있기 때문이에요.

★ 팝콘이 튀겨지는 모습을 관찰할 때는 꼭 부모가 함께해주세요.

★ 완성된 직후에는 팝콘 봉지가 굉장히 뜨거우니까 주의해야 해요.

★ 팝콘용 옥수수의 처음 모습과 팝콘으로 튀겨진 후의 모습을 비교해요.

1 팝콘용 옥수수를 준비해요.

2 팝콘용 옥수수의 포장지를 손으로 만져보면서 안에 있는 옥수수 알갱이의 크기를 느껴요.

3 전자레인지에 팝콘용 옥수수를 넣어요.

4 설명서에 따라 조리 시간을 설정하고, 팝콘 봉지가 부풀어 오르는 모습을 관찰해요.

5 완성된 팝콘을 맛있게 나누어 먹어요.

한 걸음 더!

팝콘처럼 부풀리기

○ **준비물** 비누조각, 접시, 전자레인지

1. 쓰다 남은 비누조각을 접시에 담아요.
2. 접시를 전자레인지에 넣어서 가열해요. 15초 간격으로 멈추고 비누조각의 변화를 관찰해요.
3. 비누 속 수분이 팽창하면서 비누조각이 부풀어 오른 것을 확인해요.

07

이가 아파서 치과에 가요

한규호 글 | 원성현 그림 | 받침없는동화 | 2019

국어 교과서 수록 학년
1-1. 4단원 〈글자를 만들어요〉

이야기 내용 소개

이가 아픈 자라는 치과에 가기로 했어요. 가는 길에 토끼와 마주치게 되죠. 토끼는 자라가 느리게 기어가는 것을 보고 치과에 데려다주기로 했어요. 그런데 너무 서둘러 가던 나머지 토끼가 넘어지고 말아요. 다리를 다쳐서 울고 있는 토끼를 보고 노루가 뛰어와 토끼를 위해 외과에 데려다주게 돼요.

Q

내용 이해하기

1. 자라는 이가 아파서 어느 병원에 가나요?

2. 토끼는 다리가 아파서 어느 병원에 가나요?

생각 주머니 키우기

1. 자음 'ㅇ(이응)'이 들어간 낱말을 떠오르는 대로 모두 써보세요.

2. 모음 'ㅏ(아)'가 들어간 낱말을 떠오르는 대로 모두 써보세요.

나의 감상을 한 줄로 표현해보세요.

코딩놀이

로봇이 만드는 건강 간식

- **놀이 난이도** ★★
- **준비물** 위생장갑, 식빵, 햄, 치즈, 오이, 잼, 나이프(또는 숟가락)
- **초등 교육과정 역량** 지식정보처리 역량, 의사소통 역량

자라가 치과에 가는 이유는 건강하지 않은 음식을 많이 먹어 이가 아프기 때문이에요. 탄산음료, 과자 등 건강하지 않은 음식 대신 몸에 좋은 간식을 만들어보도록 해요!

놀이 속 코딩 개념

컴퓨터는 스스로 무언가를 하지 못해요. 그저 사람이 명령하는 대로 실행할 뿐이죠. 그래서 컴퓨터에게 정확하고 효율적인 명령을 하는 것이 중요해요. 이때 컴퓨터가 일하는 과정을 나타낸 흐름도나 순서도를 '알고리즘'이라고 해요. 알고리즘을 잘 짜는 능력은 프로그래밍을 할 때뿐만 아니라 복잡한 일을 계획할 때에도 유용하게 쓰여요.

놀이로 얻는 학교생활 tip!

알고리즘은 컴퓨터뿐만 아니라 생활 전반에서 쓰여요. 학교생활을 예로 들어볼까요? 점심시간에 밥을 먹으려면 어떻게 해야 하나요?

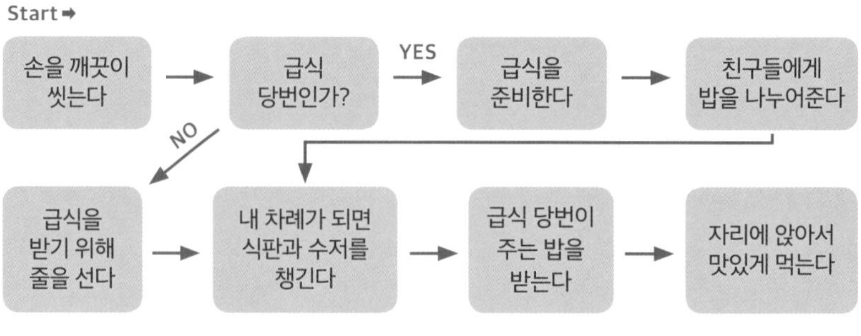

일상적 행동에 순번을 매기면 알고리즘으로 나타낼 수 있어요.

놀이 순서

tip ★ 로봇을 움직일 때에는 차례대로 자세하게 명령하는 것이 중요하다는 것을 알려주세요.

★ 잘못된 명령을 내렸다면 "되돌려주세요."라고 말하고 다시 명령해요.

1 부모는 로봇, 아이는 명령하는 사람의 역할을 맡아요. 부모는 지금부터 아이의 명령에 따라서만 행동해요.

2 아이는 다음과 같이 행동을 하나하나 지시해요. "식빵을 하나 들고 잼을 바르세요."

3 "잼을 들고 뚜껑을 열어보세요."

4 "나이프로 잼을 떠서 그 잼을 식빵에 바르세요."

5 "치즈를 올리고, 치즈 위에 햄을 올리고, 햄 위에 오이를 올리세요." 명령어가 부족하면 이상한 샌드위치가 만들어지고 말 거예요!

6 "식빵으로 덮어주세요."라고 마지막 명령을 내리면 건강하고 맛있는 간식 완성!

○ **준비물** 물티슈

청소 로봇 작동하기

1. 한 명은 로봇, 한 명은 사람 역할을 맡아요.
2. 로봇 앞에 물티슈를 둬요.
3. 사람이 로봇에게 '말로만' 명령해서 원하는 곳을 청소하게 해요.
4. 원하는 대로 청소를 끝냈다면 청소 로봇 다루기 성공!

국어놀이

단어 만들기 놀이

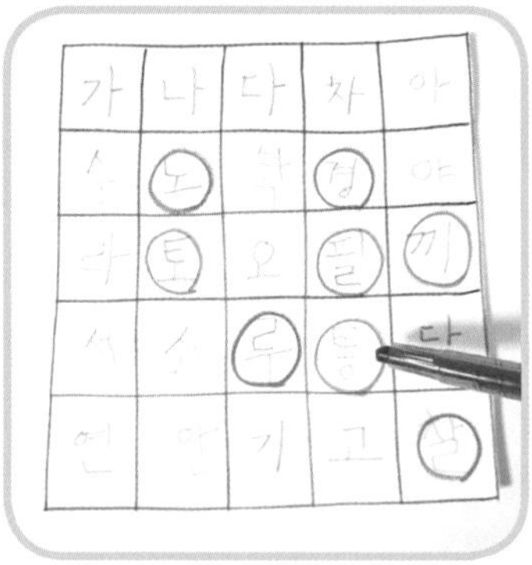

● **놀이 난이도** ★★★ ● **준비물** 종이, 연필, 색연필
● **초등 교육과정 역량** 지식정보처리 역량, 의사소통 역량

동물의 이름들은 살펴볼까요? 자라는 '자'와 '라', 토끼는 '토'와 '끼'라는 두 글자로 이뤄져 있어요. 한 글자 한 글자가 만나 하나의 단어가 된 거예요. 만약 다른 글자를 만난다면 어떤 단어가 될까요? '단어 만들기 놀이'를 해봐요!

놀이 속 국어 개념

'한글'이라는 말을 만든 사람은 누구일까요? 세종대왕이 1443년 글자를 창제했을 때는 백성을 가르치는 올바른 소리라는 뜻으로 '훈민정음'이라고 이름을 붙였어요. 시간이 흘러 1910년대에 주시경 선생님이 '조선어 연구회'에서 우리말을 연구하며 '한글'이라는 이름을 처음으로 붙이게 되었어요.

놀이로 얻는 학교생활 tip!

초등 5, 6학년 사회 교과에서 우리나라 역사를 학습하게 돼요. 평소에 역사책을 많이 읽거나 역사 박물관으로 여행을 다니면 사회 학습에 큰 도움이 돼요. 5학년 2학기 〈유교 문화가 발달한 조선〉 단원에서는 세종대왕이 만든 훈민정음과 그로 인한 사회 모습의 변화를 소개해요. 한글이 있기 전, 백성들은 중국의 한자를 쓰고 있었고, 글자를 잘 몰라 자신의 뜻을 제대로 전달하지 못하는 사람이 많았어요. 훈민정음을 통해 백성들이 글자를 읽게 된 후 백성들은 자신의 생각을 문자로 표현할 수 있게 됐고, 나라에서는 백성들에게 알려야 하는 내용을 쉽게 전달할 수 있게 되었어요.

tip ★ 한글을 못 쓰는 경우, 부모가 음절 카드를 만들어서 놀이해요.

놀이 순서

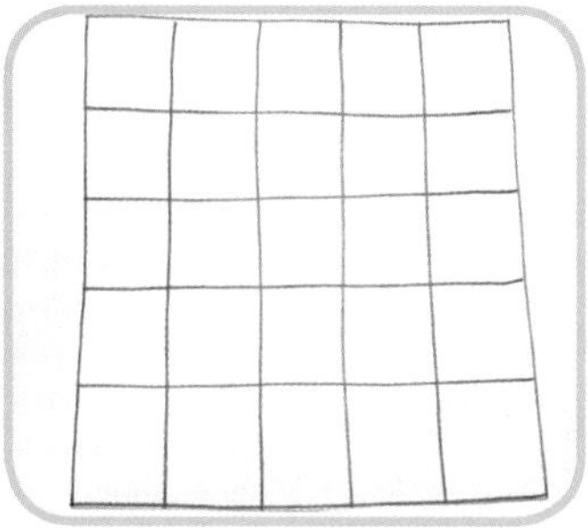

1 5×5칸 빙고를 그려주세요.

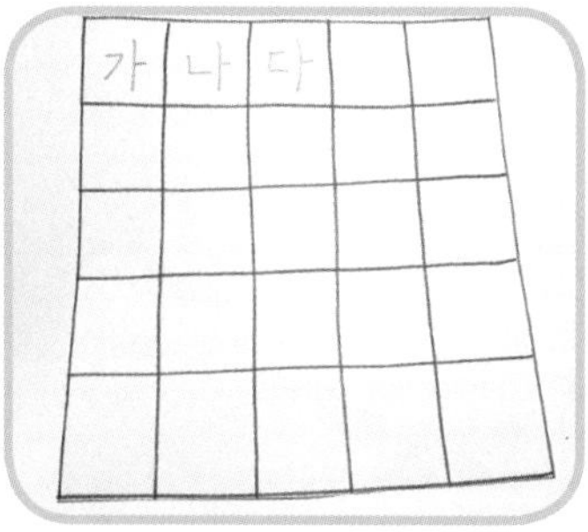

2 칸마다 생각나는 글자를 하나씩 써 주세요.

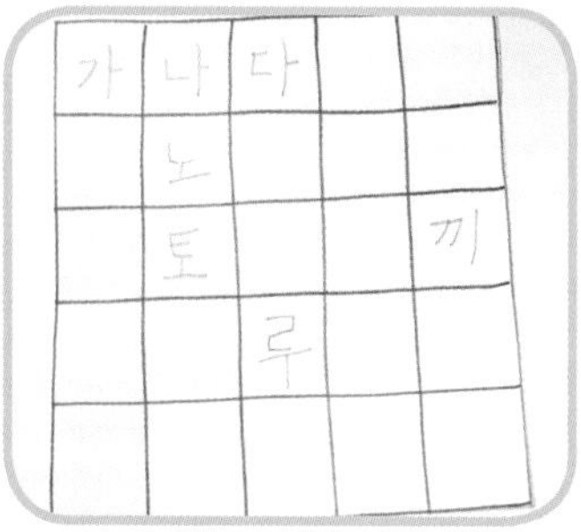

3 글자를 쓰다가 떠오르는 단어가 있다면, 두 글자를 멀찍이 떨어트려서 써 주세요.

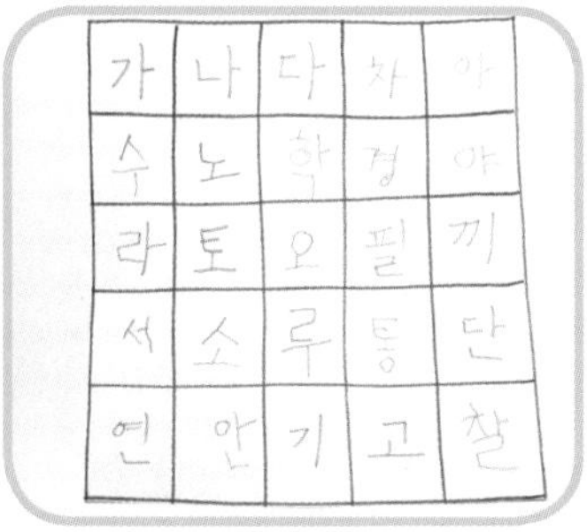

4 빙고판을 모두 채우고 각자 색이 다른 색연필을 준비해요.

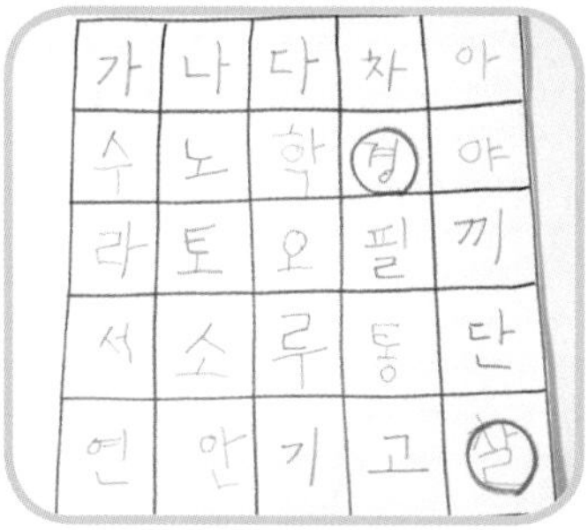

5 글자를 모아 하나의 단어를 만들면 동그라미를 쳐요. 동그라미 친 이후에 다음 사람으로 넘어가요. 한번 동그라미 표시가 된 글자는 또 사용할 수 없어요.

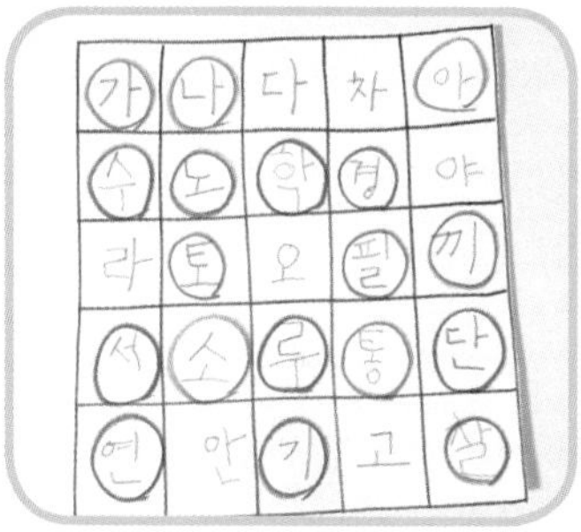

6 단어를 더 이상 만들 수 없을 때까지 놀이해요!

한 걸음 더!

○**준비물** 종이, 연필, 색연필

가로세로 퀴즈!

1. 마음속으로 단어 하나를 떠올려요.
2. 단어의 글자 수만큼 빙고 가로칸을 색연필로 칠해요.
3. 상대방에게 어떤 단어인지 말로 설명해요.
4. 상대방은 설명을 잘 듣고 연필로 답을 적어요.
5. 맞았다면 이번에는 상대방이 문제를 내요. 맞힌 단어 중 한 글자를 고르고, 위아래 세로칸을 색칠해서 퀴즈를 내요.
6. 같은 방식으로 돌아가며 가로, 세로 퀴즈를 이어가요.

08

프린들 주세요

앤드루 클레먼츠 글 | 양혜원 그림 | 햇살과나무꾼 옮김 | 사계절 | 2001

국어 교과서 수록 학년
3-1. 9단원 〈어떤 내용일까〉

이야기 내용 소개

닉과 친구들은 페니 팬트리 가게에서 펜을 살 때마다 펜이라는 말 대신 '프린들'이라는 말을 써요. 처음에는 아주머니가 고개를 갸웃거렸지만 매일 다른 아이들이 가서 "프린들 주세요."라는 말을 하자, 여섯 번째날 아주머니는 프린들이 펜을 의미한다는 걸 알아채셨죠. 그러고는 "무슨 색을 줄까."라고 묻지 뭐예요? 닉과 친구들의 작전은 완전히 성공했어요. 닉과 여섯 명 비밀 요원은 닉의 방에 모여 엄숙하게 서약서를 읽어요. 앞으로 절대로 펜이라는 말을 사용하지 않고, 다른 사람들도 펜 대신 프린들이라는 말을 사용하도록 최선을 다하기로 약속한다고요.

Q

내용 이해하기

1. 닉과 친구들이 말하는 '프린들'은 무엇인가요?

2. 아주머니는 프린들이 무엇인지 며칠이 지난 후에 알게 되었나요?

생각 주머니 키우기

1. 닉과 친구들이 비밀 요원 활동을 하면서 어떤 작전을 꾸몄나요?

2. 닉과 친구들처럼 물건의 이름을 바꿔 부르고 싶은 것이 있나요? 어떤 것을 무엇이라고 부르면 좋을까요?

나의 감상을 한 줄로 표현해보세요.

코딩놀이

정하는 대로!
이름 바꾸기 놀이

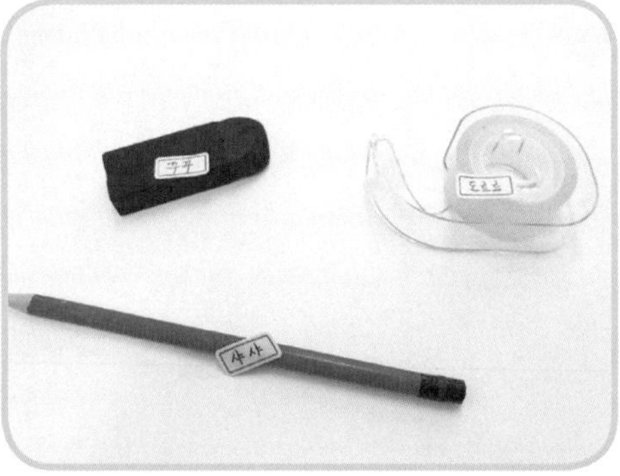

- **놀이 난이도** ★★★
- **준비물** 자주 쓰는 물건들, 견출지(또는 포스트잇), 펜
- **초등 교육과정 역량** 지식정보처리 역량, 의사소통 역량

'프린들'이 펜을 의미할 수 있는 것처럼, 언어는 무엇을 무슨 말로 표현할지 약속하기 나름이에요. 이름 바꾸기 놀이로 우리 주변의 물건 이름을 바꿔볼까요?

놀이 속 코딩 개념

조건에 따라 변화하는 수를 변수라고 해요. 그중에서도 일정한 영역 내에서만 사용되는 변수를 지역변수라고 부르고, 영역에 상관없이 프로그램 전체에서 사용할 수 있는 변수를 전역변수라고 해요. 그러니까 엄마 아빠와 아이가 이름 바꾸기 놀이를 한 것은 지역변수가 되는 거예요. 우리끼리는 알지만 친구에게 이야기를 하면 알아듣지 못하니까요. 하지만 국립국어원에서 "앞으로 이 단어는 바꾸겠습니다."라고 발표한다면 전역변수가 돼요. 한국말을 사용하는 모두가 그 단어를 알게 될 테니까요.

놀이로 얻는 학교생활 tip!

최근 초등학교 코딩 수업에서 '블록 프로그래밍'이 인기랍니다. 대표적인 블록 프로그래밍 사이트로는 MIT미디어랩에서 개발한 '스크래치'와 우리나라에서 개발한 '엔트리'가 있어요. 블록 프로그래밍은 블록을 조립하여 쌓는 방식이기 때문에 프로그래밍을 처음 접하는 성인과 (8세 이상) 아이도 쉽게 코딩에 접근할 수 있어요. 블록 프로그래밍을 이용한 학습 콘텐츠로 미션 해결하기, 게임 만들기 등이 있어요.

놀이 순서

tip ★ 새로 이름을 지을 때에는 기존의 물건 이름이 아닌 평소에 잘 쓰지 않는 낱말로 창작하는 것이 좋아요.

1 자주 쓰는 물건 몇 가지를 준비해요.

2 각각의 물건에 나만의 이름을 붙여서 견출지에 써주세요.

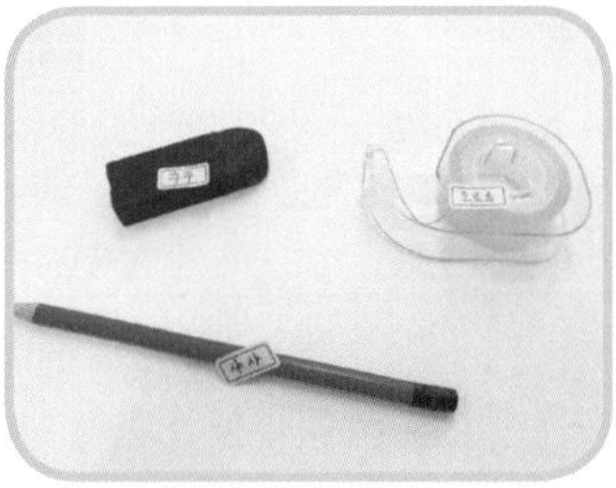

3 이름을 새로 정했으니 지금부터 기존 이름 대신 새로운 이름으로 불러야 해요.

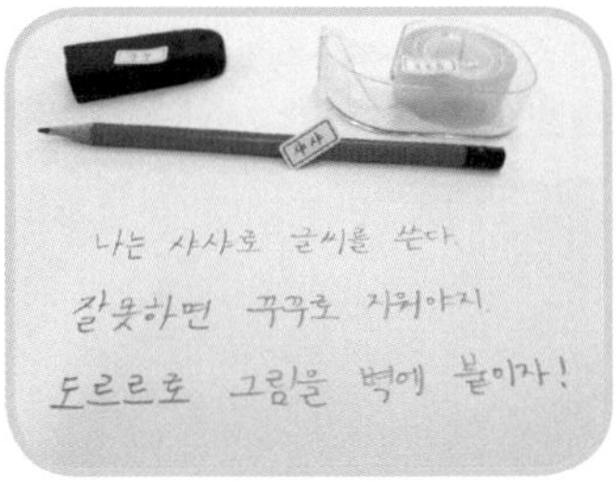

4 새로 붙인 이름을 이용하여 간단한 문장을 만들어보세요.

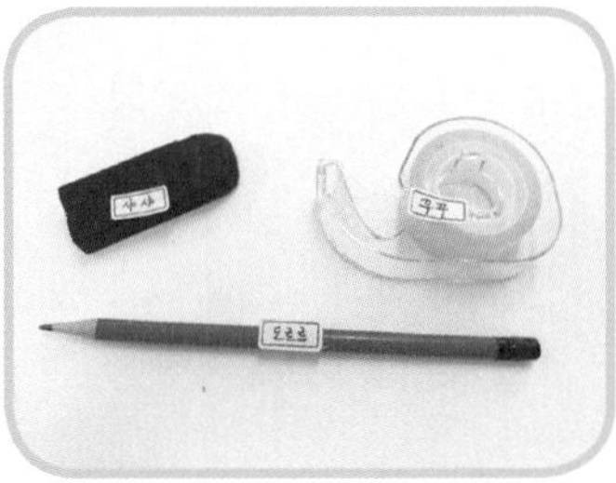

5 변수를 바꿔서 지정해볼까요? 견출지를 떼서 서로 바꿔 붙여보세요. 얼마든지 새로운 이름으로 바꿔 부를 수 있어요.

6 **4**에서 만든 문장을 새로운 변수에 맞춰 읽어보세요. 이상하죠? 이전에 쓴 정보는 새로 저장한 변수와 다르기 때문에 맞지 않아요.

한 걸음 더!

○ **준비물** 색종이, 펜

숫자 변수 넣기

1. 색종이의 앞면에 1~5까지 숫자를 써요.
2. 이번에는 변수를 정할 차례! 뒷면에는 숫자 대신 저장할 값을 정해요. a, b, c 등 알파벳을 사용할 수도 있고 사과, 바나나, 키위 같은 과일 이름으로 정해도 돼요.
3. 뒷면이 보이게 종이를 섞어두고, 부모가 문제를 내요. 예)사과 더하기 바나나는?

수학놀이

프린들 뛰어 세기 놀이

● **놀이 난이도** ★ ● **준비물** 펜 여러 자루, 상자
● **초등 교육과정 역량** 지식정보처리 역량, 의사소통 역량

프린들(펜) 20자루를 모아서 보물 상자에 저장하려고 해요.
부모님이 하루에 2자루씩 프린들을 주신다면, 며칠 후에 20자루를 모두 모을 수 있을까요?
수학놀이로 알아봐요!

놀이 속 수학 개념

일정한 수만큼 늘어나거나 줄어드는 관계를 '뛰어 세기'라고 해요. 둘씩 뛰어 세면 2, 4, 6, 8… 셋씩 뛰어 세면 3, 6, 9, 12… 곱셈구구를 외우면 세기를 쉽게 할 수 있죠.

놀이로 얻는 학교생활 tip!

초등 2학년과 4학년 수학 교과에는 뛰어 세기가 수록돼 있어요. 2학년은 십, 백씩 뛰어 세고 4학년은 만, 십만, 백만, 천만씩 뛰어 세기를 하죠. 뛰어 세기가 된 숫자를 보고 규칙성을 익혀야 계속해서 뛰어 센 숫자를 쓰는 문제를 해결할 수 있는데, 이때 자릿수를 살피면 얼마나 뛰어 세기가 되었는지 알 수 있어요. 뛰어 세기 규칙을 이해하면 나만의 규칙을 정하여 뛰어 세기를 해볼 수도 있죠.

놀이 순서

tip★ 뛰어 세기에 자신이 있는 아이라면 펜을 세는 것 말고 숫자를 쓰는 방식으로 변경해서 놀이를 할 수 있어요. 직접 종이에 백 단위, 천 단위, 만 단위로 바뀌는 수를 쓰고 얼마나 뛰어 세기가 돼 있는지 알아봐요.

1 빈 상자에 펜을 2자루 넣어요.

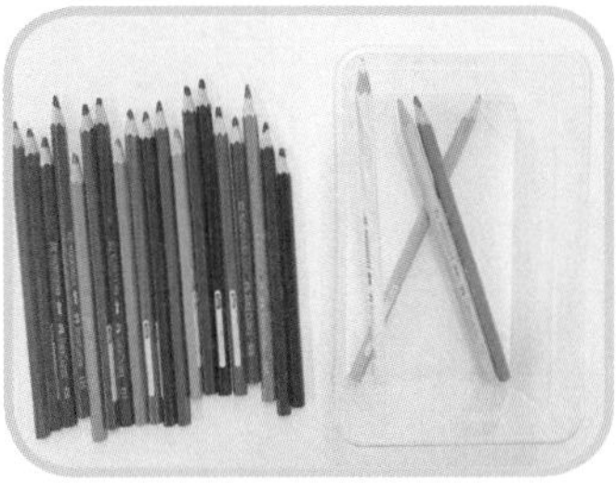

2 다음으로 펜을 2자루 더 넣어요. 총 몇 개가 되었나요? 4자루입니다.

3 다음으로 펜을 2자루 더 넣어요. 총 몇 개가 되었나요? 6자루입니다.

4 다음으로 펜을 2자루 더 넣어요. 총 몇 개가 되었나요? 8자루입니다.

5 이렇게 펜을 2자루씩 넣으면서 숫자를 크게 말해봐요. 이것은 둘씩 뛰어 세기예요.

6 몇 번 넣으면 20자루가 되나요? 둘씩 10번 뛰어 세면 돼요!

한 걸음 더!

달력 날짜를 뛰어 세기

○**준비물** 탁상 달력, 펜, 포스트잇

1. 달력의 세로 숫자를 보며 몇 씩 뛰어 세기가 돼 있는지 확인해요.
2. 달력의 숫자 중 일부를 포스트잇으로 가려요.
3. 포스트잇 자리에 어떤 숫자가 들어갈지 맞혀봐요.

09

이야기 할아버지의 이상한 밤

임혜령 글 | 류재수 그림 | 한림출판사 | 2012

국어 교과서 수록 학년
3-2. 8단원 〈글의 흐름을 생각해요〉

이야기 내용 소개

어린이를 위한 동시와 이야기를 쓰는 할아버지는 어느 날 '커졌다 작아졌다' 열매를 잘못 먹고 그만 베짱이만큼 작아지고 말아요. 다시 커지기 위해서는 '커졌다 작아졌다' 열매를 또 먹어야 하는데, 그건 흉악한 쥐들이 가지고 있었죠. 할아버지를 돕기 위해 베짱이는 부지런히 베를 짜서 훌륭한 베를 열매와 바꿔 오라고 알려줘요. 대신 『개미와 베짱이 이야기』 때문에 어린이들이 베짱이를 게으른 동물로 알고 있으니, 놀기만 하는 곤충이 아니라는 이야기를 써달라고 부탁해요. 할아버지는 마루 밑의 쥐들을 찾아가 베와 열매를 바꾸는 것을 성공하고, 다음 날 밤 동네 아이들에게 할아버지가 새로 지은 시 「베짱이」를 들려줘요.

Q

내용 이해하기

1. 할아버지는 왜 갑자기 작아졌나요?

2. 베짱이가 할아버지를 위해 만들어준 것은 무엇인가요?

생각 주머니 키우기

1. 어린이들이 베짱이를 게으른 동물이라고 했을 때 베짱이의 기분은 어땠을까요?

2. 할아버지가 새로 지은 시 〈베짱이〉는 어떤 내용일까요? 할아버지가 돼 시를 지어보세요.

나의 감상을 한 줄로 표현해보세요.

수학놀이

커졌다 작아졌다 마법 열매

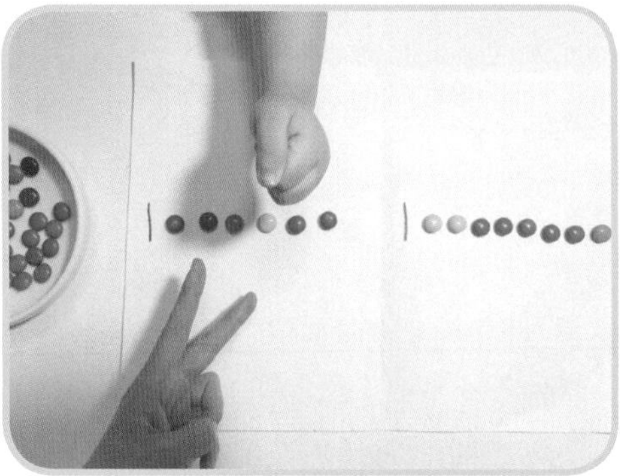

● **놀이 난이도** ★★ ● **준비물** 도화지, 펜, 동그라미 모양의 과자
● **초등 교육과정 역량** 창의적 사고 역량, 지식정보처리 역량

생길 때마다 하나씩 자릿수가 늘어나는 마법 열매가 있다면 어떨까요?
커지고 작아지는 숫자를 읽으며 수 놀이를 해봐요!

놀이 속 수학 개념

학년이 올라갈수록 수학 교육과정이 심화되며 작은 수 단위부터 큰 수 단위까지 배우게 돼요. 이때 아이들이 네 자리씩 끊어 읽는 원리를 알고 있으면 수를 세기 편해요. 일/십 백 천/만/십만 백만 천만/억/십억 백억 천억/조/십조 백조 천조… 와 같은 방식으로 말이죠. 네 자리의 단위가 되는 것은 일, 만, 억, 조, 경, 해, 자, 양… 이 되겠네요!

놀이로 얻는 학교생활 tip!

초등 교육과정을 거치고 나면 0이 붙는 것이 10배씩 늘어나는 규칙이라는 것을 발견하게 돼 수가 커지는 것을 알고, 기존 수에 100을 더했을 때, 10을 더했을 때, 1을 더했을 때 자릿수가 변할 수 있다는 것을 알게 돼요. 무엇보다 중요한 것은 수를 크기로만 학습하지 않고 생활과 관련하여 수 감각을 익히는 거예요. 30은 반 학생들의 수, 210은 한 학년 학생들의 수, 100에서 10,000은 흔히 사용하는 화폐의 단위처럼요.

놀이 순서

tip ★ 놀이하는 동안 수 단위를 직접 말해야 하기 때문에, 각 자리를 어떻게 읽는지 반복해서 알려주세요.

★ 내가 목표하는 숫자를 정하고 한정된 가위바위보 횟수 안에 숫자를 완성하는 놀이를 해도 좋아요.

1 도화지를 반으로 접고 각 영역의 왼편에 1을 써주세요.

2 가위바위보를 해서 이긴 사람은 과자를 하나 가져올 수 있어요.

3 과자는 자릿수가 커지는 마법 열매예요. 과자 하나를 가져오면 10이 되고, 과자 2개가 있으면 100이 돼요.

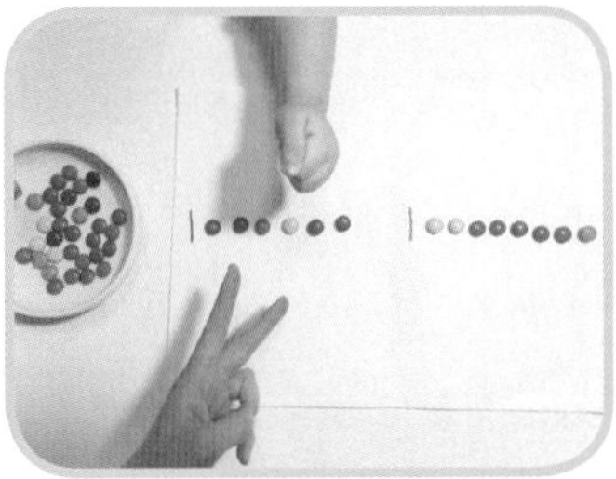

4 계속해서 가위바위보를 하며 마법 열매로 수를 늘려가요.

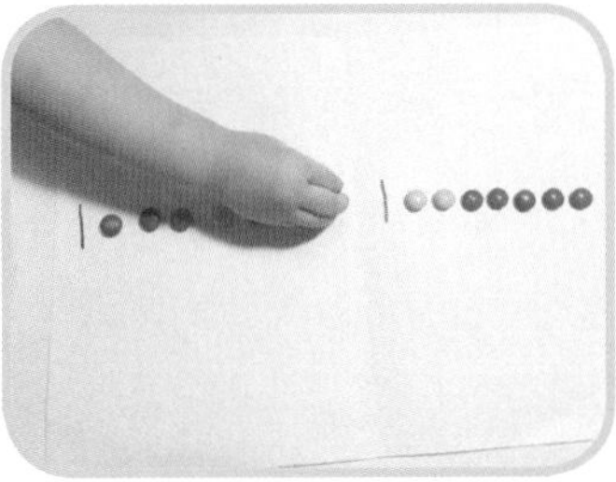

5 만약 숫자가 아주 커졌다면, 내 차례에 상대방의 마법 열매를 먹어서 작게 만들 수도 있어요.

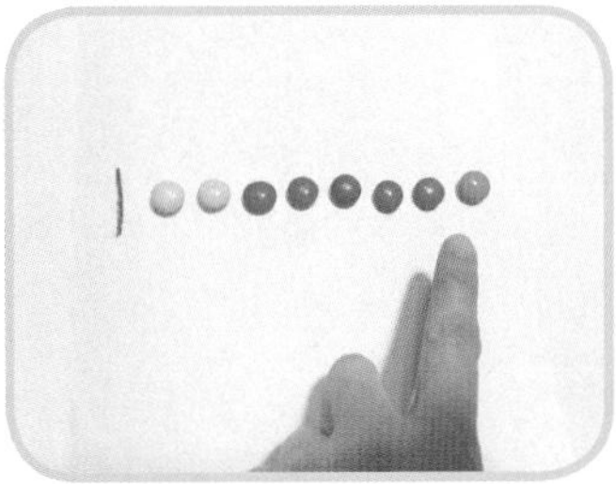

6 누구의 숫자가 더 큰가요? 최종적으로 만들어진 자신의 수를 읽어보세요.

한 걸음 더!

내가 만들 숫자는 바로…!

○ **준비물** 도화지, 펜, 과자

1. 두 명이 도화지를 반으로 나누어 가져요.
2. 각자 만들고 싶은 숫자를 도화지 왼쪽에 써요.
3. 가위바위보를 해서 이긴 사람은 도화지 오른쪽에 과자를 추가해요. 왼쪽에 써놓은 목표 숫자를 먼저 만들면 승리!

코딩놀이

색종이 베 짜기

● **놀이 난이도** ★★★ ● **준비물** 색이 다른 색종이 2장, 가위, 풀
● **초등 교육과정 역량** 지식정보처리 역량, 의사소통 역량

베짱이가 짠 베를 보고 흉악한 쥐들이 감동을 했나 봐요!
베와 마법의 열매를 교환도 해주고 말예요. 우리도 색종이로 베를 짜볼까요?

놀이 속 코딩 개념

간단한 규칙이 있는 문제를 해결하는 것은 쉽지만 복잡한 문제는 해결할 때 시간이 오래 걸려요. 컴퓨터를 이용하면 복잡한 문제도 빠르게 해결할 수 있어요. 그렇다면 최초의 컴퓨터는 언제 개발되었을까요? 바로 1946년에 개발된 '에니악'이에요. 무게가 무려 30톤이나 되는 아주 크고 무거운 컴퓨터였죠. 이 컴퓨터를 사용하는 일 역시 쉽지 않았어요. 컴퓨터가 일하기 위해 프로그래밍을 하려면 6,000개의 전기 회로를 일일이 바꿔야 했거든요. 컴퓨터의 역사는 에니악부터 시작돼 현재 사용하는 편리한 컴퓨터까지 발전하게 되었답니다.

놀이로 얻는 학교생활 tip!

아이는 자라면서 찍찍이 운동화 대신 끈으로 묶는 운동화를 신게 돼요. 하지만 고학년이 돼도 운동화 끈을 묶지 못하는 아이들이 있어요. 운동화 끈이 풀려도 스스로 묶지 못해서 다른 친구가 묶어주기도 하죠. 색종이 베를 짜는 놀이를 하면서 매듭 묶는 방법도 함께 연습해보는 건 어떨까요?

놀이 순서

tip ★ 색종이 크기로 난이도를 조절할 수 있어요. 1cm로 폭을 섬세하게 하면 더 촘촘한 작품을 만들 수 있어요. 3~4cm로 성기게 하면 손의 소근육이 덜 발달되었더라도 비교적 쉽게 작품을 완성할 수 있어요.

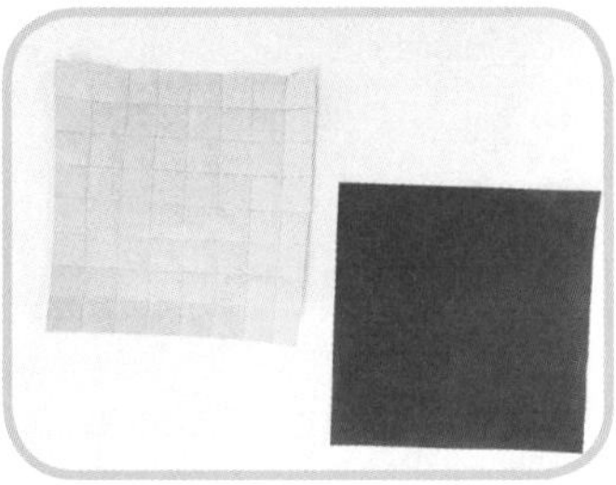

1 색종이 1장을 가로로 절반 접기 3번, 세로로 절반 접기 3번을 해서 8칸 격자무늬를 만들어요.

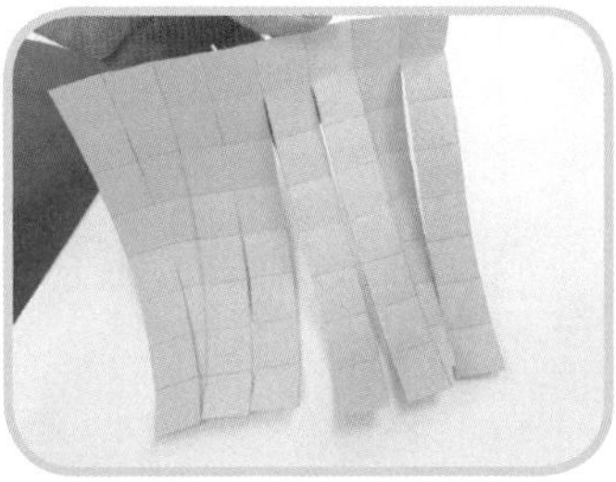

2 맨 윗칸을 남기고 나머지를 세로로 잘라 주세요(문어 다리 만들기).

3 다른 색종이는 세로로 절반 접기를 3번 해주세요.

4 3의 색종이를 세로 줄대로 잘라서 8개의 긴 막대를 만들어주세요.

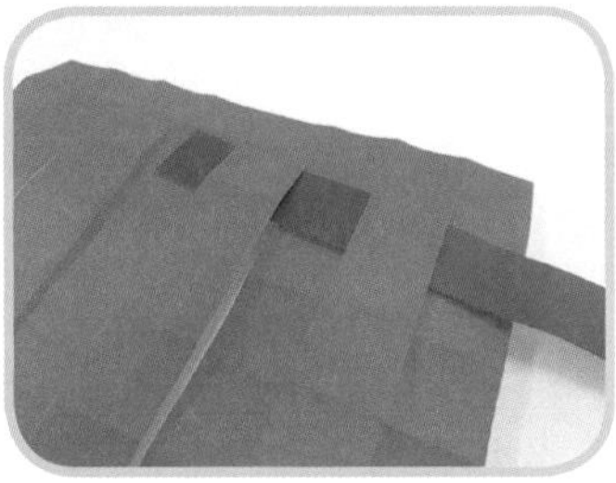

5 긴 막대를 문어 다리에 1칸씩 올리고, 내리고를 반복하며 베를 짜주세요.

6 가장자리 부분은 풀로 꼼꼼히 붙여 고정해주세요.

7 같은 동작을 반복하되 위와 겹치지 않게 하세요. 윗줄을 올려서 짜기 시작했다면 다음 줄은 내려서 짜는 식으로요.

8 맨 아랫줄까지 베를 짜면 베짱이가 짠 베 완성!

10

만복이네 떡집

김리리 글 | 이승현 그림 | 비룡소 | 2010

국어 교과서 수록 학년

3-1. 10단원 〈문학의 향기〉

이야기 내용 소개

만복이는 나쁜 말을 많이 하는 아이였어요. 어느 날 하굣길에 '만복이네 떡집'에서 찹쌀떡을 먹자 입에 떡이 척 들러붙어서 그만 말을 못하게 되었지 뭐예요? 온종일 나쁜 말을 안 하니 주변에서 칭찬을 받게 되었어요. 다음 날에는 무지개떡을 먹자 재미있는 이야기가 머릿속에 마구마구 피어올랐어요. 친구들은 만복이의 재미있는 이야기를 듣고 웃음꽃이 활짝 피어올랐어요. 또 다음 날에는 쑥떡을 먹었어요. 그러자 주변 사람들의 생각이 쑥덕쑥덕 귀에 들려왔어요. 친구의 고민을 알게 된 만복이는 따뜻한 말을 해주고 친구와 사이가 좋아졌어요. 그다음 날 만복이네 떡집을 지날 때 보니 그곳은 '장군이네 떡집'이 돼 있었어요. 만복이는 웃으며 떡집 앞을 지나갔답니다.

Q

내용 이해하기

1. 만복이가 간 떡집의 이름은 무엇인가요?

2. 무지개떡을 먹자 어떤 일이 일어났나요?

3. 쑥떡을 먹자 어떤 일이 일어났나요?

생각 주머니 키우기

1. 찹쌀떡, 무지개떡, 쑥떡 중 하나를 먹을 수 있다면 어떤 떡을 먹고 싶나요? 이유는 무엇인가요?

2. 내 친구에게 추천해주고 싶은 떡은 무엇인가요? 이유는 무엇인가요?

나의 감상을 한 줄로 표현해보세요.

코딩놀이

내 눈에만 보이는 AR 태블릿 만들기

- **놀이 난이도** ★★
- **준비물** 검은 도화지, 투명지(OHP 필름), 네임펜, 풀, 가위
- **초등 교육과정 역량** 자기관리 역량, 창의적 사고 역량

마술처럼 생겨난 만복이네 떡집! 만복이에게만 보인 신기한 떡집이었죠?
우리도 AR 놀이로 내 눈에만 보이는 세상을 만들어볼까요?

놀이 속 코딩 개념

AR은 Augmented Reality(어그멘티드 리얼리티)의 줄임말로 증강현실을 뜻해요. 증강현실이란 컴퓨터 기술을 이용하여 현실의 모습에 추가 정보를 더하는 것을 말해요. 예를 들어서 아무것도 없는 길이지만 증강현실을 이용해서 길을 보면 '만복이네 떡집'이 나타나는 것을 볼 수 있게 되는 거죠. 모바일게임 중에 〈포켓몬 고!〉가 있죠? 화면에 숨어 있는 몬스터들을 잡는데, 이 게임이 증강현실을 이용한 것이랍니다.

놀이로 얻는 학교생활 tip!

디지털 교과서는 스마트폰이나 태블릿으로 보는 교과서를 말해요. 디지털 교과서로 공부하게 되면 증강현실과 가상현실(VR)을 이용한 학습 콘텐츠를 만날 수 있어요. 스마트기기로 디지털 교과서에 그려져 있는 마커를 비추면 스마트기기에 증강현실이 구현되고, 카드보드지를 조립해서 종이 안경을 만들어 스마트폰을 끼우면 가상현실이 펼쳐져요. 학습 내용을 종이로만 접하는 것보다 이렇게 실감 나는 활동을 더하면 더 재미있게 학습할 수 있겠죠?

놀이 순서

tip ★ 순서 3에서 투명지를 검은 도화지 사이에 고정시킬 수 있게 넉넉히 잘라주세요.

★ 사람과 다양한 사물에 적용시켜 놀이할 수 있어요. 우리 집 냉장고가 하는 생각, 전화기가 하는 생각 등 상상의 힘은 무한하니까요!

1 검은 도화지를 반으로 접은 상태에서 태블릿 모양의 테두리를 그려요.

2 테두리를 따라 자르면 똑같은 태블릿 모양 2개 완성!

3 투명지 위에 네임펜으로 문구를 쓰고, 검은 도화지 안에 들어갈 수 있게 잘라요.

4 도화지 2장 사이에 투명지를 끼우고 풀로 고정시켜요. 이때 말풍선 부분은 다른 투명지가 들어갈 수 있도록 풀칠을 하지 마세요.

5 투명지를 작게 자르고 말풍선에 넣고 싶은 말을 써서 끼워보세요. 말풍선에 들어갈 말을 여러 개 만들면 다양한 상황을 만들 수 있어요.

6 이제 AR 태블릿으로 능력을 발휘해 볼까요?

한 걸음 더!

AR 안경을 만들어요!

○ **준비물** 두꺼운 종이, 투명지, 네임펜, 가위, 풀

1. 두꺼운 종이에 안경 도안을 그리고 오려요.
2. 안경테 위에 투명지를 올리고 네임펜으로 문구를 써요.
3. 안경테 크기에 맞춰 투명지를 잘라요.
4. 안경의 안쪽(얼굴 쪽)에 투명지를 붙이고, AR 안경 놀이를 해요!

요리놀이

소원을 이뤄주는 소떡소떡 만들기

- **놀이 난이도** ★★
- **준비물** 냄비, 접시, 소시지, 가래떡, 꼬챙이, 케첩, 머스터드
- **초등 교육과정 역량** 자기관리 역량, 공동체 역량

만복이가 마법의 떡을 먹고 나쁜 말을 하지 않게 되니 친구들이 만복이를 좋아하게 되었어요.
나는 어떤 모습을 고치면 좋을까요? 바뀌면 좋을 것 같은 나의 모습을 담아 소떡소떡을 만들어볼까요?

놀이 속 국어 개념

만복이처럼 나쁜 말을 자주 쓰면 어떻게 될까요? 친구들이 듣기 싫어하거나 부모님께서 속상해하시고 혼내실 수도 있겠죠. 하지만 나쁜 말을 사용하는 것은 내뱉는 본인에게도 큰 악영향을 끼쳐요. 나쁜 말을 쓰면 학습을 담당하는 뇌 영역인 해마가 수축돼요. 그러면 언어 능력이 활발히 발달하지 못하여 다양한 어휘를 구사하지 못하고, 단순하고 자극적인 단어만 사용하게 될 수도 있어요!

놀이로 얻는 학교생활 tip!

많은 아이들이 한 공간에서 오래도록 시간을 보내다 보면 사소한 의견 충돌이 발생하고, 그 충돌이 큰 싸움이 되기도 하죠. 아이가 친구들과 갈등을 빚는 다양한 상황을 함께 돌아보면서 문제가 되는 행동을 한 문장으로 정리해보세요. '내 마음대로 되지 않으면 무조건 토라진다', '내 물건을 만지는 친구는 밀거나 때린다' 등으로요. 그 이후에는 어떤 모습으로 변화하면 좋을지 정하기 쉽겠죠?

놀이 순서

tip ★ 아이가 자신의 고쳐야 할 점에 대해 이야기를 할 때 자칫 거부감이 들 수 있어요. 요리처럼 만들기 활동에 집중하고 있을 때 자연스럽게 대화를 유도하면 한결 부드럽게 아이의 속마음을 끌어낼 수 있어요!

1 가래떡을 잠시 물에 담가주세요.

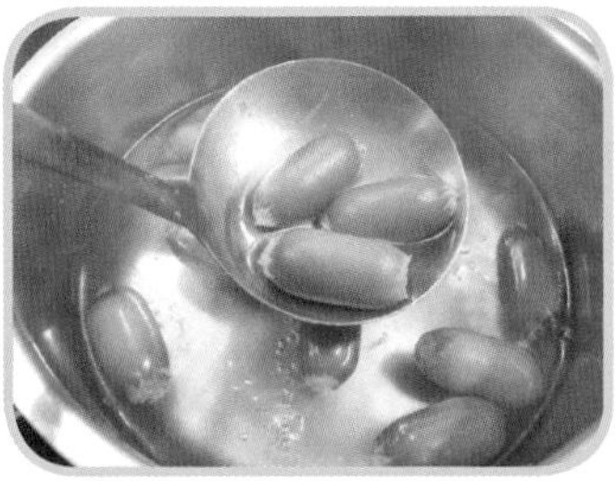

2 끓는 물에 소시지를 데쳐주세요.

3 끓는 물에 가래떡을 익혀주세요.

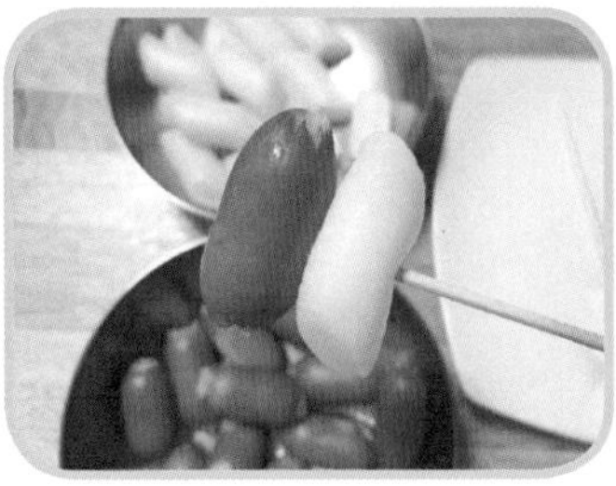

4 꼬챙이에 소시지와 떡을 번갈아가며 꽂아주세요.

5 소시지와 떡을 먹을 만큼 꽂아요. 그리고 케첩과 머스터드를 발라주세요.

6 가지고 싶은 능력을 쓴 팻말을 달면 소원을 이뤄주는 마법의 소떡소떡 완성!

한 걸음 더!

더 맛있는 소떡소떡!

○ **준비물** 완성한 소떡소떡, 프라이팬, 소스(설탕 1스푼, 간장 0.5스푼, 케첩 1스푼, 고추장 0.5스푼, 고춧가루 0.5스푼, 물엿 2스푼, 물 0.5스푼)

1. 불에 프라이팬을 올리고 기름을 둘러요.
2. 소스를 바르지 않은 채로 소떡소떡을 올려서 양면으로 구워요.
3. 준비한 소스를 섞어서 구운 소떡소떡에 바르고 양면으로 1번 더 구워요.

Chapter 03

\ 인성·관계 UP /

마음이 따뜻해지는 사랑 이야기

11

참 좋은 말

김완기 글 | 김승연 그림 | 시선사 | 2018

국어 교과서 수록 학년

2-2. 5단원 〈간직하고 싶은 노래〉

이야기 내용 소개

참 좋은 말

사랑해요 이 한마디 참 좋은 말 / 우리 식구 자고 나면 주고받는 말 사랑해요 이 한마디 참 좋은 말 / 엄마 아빠 일터 갈 때 주고받는 말 이 말이 좋아서 온종일 가슴이 콩닥콩닥인대요 / 사랑해요 이 한마디 참 좋은 말 / 나는 나는 이 한마디가 정말 좋아요 / 사랑 사랑해요

선생님의 한마디

가족이나 친구들과 따뜻한 마음을 나눈 경험과 관련해서 이 시를 배워요. 많은 사람들의 사랑을 받은 유명한 노래 가사이기도 하죠. 우리 식구가 자고 나면 주고받는 말, 엄마, 아빠가 일터 갈 때 주고받는 말, 이 말이 좋아서 가슴이 콩닥콩닥거리는 말 '사랑해요'가 반복적으로 등장해요.

Q

내용 이해하기

1. 우리 식구가 자고 나면 주고받는 말은 무엇인가요?

2. 내가 좋아하는 이 한마디는 무슨 말인가요?

생각 주머니 키우기

1. 우리 식구가 자주 주고받는 말에는 어떤 말이 있나요?

2. '사랑해요'처럼 참 좋은 말에는 또 어떤 말이 있을까요?

나의 감상을 한 줄로 표현해보세요.

미술놀이

내가 가장 좋아하는 말

- **놀이 난이도** ★★★
- **준비물** 검은 도화지, 연필, 자, 칼, 가위, 셀로판지, 투명테이프
- **초등 교육과정 역량** 심미적 감성 역량, 창의적 사고 역량

'사랑해요'처럼 우리를 기분 좋게 하고 행복하게 해주는 참 좋은 말이 정말 많아요. 참 좋은 말들을 찾아보고, 그중에서 내가 가장 마음에 드는 표현을 하나 골라서 스테인드글라스를 만드는 미술놀이를 해봐요.

놀이 속 미술 개념

스테인드글라스는 유리에 색을 칠해서 무늬나 그림을 나타낸 장식용 판유리를 뜻해요. 스테인드글라스를 가정에서 직접 만들기는 어렵지만 셀로판지를 이용해 스테인드글라스 느낌이 나는 장식을 만들어볼 수 있어요. 완성한 나만의 스테인드글라스로 우리 집 창문을 장식해보세요.

놀이로 얻는 학교생활 tip!

학교에서 인기 있는 아이의 특징은 무엇일까요? 공부 잘하는 아이, 운동을 잘하는 아이도 인기가 있지만 말을 긍정적으로 예쁘게 하는 아이가 친구들 사이에서 특히 인기가 높아요. 아이가 '사랑해요', '고마워요', '행복해요', '좋아요' 등 듣는 사람의 기분을 좋게 하는 긍정적인 표현을 자주 사용하도록 해주세요.

놀이 순서

tip ★ 칼은 반드시 꼭 부모와 함께 조심해서 사용하도록 해요!
★ 되도록 글자를 크게 써서 오려야 셀로판지 부분이 늘어나요.

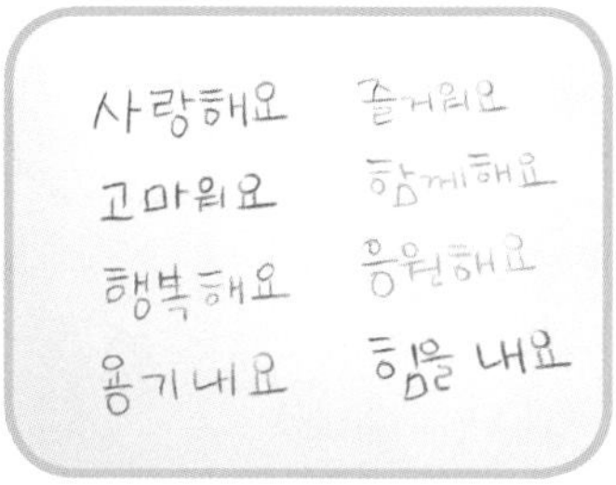

1 참 좋은 말에는 어떤 말이 있을지 생각해봐요.

2 검은 도화지에 참 좋은 말을 적어요. 빈 공간에 여러 모양을 예쁘게 그려서 꾸며요.

3 칼로 글자와 모양의 테두리를 따라 오려내요.

4 투명테이프를 이용해서 도화지 뒷면에 셀로판지를 붙여요.

5 '사랑'을 담은 스테인드글라스 완성!

6 햇빛에 비춰 작품을 감상해요.

한 걸음 더!

셀로판지 스테인드글라스

○ **준비물** 검은 도화지, 가위, 셀로판지, 투명테이프

1. 검은 도화지를 반으로 접고, 접은 면을 삼각형 모양으로 잘라요.
2. 도화지를 펴면 사각형 모양의 구멍이 생겨요.
3. 이렇게 도화지 군데군데를 접어서 다양한 모양으로 잘라요.
4. 도화지를 펼치고, 구멍에 색색깔의 셀로판지를 붙여요.
5. 셀로판지 스테인드글라스 완성!

지휘와 노래를 동시에 해봐요

● **놀이 난이도** ★★★ ● **준비물** 종이, 펜
● **초등 교육과정 역량** 지식정보처리 역량, 심미적 감성 역량

「참 좋은 말」은 워낙 유명하고 사랑받는 노래인 만큼, 읽으면서 나도 모르게 흥얼거리게 되죠. 노래를 부르면서 가사를 음미하고, 지휘도 함께 익혀봐요.

놀이 속 음악 개념

초등 음악 교과에서 가창 수업을 진행해요. 저학년 때는 노래를 듣고 따라 부르게 하다가 점차 학년이 올라가면 악보를 보고 부르기로 수업이 심화돼요. 이때 악보에 적힌 박자에 맞춰서 노래를 부를 수 있어야 하죠. 지휘 놀이로 아이가 박자감을 익히게 해주세요.

놀이로 얻는 학교생활 tip!

아이들은 음악 시간에 지휘법을 배워요. 2/4박자, 3/4박자, 4/4박자에 맞춰 지휘하는 것은 생각보다 쉽지 않아요. 심화 활동으로 넘어가면 지휘하면서 동시에 노래 부르기를 해요. 이때 박자 감각이 부족한 아이는 다른 아이들에 비해 많이 어려워할 수 있어요. 가정에서 놀이로 박자 감각과 자신감을 키워주세요.

놀이 순서

tip ★ 노래에 맞춰 지휘하는 것은 아이의 두뇌 활동을 활발하게 해요. 동시에 노래까지 부르는 게 가능하다면 금상첨화!

★ 막대기를 지휘봉처럼 흔들면 더 흥미로워해요.

1 노래를 듣고 첫 박을 손으로 치는 연습을 해보세요. 예를 들면, '사'랑해요 '그' 한마디 '참' 좋은 말에서 '사', '그', '참'에 손으로 책상을 치는 거죠.

2 스케치북에 네모를 그려요. 그리고 한 단어에 한 직선씩 아이가 손을 움직이게 해요. 1에서 한 박씩 치던 타이밍에 한 직선을 그리면 박자가 맞아요.

3 스케치북의 그림을 보지 않고 허공에서 네모를 그려주세요. 어렵다면 머릿속으로 네모를 생각하고 그에 따라 움직여보세요.

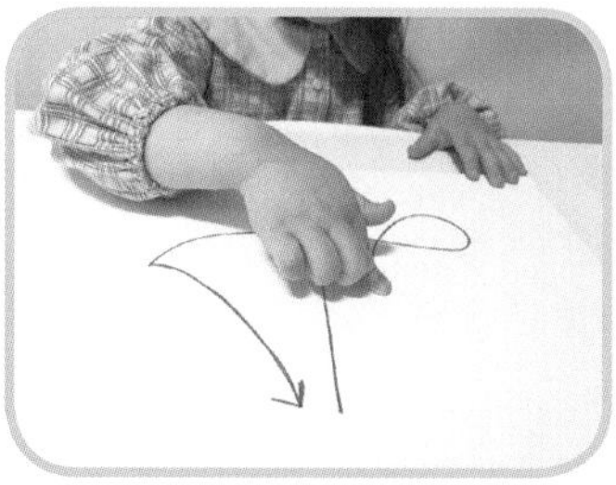

4 스케치북에 4/4박자 지휘 그림을 그리고 노래에 맞춰 한 박자씩 따라가보세요.

5 스케치북에서 손을 떼고 공중에서 지휘하도록 해주세요. 난도가 가장 높아요.

6 한 손은 네모를, 다른 손으로는 세모를 그리면서 노래를 들어요. 이런 식으로 다양하게 변형할 수 있어요.

한 걸음 더!

풍선 지휘자

○ **준비물** 풍선

1. 노래를 틀어요.
2. 박자에 맞춰 첫 박자마다 풍선을 쳐서 위로 날려요.
3. 노래가 끝날 때까지 풍선이 바닥으로 떨어지지 않도록 박자를 잘 맞춰요.

12

42가지 마음의 색깔

크리스티나 누녜스 페레이라, 라파엘 R. 발카르셀 글 |
남진희 옮김 | 레드스톤 | 2015

국어 교과서 수록 학년
2-1. 3단원 〈마음을 나누어요〉

이야기 내용 소개

이 책은 다양한 기분을 설명해요. 포근함은 보드랍고 따뜻해서 편안한 기분이에요. 안아주고 싶은 느낌과 비슷한 포근함은 사랑을 떠올리게 해요. 기쁨은 신나는 일들 때문에 생기는 정말 좋은 기분이고, 뉘우침은 우리가 뭔가 나쁜 일을 했다고 생각할 때 드는 감정이에요. 사랑은 모든 감정 중에서 가장 강한 것이에요. 사랑을 할 때 우리는, 사랑하는 엄마와 약한 동생, 귀여운 강아지를 지키기 위해 굉장히 강해지기도 하고, 친구가 이사를 가거나 엄마에게 혼났을 때 눈물이 날 만큼 아주 약해지기도 해요.

Q

내용 이해하기

1. 포근함은 어떤 기분인가요?

2. 기쁨은 어떤 기분인가요?

3. 우리는 사랑을 하면 어떻게 변하나요?

생각 주머니 키우기

1. 포근함을 느꼈던 경험이 있는지 떠올려보세요.

2. 기쁨을 느꼈던 경험이 있는지 떠올려보세요.

3. 사랑은 어떤 기분인지 내 생각을 말해보세요.

나의 감상을 한 줄로 표현해보세요.

국어놀이

감정 열매 나무

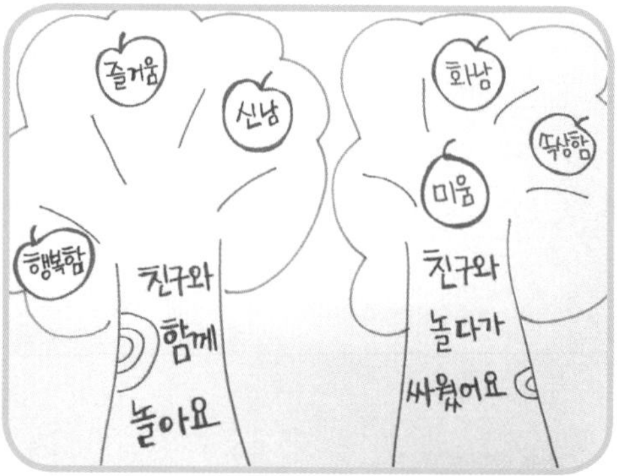

- **놀이 난이도** ★★★ - **준비물** 종이, 연필(또는 색연필)
- **초등 교육과정 역량** 지식정보처리 역량, 의사소통 역량

『42가지 마음의 색깔』에서는 다양한 마음을 어떻게 표현할 수 있는지 설명해줘요. 다양한 마음을 나타내는 말을 정리해볼까요?

놀이 속 국어 개념

낱말에 대한 이해를 확장해나갈 때, 기존에 알고 있는 낱말을 기준으로 한 단계 높은 수준의 낱말을 추가적으로 학습하는 것이 좋아요. 지식의 범위를 점점 넓혀나가는 방식으로 학습을 하면 더 쉽게 이해할 수 있어요.

놀이로 얻는 학교생활 tip!

교육심리학자인 레프 비고츠키에 따르면 아이들이 현재의 인지보다 더 높은 발달을 이루려면 다른 사람의 도움이 필요하다고 해요. 부모나 교사가 아이와 상호작용을 하면서 아이의 잠재된 능력을 이끌어줄 수 있다는 것이죠. 그래서 부모와 아이가 함께 책을 읽거나, 여행을 자주 다니는 체험이 아이의 학습에 도움이 돼요.

놀이 순서

tip ★ 놀이가 익숙해지면 낱말을 적는 열매의 개수를 5개, 7개, 10개로 더 늘려보세요.

★ 아이가 다양한 낱말을 떠올리도록 도우면서, 아이 연령이나 성향에 따라 적절한 힌트를 주세요.

★ 종이와 연필 대신 화이트보드와 보드마커를 이용해서 놀이할 수 있어요.

1 종이에 큰 나무를 2그루 그려요. 각각 열매를 3개씩 그려요.

2 첫 번째 나무줄기에 아이가 겪었거나 겪을 수 있는 상황을 간단하게 적어요.

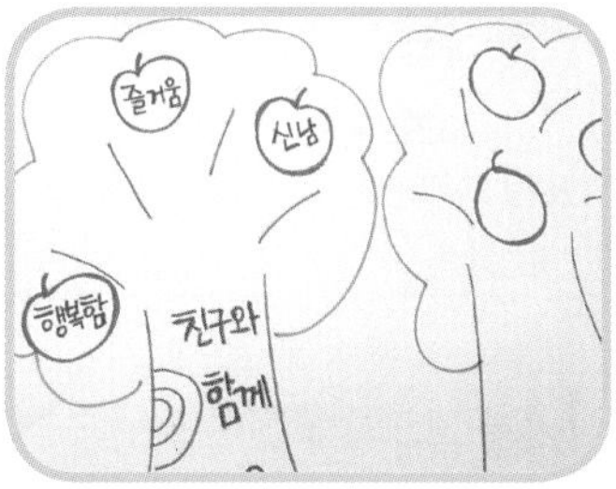

3 상황과 관련된 마음을 나타내는 낱말을 열매에 적어요.

4 옆에 있는 나무줄기에는 반대 상황을 적어요.

5 상황과 관련된 마음을 나타내는 낱말을 열매에 적어요.

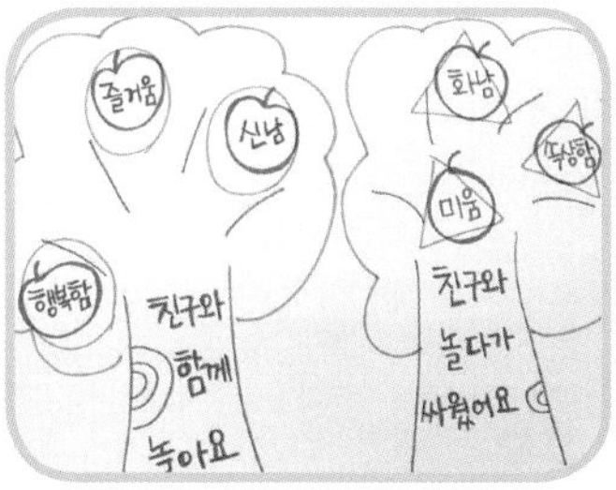

6 두 나무 열매의 낱말을 다시 살펴보며 비슷한 말과 반대말을 익혀요.

마음의 색깔 달력 만들기

○ **준비물** 같은 크기의 종이 4장, 연필(또는 색연필), 자, 스테이플러

1. 종이 한 장에 봄(3~5월)에 해당하는 달력을 만들어요.

2. 나머지 종이에도 각각 여름, 가을, 겨울에 해당하는 달력을 만들어요.

3. 종이 윗부분에 해당 계절과 연상되는 감정과 그 감정을 나타내는 표현을 각각 적어요.

4. 종이 4장을 스테이플러로 고정해서 달력을 완성해요.

과학놀이

마음을 닮은 색깔 탑 쌓기

- **놀이 난이도** ★★ **준비물** 설탕, 숟가락, 물, 종이컵, 물약병, 물감
- **초등 교육과정 역량** 자기관리 역량, 창의적 사고 역량

감정을 색으로 표현하면 무슨 색이 될까요?
지금 내 마음을 3가지 색으로 표현하고, 그 3가지 색깔이 차곡차곡 쌓인 탑을 만들어요.

놀이 속 과학 개념

설탕이 물에 얼마나 많이 녹아 있는지에 따라 농도가 달라져요. 설탕의 양이 많을수록 농도가 짙어지고, 농도가 낮은 물과 함께 섞으면 고농도의 물이 아래로 가라앉아요. 이 원리를 이용해 색깔 탑을 쌓아봐요.

놀이로 얻는 학교생활 tip!

초등 5학년 과학 교과에서 〈용해와 용액〉을 학습합니다. 여러 가지 물질을 물에 넣으면 어떻게 되는지, 물질에 따라 물에 용해되는 양이 같은지, 물의 온도가 달라졌을 때 물질이 용해되는 양은 어떻게 다른지, 용액의 진하기를 어떻게 비교할지 등을 배우게 되죠. 이러한 탐구 활동을 통해서 호기심과 흥미를 갖고, 과학적 탐구 능력을 기르도록 합니다.

놀이 순서

tip ★ 물약병에 설탕물을 넣을 때는 숟가락을 이용해서 천천히 벽면을 따라 흐르게 넣어주세요.
★ 물약병 대신 다른 그릇을 사용할 때는 옆으로 넓은 그릇이 아니라, 세로로 길고 좁은 그릇이어야 탑 쌓기에 실패하지 않아요.
★ 설탕을 많이 녹인 물부터 차례대로 물약병에 넣어야 성공 확률이 더 높아요.

1 3개의 종이컵에 같은 양의 물을 넣어요. 그리고 아이의 현재 감정을 표현하는 3가지 색의 물감을 골라요.

2 첫 번째 컵에는 설탕을 한 숟가락 넣고 저어서 녹인 후, 물감을 더해요.

3 두 번째 컵에는 설탕을 세 숟가락 넣고 저어서 녹인 후, 다른 색 물감을 더해요.

4 세 번째 컵에는 설탕을 다섯 숟가락 넣고 저어서 녹인 후, 또 다른 색 물감을 더해요.

5 농도가 짙은 세 번째 컵부터 물약병에 천천히 넣어요.

6 두 번째 컵, 첫 번째 컵도 차례대로 물약병에 넣어요. 그러면 3가지 색이 차례로 쌓인 탑이 완성돼요.

잠수함을 뜨게 만들어라!

○**준비물** 방울토마토(또는 메추리알), 설탕, 컵, 물, 숟가락

1. 컵에 물을 반 정도 넣어요.
2. 방울토마토를 물에 퐁당 빠뜨려요.
3. 물속에 가라앉은 방울토마토 잠수함을 물 위쪽으로 떠오르게 만들 거예요. 잠시 방울토마토를 밖으로 꺼내놓고, 설탕을 한 숟가락 물에 넣고 잘 저어서 녹여요.
4. 다시 방울토마토를 넣고 전에 비해서 어느 정도 떠올랐는지 파악해요. 아직 다 올라오지 않았다면, 설탕을 추가하고 방울토마토 위치를 파악하는 활동을 반복해요.

13

오늘 내 기분은…

메리앤 코카 레플러 글 · 그림 | 김영미 옮김 | 키즈엠 | 2015

국어 교과서 수록 학년
2-1. 3단원 〈마음을 나누어요〉

이야기 내용 소개

선생님은 월요일마다 친구들에게 기분을 물어요. 오늘은 테오에게 기분을 물었는데, 테오는 모르겠다고 작게 대답했어요. 선생님이 "테오에게 여동생이 생겼다던데?"라고 말씀하시자, 친구들은 각자 자신의 경험에 빗대어서 테오의 기분에 대해 대답해요. 에릭은 새 자전거를 선물 받았을 때처럼 행복할 거라고 얘기하고, 릴리는 언니가 상을 타 와 칭찬 받았을 때처럼 질투가 날지도 모른다고 말해요. 아민은 길을 잃어버렸을 때처럼 두려울지도 모를 거라고 했고, 에이프릴은 강아지를 잃어버렸을 때처럼 슬플 거라고 했어요. 그리고 미나는 야구 시합에서 홈런을 쳤을 때처럼 자랑스러운 기분일 거라고 대답하죠.

Q

내용 이해하기

1. 테오에게는 어떤 일이 생겼나요?

2. 에릭은 뭐라고 말했나요?

3. 미나는 뭐라고 말했나요?

생각 주머니 키우기

1. 내가 만약 테오라면 기분이 어떨 것 같나요?

2. 오늘 내 기분은 어떤가요? 그 이유는 무엇인가요?

나의 감상을 한 줄로 표현해보세요.

과학놀이

식용유 비밀 편지

- **놀이 난이도** ★
- **준비물** 스케치북(또는 도화지), 펜, 식용유, 그릇, 붓(또는 스펀지)
- **초등 교육과정 역량** 지식정보처리 역량, 창의적 사고 역량

내 기분을 표현하는 편지를 써볼까요? 다른 사람들은 모르게, 내 편지를 받는 사람만 내 기분을 알 수 있게 식용유를 이용해서 비밀 편지를 써보세요.

놀이 속 과학 개념

투명과 불투명에 관련된 놀이예요. 우리가 평소에 접하는 종이는 불투명해요. 그래서 뒷장의 내용이 보이지 않아요. 그런데 종이가 식용유(기름)를 흡수하면 투명해지기 시작하고 뒷장의 내용이 보이게 돼요.

놀이로 얻는 학교생활 tip!

학교에서 많이 하는 활동 중 하나가 편지 쓰기입니다. 국어 교과는 물론이고, 다양한 교과 활동에서 편지를 쓰고 주고받아요. 요즘 강조되고 있는 인성 교육 시간에도 친구와 편지를 주고받거나, 5월에는 부모님이나 선생님 등 고마운 분들에게 감사하는 마음을 전하는 편지를 쓰는 활동을 해요. 편지 쓰기를 통해 내 마음을 들여다보고 표현해보고, 또 다른 사람의 마음을 생각하고 배려하는 시간을 보낼 수 있어요.

놀이 순서

tip ★ 이 놀이는 아이의 연령에 따라 난이도를 조절할 수 있어요. 그림을 그려보거나, 간단한 낱말을 쓰거나, 받는 사람과 보내는 사람, 날짜까지 양식을 잘 갖춰 편지를 쓰는 등 아이의 연령과 발달 수준에 맞게 놀이를 진행해주세요.

★ 앞장에는 선물 상자를 그리고, 뒷장에는 안에 들어 있는 선물을 그리는 식으로 보이지 않는 부분의 그림을 그리면 비밀 편지 놀이가 더욱 흥미로워져요.

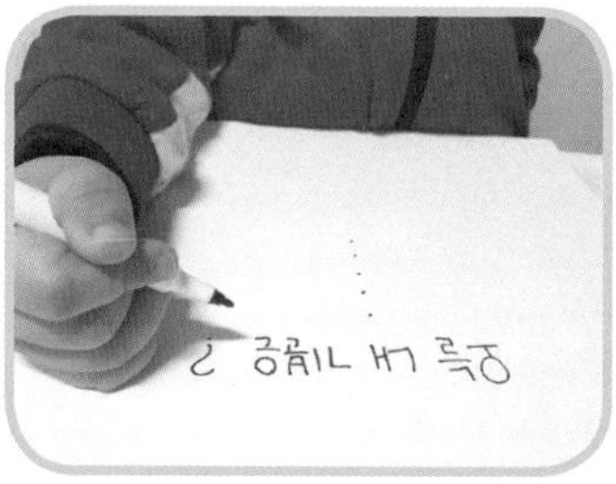

1 스케치북에 그림을 그리거나 글씨를 써요. 그 위에 앞 종이를 겹쳐놔요.

2 그릇에 식용유를 담아요.

3 붓을 사용해 앞장에 식용유를 슥슥 발라요.

4 뒷장의 내용이 보이기 시작해요.

5 뒷장의 내용이 무엇이었는지 확인해요.

한 걸음 더!

식용유 속 물감 구슬

○**준비물** 투명한 통, 식용유, 물약병, 물감, 물

1. 여러 물약병에 각각 다른 색의 물감과 물을 넣고 잘 흔들어요.
2. 투명한 통에 식용유를 넣어요.
3. 식용유를 넣은 통에 물감이 들어 있는 물약병을 쭉 짜요.
4. 동글동글하게 만들어지는 물감 구슬을 관찰해요.

추상화로 오늘의 기분 표현하기

- **놀이 난이도** ★ **준비물** 종이, 종이테이프, 색칠 도구
- **초등 교육과정 역량** 자기관리 역량, 의사소통 역량

오늘 내 기분을 슥슥 그림으로 그려서 나타내볼까요?
내 감정을 말로 나타내기 싫은 날, 내 감정을 그림으로 표현해보고 싶은 날,
내 감정이 무엇인지 내면의 소리에 귀 기울이고 싶은 날 이 놀이를 해봐요.

놀이 속 미술 개념

추상화는 점, 선, 면, 형, 색의 조형 요소와 원리로 작가의 생각과 감정을 나타내는 그림을 말해요. 추상화의 대표 작가로는 피에트 몬드리안과 잭슨 폴록이 있어요. 몬드리안처럼 기하학적 형태를 이용하는 차가운 추상이나 잭슨 폴록처럼 색채와 형태를 자유롭게 사용해 열정이 느껴지는 뜨거운 추상을 표현할 수 있어요. 추상화 그리기를 통해 내 감정을 들여다보고 나타내보세요.

놀이로 얻는 학교생활 tip!

요즘 초등학교에서는 감정과 기분에 대해서 배워요. 내 기분을 표현한다는 것은 의외로 쉽지 않아요. 나의 현재 감정을 정확하게 들여다보고 솔직하게 표현하는 연습은 아이들에게도 필요해요. 내 감정을 제대로 느끼고 이해하고 표현할 수 있으면 친구들과의 오해와 싸움도 줄일 수 있어요.

놀이 순서

tip ★ 칸마다 색칠할 때는 왜 그 색을 골랐는지, 무슨 일로 어떤 감정을 느꼈는지 대화하면서 놀이해요.

★ 종이테이프를 붙일 때는 방향과 길이, 모양을 아이가 자유롭게 선택하게 해요.

★ 종이테이프가 여러 색일 경우에는 오늘의 기분과 가까운 색을 고르도록 해요.

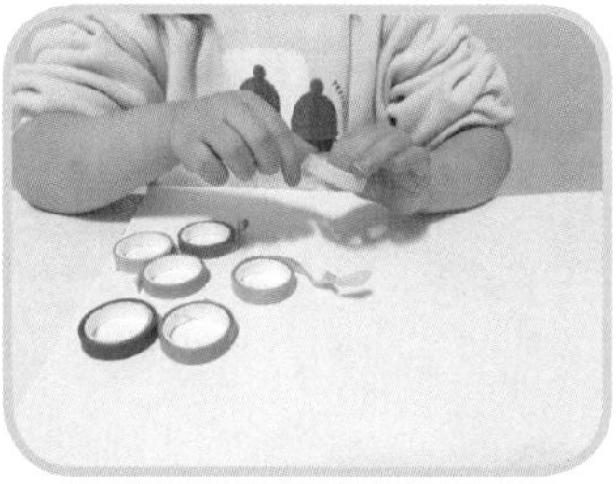

1 종이테이프를 손으로 잘라요.

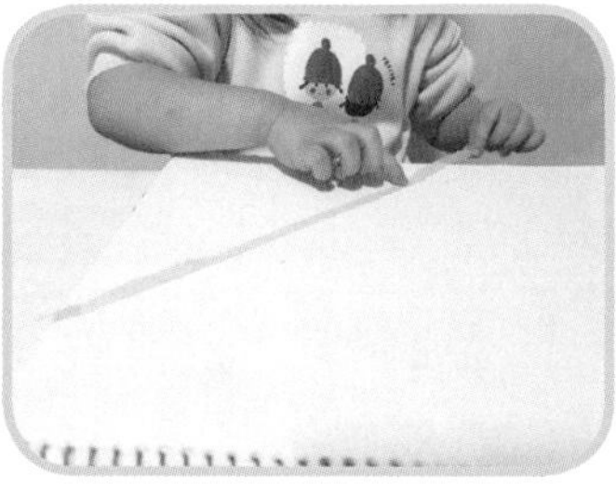

2 자른 테이프를 종이에 붙여요.

3 종이테이프를 여러 방면으로, 여러 길이로 자유롭게 붙여나가요.

4 종이테이프로 만들어진 칸마다 색연필, 크레파스, 수채물감 등 색칠 도구를 이용해 색칠해요. 이때 오늘 아침에 눈을 떴을 때부터 하루를 시간대별로 회상하며 그때의 기분을 색으로 표현해요.

5 칸을 모두 칠해요.

6 종이테이프를 뜯어내면 완성!

한걸음 더!

○**준비물** 종이, 물감, 실

잭슨 폴록이 돼 오늘 내 기분 나타내기

1. 오늘 내 기분이 어떤지 차분하게 생각해봐요.
2. 종이 위에 물감을 붓고, 흘리고, 입으로 후 불어요.
3. 실에 물감을 묻힌 후, 종이 위에서 자유롭게 움직이며 흔적을 남겨요.

14

아드님, 진지 드세요

강민경 글 | 이영림 그림 | 좋은책어린이 | 2011

국어 교과서 수록 학년
3-1. 3단원 〈알맞은 높임표현〉

이야기 내용 소개

마트에서 범수 엄마는 범수에게 꼬박꼬박 높임말을 썼어요. 사람들이 범수와 범수 엄마를 힐끔힐끔 쳐다보며 수군대자, 범수는 마치 왕자님이 된 것처럼 어깨가 으쓱했죠. 하지만 곧 할머니가 오셔서 자식 농사 그렇게 지으면 안 된다며 아이가 버릇없다고 화냈고, 범수는 기분이 아주 많이 상했어요. 엄마가 높임말을 쓸수록 사람들은 엄마와 자신을 이상한 사람처럼 봤거든요. 엄마의 높임말은 처음에만 기분이 좋았지 들을수록 기분이 안 좋아졌어요. 태권도 학원에 갈 시간이 돼 엄마와 함께 태권도장에 갔어요. 아이들은 늦게 온 범수를 봐도 반갑게 인사는커녕 본체만체 운동에만 전념했어요. 범수 대신 엄마가 태권도 사범님께 늦어서 죄송하다는 말을 하며 범수에게 높임말을 하자 친구들이 엄마가 아니라 하녀 같다고 놀렸어요. 그제야 범수는 알았어요. 엄마에게 말을 낮추면 범수가 높아지는 줄 알았는데 엄마에게 말을 낮추면 엄마가 낮아지고, 범수는 하녀의 아들이 돼버린다는 것을요.

Q

내용 이해하기

1. 엄마는 범수에게 어떤 표현을 썼나요?

2. 마트에서 만난 할머니는 범수 엄마에게 뭐라고 하셨나요?

3. 범수의 기분은 처음에는 왕자님이 된 것 같았어요. 이후에 기분은 점점 어떻게 변했나요?

생각 주머니 키우기

1. 태권도장에 갔을 때, 친구들은 범수가 늦었는데도 말을 시키지 않았어요. 평상시에 범수는 어떤 아이였을까요?

2. 엄마는 왜 범수에게 계속 높임말을 썼던 걸까요?

나의 감상을 한 줄로 표현해보세요.

코딩놀이

차곡차곡 책 정리하기

● **놀이 난이도** ★★ ● **준비물** 책꽂이, 책
● **초등 교육과정 역량** 자기관리 역량, 지식정보처리 역량

범수는 부모님께 효도하기 위해 자신의 일을 스스로 척척 해내기로 했대요.
자신이 쓰는 물건을 정리정돈 하는 일은 기본 중 기본이죠!
코딩놀이를 통해서 재미있게 책을 정리해봐요.

놀이 속 코딩 개념

아무리 큰 문제라도 작은 문제로 나누어 해결하면 더 쉽고 빠르게 해결할 수 있어요. 컴퓨터로 게임을 만든다고 생각해보세요. 캐릭터가 어떻게 생겼을지, 어떤 능력을 가지고 있을지, 어떻게 해야 점수를 얻을 수 있을지, 스테이지는 모두 몇 개인지 등 정말 많은 문제를 세세하게 분류하고 위계를 나누어 컴퓨터로 구현해야 멋진 게임 하나가 완성되죠. 이렇게 문제를 나누어서 생각하는 '문제 분할'은 어렵고 복잡한 문제를 효율적으로 해결할 수 있게 해요.

놀이로 얻는 학교생활 tip!

학교에서 아이가 늘 정리해야 할 공간은 책상 위, 책상 서랍 속, 사물함, 가방 속이에요. 가방은 집에서 관리해줄 수 있지만 학교에서 쓰는 공간은 스스로 관리할 줄 알아야 하죠. 내 공간을 잘 정리하게 되면 때에 맞춰 필요한 책과 학용품을 찾아낼 수 있고, 불필요한 것을 보관하느라 자리를 낭비하지 않아요. 정리하는 놀이를 통해 정리 습관을 만들어봐요!

놀이 순서

tip ★ 기준이 되는 책은 중간 정도 크기의 책이 좋아요. 그래야 작은 책과 큰 책을 균일하게 나눌 수 있으니까요.

★ 아이가 너무 작거나 큰 책을 기준으로 골랐다고 해도 그대로 진행하세요. 컴퓨터 정렬에서도 일어날 수 있는 일이니까요! 나중에는 어떤 책을 기준으로 고르는 게 좋을지 스스로 생각할 수 있을 거예요.

1 정리되지 않은 책을 한 무더기 준비해요.

2 기준이 되는 책을 한 권 정해요.

3 기준이 되는 책과 다른 책을 비교해서 더 작은 책들을 왼쪽에 모아요.

4 기준이 되는 책보다 큰 책들을 오른쪽에 모아요.

5 작은 책은 작은 책끼리 비교해서 가장 작은 책부터 왼쪽에 정리해서 꽂아요.

6 큰 책은 큰 책끼리 비교해서 가장 큰 책부터 오른쪽에 꽂아요. 정리가 깔끔하게 되었어요.

한 걸음 더!

○ **준비물** 신발장에 나와 있는 신발들

신발장을 정리해요!

1. 기준이 되는 신발을 골라요.
2. 기준이 되는 신발보다 작은 신발은 왼쪽에, 큰 신발은 오른쪽에 정리해요.
3. 크기별로 신발이 잘 정리되었는지 확인해요.

높임말 딩동댕 놀이

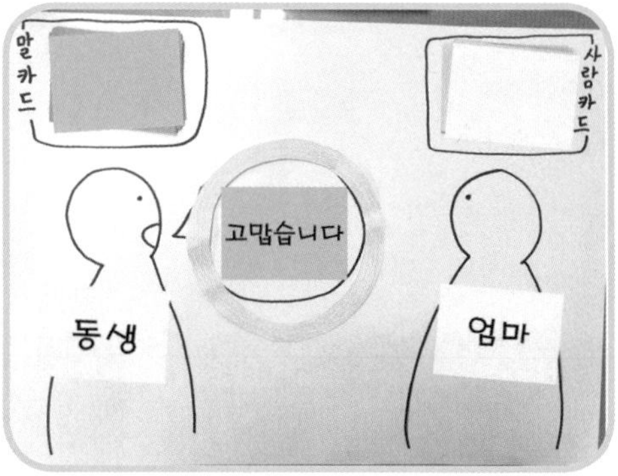

● **놀이 난이도** ★★ ● **준비물** 다른 색의 종이 2장, 도화지, 펜
● **초등 교육과정 역량** 지식정보처리 역량, 의사소통 역량

범수가 너무 예의 없어서, 범수 어머니는 참다못해 거꾸로 높임말을 쓰고 말았어요.
예의범절이 뛰어난 학생으로 자라기 위해서는 낮춤말과 높임말을 정확히 구분해야 한답니다.
'높임말 딩동댕 놀이'를 통해 알아볼까요?

놀이 속 국어 개념

우리나라는 높임말이 발달했죠. 높임말이란 웃어른을 공경하는 마음을 담은 국어 표현이에요. 높임말에도 3가지 종류가 있답니다. 주어를 높이는 주체높임법, 주어의 행위가 미치는 대상을 높이는 객체높임법, 듣는 이를 높여서 말하는 상대높임법이 있죠. 초등학생들은 3가지 경우를 구분해서 배우지는 않아요. 대신 생활 속에서 접할 수 있는 다양한 상황을 통해 들어 올바른 높임법을 학습하게 돼요.

놀이로 얻는 학교생활 tip!

초등 4학년 국어와 도덕의 학습 내용에는 '대화 예절을 지키며 대화하기', '예절의 중요성 알기'가 있어요. 낮춤말과 높임말의 차이를 알고 생활 속에서 사용할 수 있게 놀이를 통해 대화 예절을 배워요. 높임말을 잘 알고 정확하게 사용하는 아이는 올바른 예의범절을 알고 실천하는 바른 아이로 성장할 수 있을 거예요.

놀이 순서

tip ★ 놀이를 하면서 아이의 경험과 연결지어 자연스럽게 이야기를 나누어보세요. 평상시에 높임말을 잘 쓰는지, 친구에게도 고마움과 미안함을 잘 표현하는지 알 수 있어요.

1 종이를 8등분해 접고 잘라요.

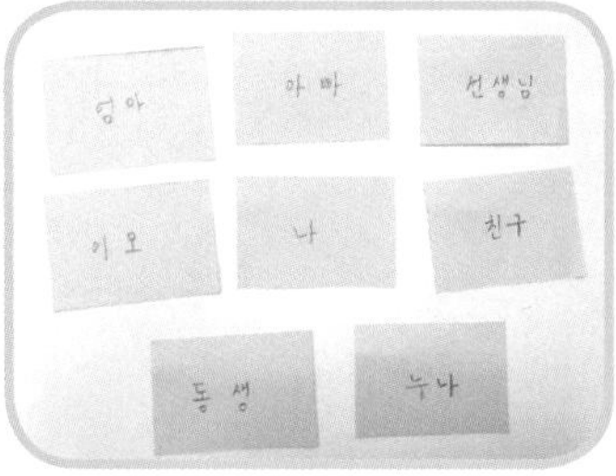

2 한 가지 색은 '사람 카드'가 될 거예요. 엄마 아빠 등 나를 포함한 내 주변의 사람을 적어요.

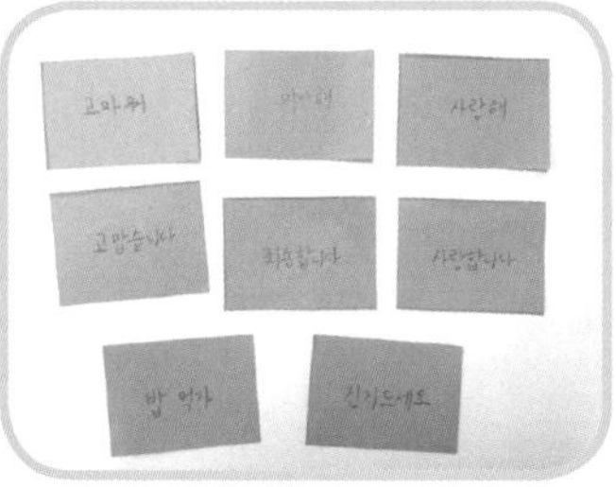

3 다른 색은 '말 카드'가 될 거예요. 고마움, 미안함 등을 나타내는 짧고 간단한 말을 높임말과 낮춤말로 섞어서 써주세요.

4 도화지에 두 사람, 말풍선, 카드 놓는 곳을 그려서 놀이판을 만들어요.

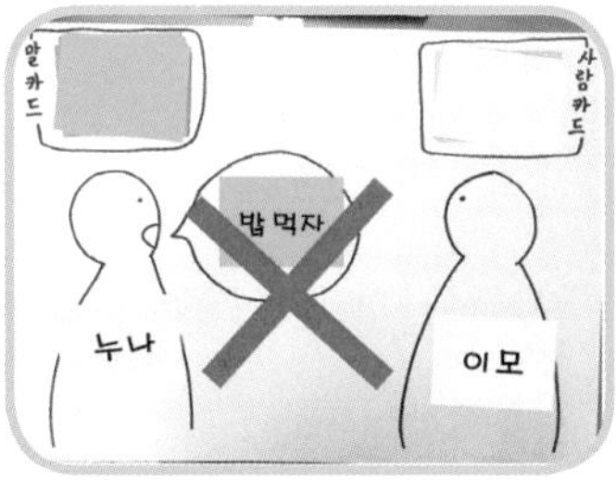

5 사람 카드를 2장 뽑고, 말 카드를 1장 뽑아요. 어느 쪽이 높임말 또는 낮춤말을 해야 하는지 맞혀보세요. 틀리면 땡!

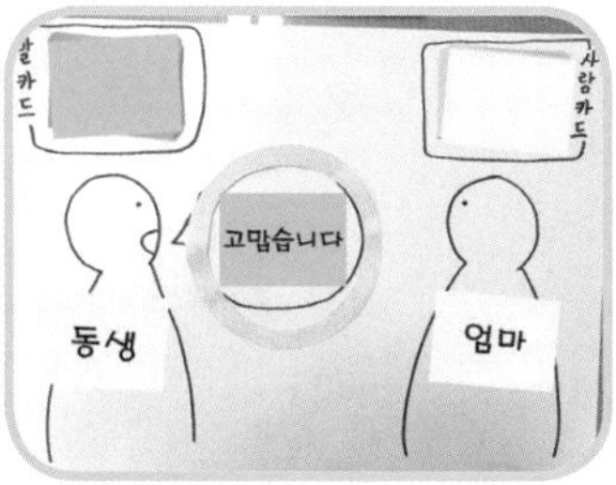

6 맞으면 딩동댕! 잘했어요!

한 걸음 더!

○**준비물** 종이, 도화지, 펜

상대에 따라 할 수 있는 말은?

1. 사람 카드를 준비해요.
2. 사람 카드를 1장씩 뽑고, 할 수 있는 인사말을 돌아가면서 해요.
3. 높임말을 써야 하는 경우, '고맙습니다', '사랑합니다', '진지 잡수세요' 등 다양한 표현을 번갈아 하다가 막히면 땡!
4. 새로 카드를 뽑아 다시 놀이해요.

15

인사할까, 말까?

허은미 글 | 김효진 그림 | 웅진다책 | 2011

국어 교과서 수록 학년

1-1. 5단원 〈다정하게 인사해요〉

이야기 내용 소개

올바르게 인사하기 싫어 심술부리는 솔이라는 아이가 있어요. '안녕하세요?'라는 예쁜 인사말 대신 '까꿍!'으로 하고 싶대요. 그리고 '잘 먹겠습니다!' 대신 '어흥!' 하고 인사하고 싶대요. 자기 마음대로 인사말을 바꾼 솔이가 자신과 닮은 호미를 마주쳐요! 깜짝 놀란 솔이는 저도 모르게 "안녕하세요?" 하고 바르게 인사해요. 그러자 호미도 반갑게 인사해주네요. 이번에는 "잘 먹겠습니다!" 하고 인사해요. 예쁘게 인사하니 기분이 참 좋아요!

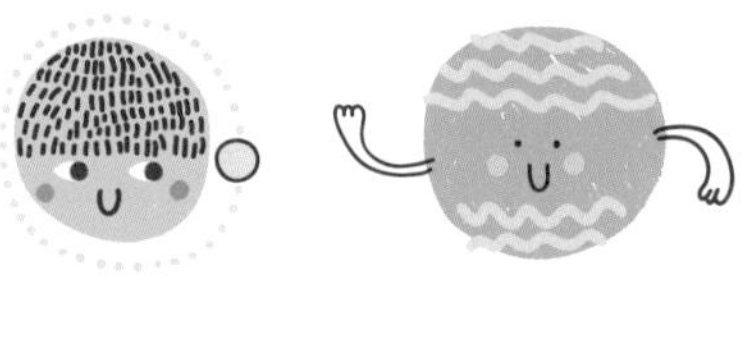

Q

내용 이해하기

1. 솔이가 말하기 싫었던 인사말은 무엇인가요?

2. 솔이와 호미는 왜 기분이 좋아졌나요?

생각 주머니 키우기

1. 만약 자기 마음대로 인사하고 다닌다면 어떤 일이 벌어질까요?

2. 올바르게 인사하면 어떤 점이 좋을까요?

나의 감상을 한 줄로 표현해보세요.

국어놀이

이럴 땐 이렇게! 인사 보드게임

● **놀이 난이도** ★★ ● **준비물** 주사위, 도화지, 공깃돌, 종이, 연필
● **초등 교육과정 역량** 지식정보처리 역량, 의사소통 역량

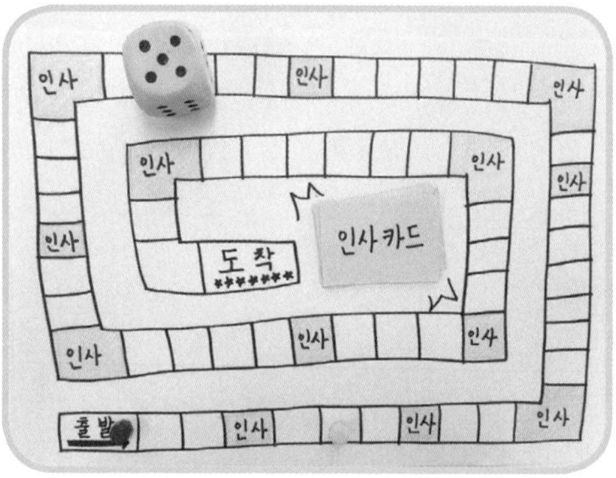

솔이가 예의 바르게 인사하고 나니 기분이 좋아졌어요. 우리도 올바르게 인사하는 습관을 가져볼까요?

놀이 속 국어 개념

상대방에게 말을 잘 전달하기 위해서는 어떤 방법을 쓸 수 있을까요? 언어의 전달성을 높이고 싶을 때 반언어적 요소를 사용할 수 있어요. 반언어적 요소란 언어의 성질을 반만 가지고 있는 것으로 말을 또박또박 발음하는 것, 목소리를 크게 하는 것, 중요한 정보는 천천히 하는 것 등을 말해요. 또 의사소통의 효과를 높여주는 비언어적 요소도 있어요. 비언어적 요소는 언어가 아닌 몸짓, 손짓, 자세, 표정 등을 말해요. 서로의 언어를 전혀 모르는 외국인과 만났을 때 사용하는 보디랭귀지가 바로 비언어적 요소를 활용한 의사소통이에요.

놀이로 얻는 학교생활 tip!

학교에서 쉬는 시간, 점심시간 때 아이들은 다양한 놀이를 해요. 그중 가장 대중적인 놀이가 바로 교실마다 비치돼 있는 보드게임이죠. 이미 만들어진 보드게임으로 놀기보다 직접 나만의 보드게임을 만들어서 노는 건 어떨까요? 게임판에 길을 그리고, 게임에 쓰일 카드도 직접 만들면서 말이에요.

놀이 순서

tip ★ 부모가 게임판과 인사 카드를 정해주는 것보다 아이와 함께 다양한 상황을 의논하여 만들어보세요. 게임판의 구성을 의논하는 것은 아이가 놀이에 더 흥미를 가지게 하고, 인사 카드를 설정하는 것은 인사말을 배우는 효과가 있어요!

1 인사 카드를 만들기 위해 종이를 8등분하여 잘라요.

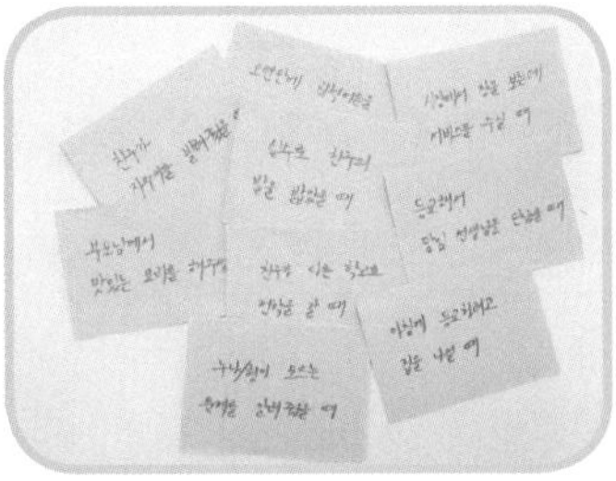

2 각각의 종이에 구체적인 상황을 써요. 예를 들어 '실수로 친구의 발을 밟았을 때', '등교해서 담임 선생님을 만났을 때' 등과 같이요.

3 도화지에 말판을 그리고, 인사 칸을 표시해주세요. 인사 칸에 걸리면 인사 카드를 뒤집어 인사해야 해요.

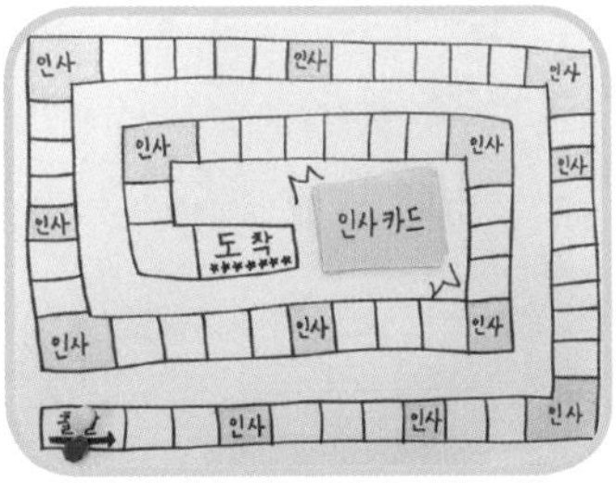

4 말과 인사 카드를 놓으면 보드게임 준비 완성! 자신의 말이 될 공깃돌을 하나씩 골라요.

5 주사위를 굴려서 나온 수만큼 말을 이동해요.

6 인사 칸에 도착했을 때 인사 카드에 제시된 상황에 맞게 인사를 하면 주사위를 1번 더 던질 수 있어요! 누가 먼저 도착점에 골인할 수 있을까요?

한 걸음 더!

업그레이드 인사 보드게임

○ **준비물** 주사위, 도화지, 공깃돌, 종이(인사 카드), 연필

1. 놀이의 기본 규칙은 위와 같아요.
2. 인사 칸에 도착했을 때, 비언어적인 표현과 반언어적인 표현을 섞어서 인사하도록 해요. 고마울 때에는 환한 미소와 함께 큰 목소리로! 미안할 때에는 악수를 건네며 진심을 담아 사과하는 방식으로요.

미술놀이

어두웠던 마음이 환해져요!

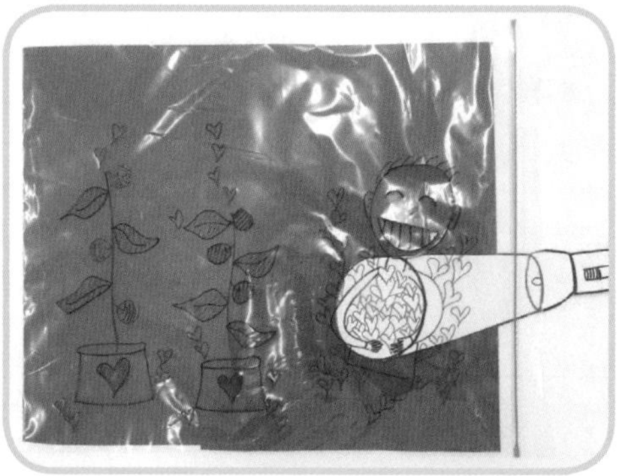

- **놀이 난이도** ★★ **준비물** 흰 종이, 검은 종이, 지퍼백, 네임펜
- **초등 교육과정 역량** 지식정보처리 역량, 의사소통 역량

솔이는 바르게 인사하기 싫다며 심술부렸지만, 호미와 인사를 주고받으니 기분이 좋아졌어요. 어두웠던 마음이 환해지는 모습을 그림으로 표현해봐요!

놀이 속 미술 개념

지퍼백은 투명해서 그대로 비쳐요! 지퍼백 안에 흰 종이를 넣고 지퍼백 위에 그림을 그려보세요. 흰색 펜을 제외한 모든 색이 잘 보일 거예요. 그런데 검은 종이를 넣고 보면 아무것도 보이지 않아요. 왜일까요? 색은 빛을 통해 알 수 있어요. 물체가 빛을 모두 반사하면 하얀색으로 보이고, 모두 흡수하면 검정색으로 보이거든요. 흰 종이가 배경이 되면 노란색이면 노란색, 초록색이면 초록색을 반사해서 우리 눈에 잘 보이게 되는 거예요.

놀이로 얻는 학교생활 tip!

미술 시간에 보면 스케치는 모두 끝냈지만 그 이후에 어떤 색으로 칠해야 할지 난감해하는 학생들이 있어요. 이때 색에 대한 기본적인 지식을 알고 있다면 도움이 돼요. 유사색은 색상환에서 서로 양옆에 가까이 있는 색을 말해요. 빨강과 주황, 파랑과 남색처럼 서로 비슷한 색은 차분하고 안정된 느낌을 줘요. 색상환에서 서로 반대편에 있는 색은 보색이라고 해요. 빨강은 청록과, 주황은 파랑과 보색이고 강렬하고 화려한 느낌을 줄 수 있어요.

놀이 순서

tip ★ 손전등은 밝게 비춰주는 역할을 하니 짙은 색깔로 칠하지 않도록 해요. 되도록 손전등의 테두리만 꾸미고 바탕은 옅게 색칠하는 게 좋아요.

1 지퍼백 안에 흰 종이를 넣어요.

2 지퍼백 위에 네임펜으로 그림을 그려요.

3 흰 종이를 빼고, 검은 종이를 지퍼백에 넣고 고정시켜요.

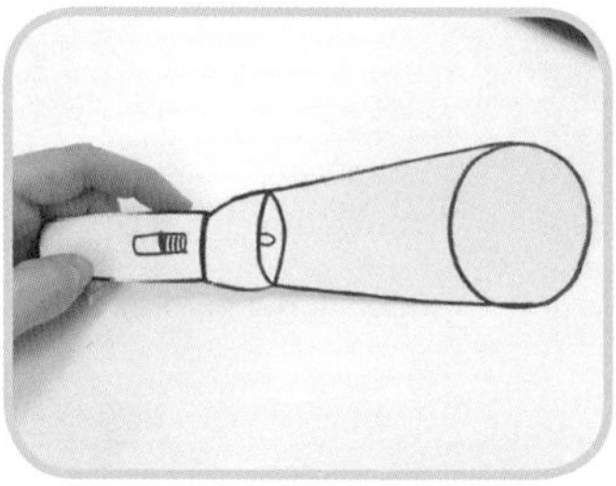

4 흰 종이에 손전등을 그리고 오려요.

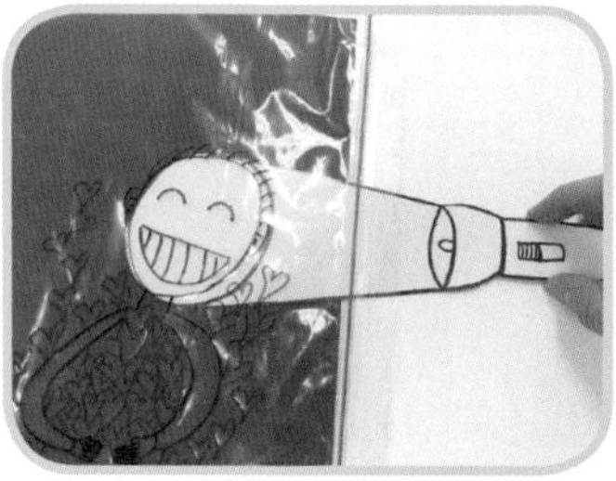

5 지퍼백 속으로 손전등을 넣어볼까요?

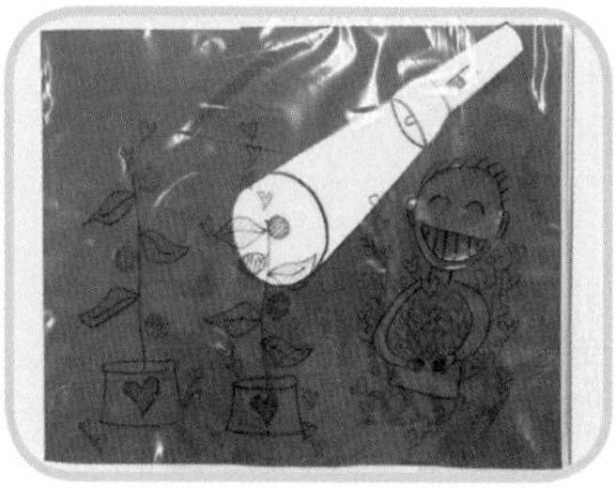

6 손전등을 이리저리 비추면서 그림을 감상해요! 어두웠던 마음이 환해졌죠?

한 걸음 더!

온도에 따라 변하는 마음의 색

○**준비물** 종이, 펜, 시온 물감, 붓, 컵, 테이프

1. 종이에 따뜻한 마음과 관련된 그림을 그려요.
2. 시온 물감으로 그림을 색칠해주세요.
3. 테이프를 이용하여 컵의 바깥 부분에 그림 종이를 붙여주세요.
4. 컵에 저온, 상온, 고온의 물을 각각 담으며 그림의 색이 어떻게 변하는지 관찰해요.

16

강아지 복실이

한미호 글 | 김유대 그림 | 국민서관 | 2012

국어 교과서 수록 학년

1–1. 8단원 〈소리 내어 또박또박 읽어요〉

이야기 내용 소개

누나가 생일 선물로 강아지를 받았어요. 누나는 강아지 이름을 복실이라고 지었어요. 복실이는 작고 따뜻하고 간지러워요. 하루는 누나가 동생의 새 크레파스를 빌려 달라고 했어요. 동생은 “싫어, 누나 것도 있잖아.”라고 말하며 싫다고 거절했어요. 누나는 심술이 나서 이제부터 복실이랑 놀지 말라며 복실이를 데리고 가버렸어요. 그런데 동생이 어딜 가든 복실이가 따라다니는 걸 보니, 동생이랑 놀고 싶은가 봐요. 동생은 누나에게 다시 자신의 크레파스를 써도 된다고 말했어요. 그러자 누나가 복실이와 놀아도 된다고 해요! 사이가 좋아지니 기분이 정말 좋아요.

Q

내용 이해하기

1. 강아지 이름은 무엇인가요?

2. 누나가 새 크레파스를 빌려 달라고 하자 동생은 뭐라고 답했나요?

생각 주머니 키우기

1. 누나는 "싫어, 누나 것도 있잖아."라는 말을 듣고 어떤 기분이 들었을까요?

2. 형제끼리 싸웠을 때는 뭐라고 말하면 화해할 수 있을까요?

나의 감상을 한 줄로 표현해보세요.

수학놀이

공깃돌을 잡아라!

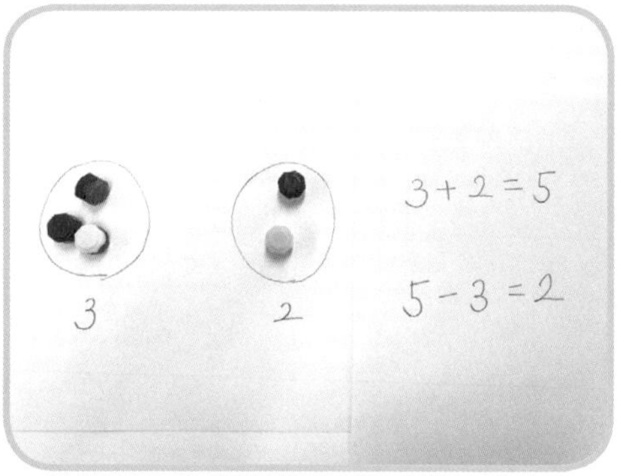

● **놀이 난이도** ★★★ ● **준비물** 공깃돌, 종이, 연필
● **초등 교육과정 역량** 지식정보처리 역량, 공동체 역량

누나에게 새 크레파스를 써도 된다고 하자 남매 사이가 다시 좋아졌어요.
형제와 사이좋게 공깃돌 잡기 놀이를 해볼까요?

놀이 속 수학 개념

수 모으기는 여러 가지 수를 합쳐서 하나의 수로 만드는 것을 말해요. 2와 3을 모으기 하면 5가 되고, 이것을 덧셈식으로 나타내면 '2+3=5', 또는 '3+2=5'가 돼요. 수 가르기는 하나의 수를 여러 가지 수로 나누는 것을 말해요. 5는 2와 3으로 가르기 할 수 있어요. 이것을 뺄셈식으로 나타내면 '5−2=3', 또는 '5−3=2'가 돼요.

놀이로 얻는 학교생활 tip!

초등 1학년 수학에서는 사물을 이용한 모으기와 가르기, 수를 이용해 가능한 모든 경우로 가르기 등을 학습해요. 수 모으기와 가르기는 덧셈과 뺄셈의 기초가 돼요. 모으기와 가르기 놀이를 하다 보면 자연스럽게 숫자들 사이의 관계를 이해할 수 있게 되고, 이러한 경험은 수학의 원리를 이해하는 것으로 이어져요.

놀이 순서

tip ★ 덧셈의 결과가 같더라도, 식이 다를 수 있다는 것을 알려주세요.
예) 2+3=5, 1+4=5
★ 뺄셈의 결과가 같더라도, 식이 다를 수 있다는 것을 알려주세요.
예) 5−2=3, 4−1=3

1 공깃돌 5개로 공기놀이를 해요.

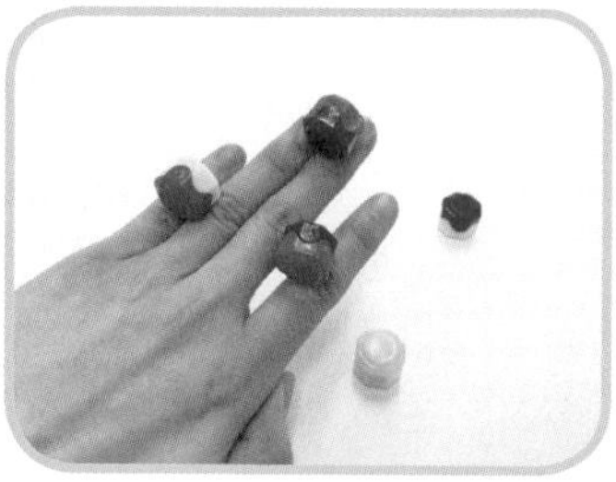

2 꺾기 단계에서 공기를 잡아요.

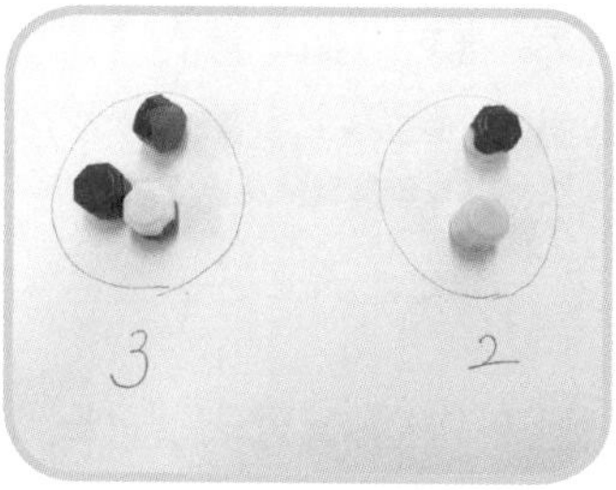

3 몇 개가 떨어지고, 몇 개가 남았나요?

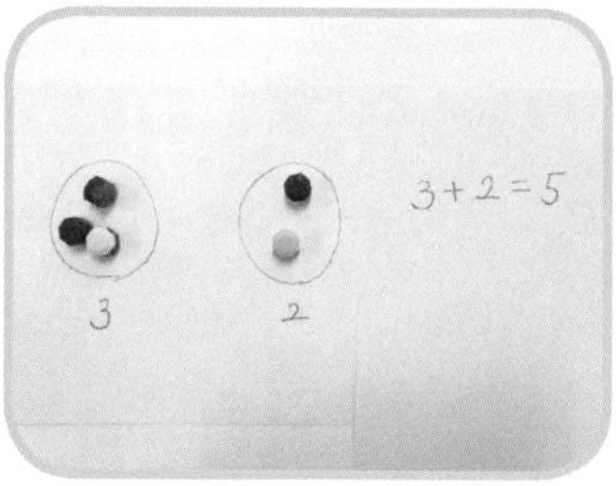

4 상대방은 떨어진 공기와 잡은 공기의 개수를 이용하여 덧셈식을 종이에 써요. 맞게 썼다면 1점 획득!

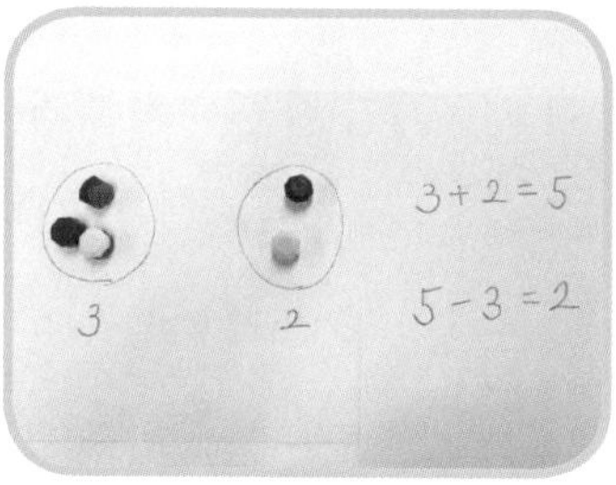

5 덧셈식에 이어 뺄셈식을 쓴다면 2점 획득!

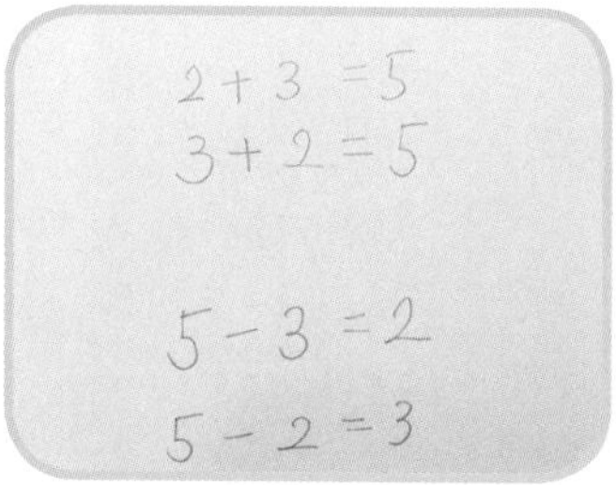

6 숫자들의 자리를 바꿔서 새로운 덧셈식과 뺄셈식을 만들면 각각 1점씩 획득!

한 걸음 더!

업그레이드, 공깃돌을 잡아라!

○**준비물** 공깃돌, 종이, 연필

1. 술래인 사람은 시작할 공깃돌의 개수를 정해요. 5개보다 적은 4개도 좋고, 더 많은 6개도 좋아요.
2. 쥐고 있던 공깃돌을 던져서 꺾기를 해요.
3. 몇 개가 떨어지고, 몇 개가 남았나요?
4. 상대방은 잡은 공깃돌과 떨어진 공깃돌을 직접 세어보며 덧셈식과 뺄셈식을 세워요.

국어놀이

재미있는 문장 만들기

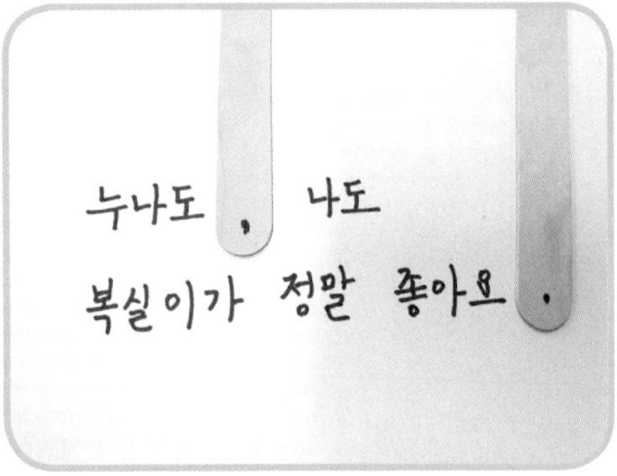

● **놀이 난이도** ★★ ● **준비물** 아이스크림 막대, 펜, 종이
● **초등 교육과정 역량** 지식정보처리 역량, 의사소통 역량

문장부호에는 느낌표, 물음표, 마침표 등이 있죠.
만약 같은 문장에 다른 문장부호를 사용하면 어떻게 될까요? 놀이로 알아봐요!

놀이 속 국어 개념

문장부호를 사용하면 글을 더욱 효과적으로 표현할 수 있어요. 문장부호에는 마침표(.), 물음표(?), 느낌표(!), 쉼표(,), 큰따옴표(“ ”), 작은따옴표(‘ ’), 소괄호(( )), 중괄호({}), 대괄호([ ]), 붙임표(−), 줄임표(…), 물결표(~) 등이 있어요. 문장부호를 다르게 사용하면 같은 문장이더라도 다른 의미로 해석될 수 있어요. 예를 들어 “철수는 한국에 살아.”와 “철수는 한국에 살아?”라는 문장을 살펴보면, 전자는 사실을 전달하는 문장이 되고 후자는 사실을 묻는 문장이 돼요.

놀이로 얻는 학교생활 tip!

아이들에게 받아쓰기는 바른 맞춤법 익히기, 문장 구조 알기, 글씨 바르게 쓰기 등 기초적인 국어 능력을 키우는 데 큰 도움이 돼요. 학교에서 받아쓰기를 하지 않을 때는 가정에서 진행해보세요. 국어 교과서에 나오는 문장을 아이와 미리 공부하고 시험을 보는 형식으로 진행해요. 이때 문장부호까지 제대로 써야 100점을 맞을 수 있어요.

놀이 순서

tip ★ 문장부호별로 읽는 방법을 알려주세요.

물음표 : 궁금한 것을 묻듯이 끝을 올려서 읽기 / 느낌표 : 문장에 맞게 기쁨, 슬픔, 놀람 등의 느낌을 담아 읽기 / 마침표 : 마지막 글자까지 분명하게 읽기 / 쉼표 : 한 박자 쉬고 읽기 / 큰따옴표 : 직접 말하듯이 실감나게 읽기

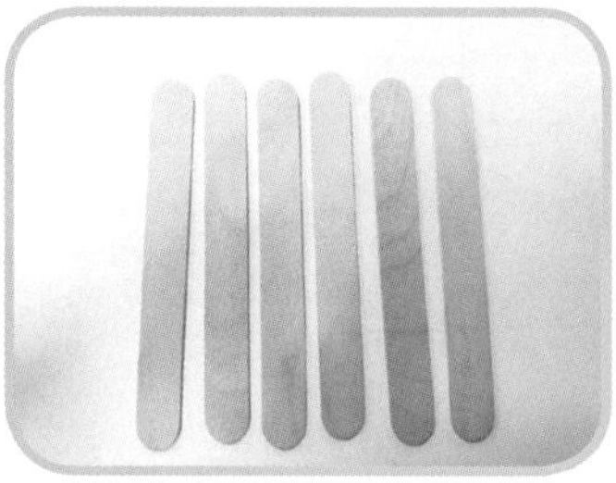

1 아이스크림 막대 6개를 준비해요. 문장부호 막대로 활용할 거예요.

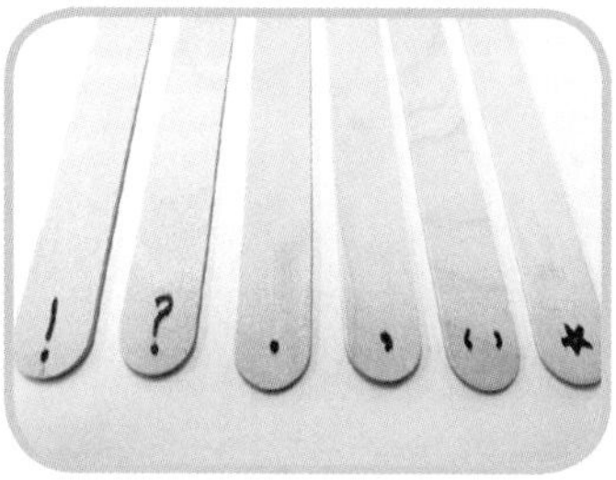

2 막대의 끝부분에 5가지 문장부호를 각각 쓰고, 나머지 한 개의 막대에는 별을 그려주세요.

3 아이스크림 막대의 끝부분을 손으로 쥐어서 보이지 않게 해요.

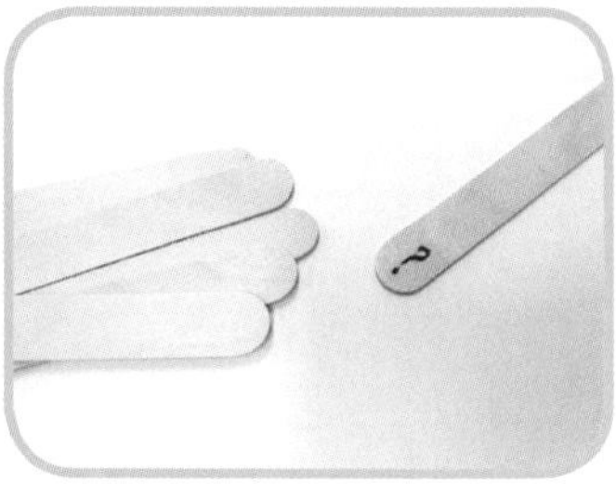

4 상대방은 막대를 뽑아서 문장부호를 확인해요.

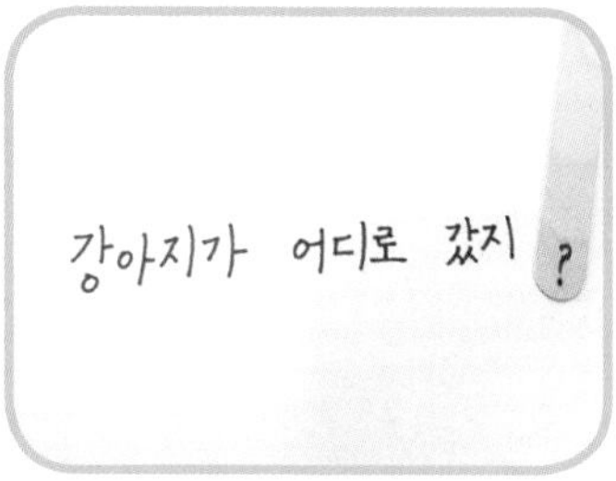

5 뽑은 문장부호에 알맞게 문장을 써봐요.

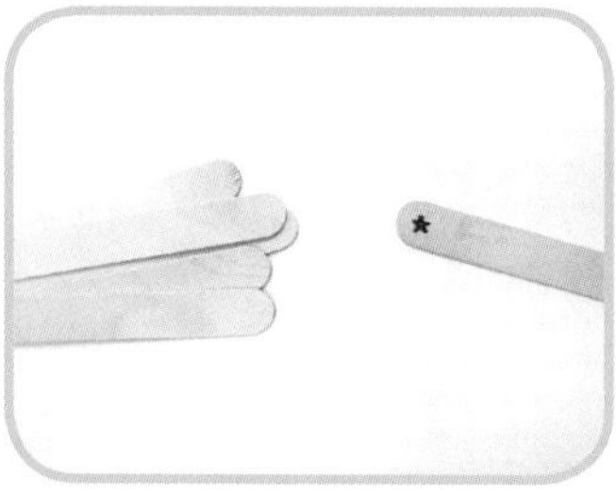

6 별 막대를 뽑았다면 찬스를 획득한 거예요! 원하는 문장부호로 문장 만들기를 할 수 있어요.

한 걸음 더!

문장을 이야기로!

○ **준비물** 문장부호를 쓴 아이스크림 막대, 펜, 종이

1. 위와 같이, 술래가 막대를 들고 있으면 상대방은 막대를 뽑아 문장부호를 확인하고 알맞은 문장을 만들어요.
2. 만들어낸 문장을 이용해서 짧은 이야기를 만들어요.
3. 술래도, 문장을 만들어낸 사람도 함께 생각을 모아 이야기를 창작해요!

17

내가 도와줄게

테드 오닐, 제니 오닐 글 | R. W. 앨리 그림 | 노은정 옮김 | 비룡소 | 2003

국어 교과서 수록 학년

2-1. 10단원 〈다른 사람을 생각해요〉

이야기 내용 소개

『내가 도와줄게』에는 다른 사람을 기분 좋게 하는 말과 기분 나쁘게 하는 말이 나와요. 기분을 좋게 해주는 말에는 '부탁해요', '고마워요', '실례합니다', '미안합니다'가 있고 마음을 상하게 하는 말에는 '꺼져!', '까불지 마!'가 있어요. 학교를 마치고 집에 왔을 때 엄마한테 '맛있는 거 줘!'라고 말하기보다 '저 왔어요. 다녀왔습니다'라고 다정하게 말해보는 건 어떨까요? 우리가 쓰는 말에는 다른 사람의 마음을 기쁘게도 하지만 아프게도 하는 힘이 있으니, 나쁜 말 대신 고운 말을 써야 해요.

Q

내용 이해하기

1. 학교를 마치고 집에 왔을 때, 엄마에게 '맛있는 거 줘!'라고 하기보다는 어떤 말을 하는 것이 좋을까요?

2. 다른 사람을 기분 좋게 하는 말에는 어떤 말들이 있나요?

생각 주머니 키우기

1. 다른 사람에게 화내거나 짜증 내며 말했던 적이 있는지 생각해보세요.

2. 친구에게 '뛰지 마!'라고 하는 대신에 '걸어 다니면 좋겠어'라고 고운 말을 사용하면 좋아요. 친구에게 '장난치지 마!'라고 하는 대신에 어떤 말을 하면 좋을까요?

나의 감상을 한 줄로 표현해보세요.

체육놀이

도와주기 미션 해결!

- **놀이 난이도** ★ - **준비물** 종이, 연필, 자
- **초등 교육과정 역량** 지식정보처리 역량, 의사소통 역량

다른 사람을 도와주고 오히려 내가 더 기분이 좋아지는 경험을 해본 적이 있나요?
오늘 하루는 다른 사람을 도와주는 미션을 해결하면서 내 기분을 좋게 만들어봐요.

놀이 속 체육 개념

초등 교육과정에는 봉사 활동도 포함돼요. 봉사 계획을 세우고 활동을 한 후, 소감을 적어보는 수업이 있어요. 가정에서부터 누구의 일이라고 구분하기보다는 모두의 일이라고 생각하는 자세를 갖도록 지도해주세요. 그러면 아이가 다른 사람을 도와주는 태도를 생활화할 수 있을 거예요.

놀이로 얻는 학교생활 tip!

요즘 아이들은 친구를 위해 양보하고 배려하는 것에 서툴러요. 어른들에게 배려 받는 것이 익숙하기 때문이에요. 하지만 아이들끼리 있을 때에도 계속 배려만 받을 수는 없어요. 친구들에게 인기 있고 믿음직스러운 친구로 뽑히는 아이들의 공통점은 봉사 정신이 강하고 남과 기쁨을 나눌 줄 아는 아이라는 거예요.

놀이 순서

tip ★ 미션을 진행할 때는 활동 내용이 어렵거나 번거롭다고 짜증 내서는 안 돼요.

★ 이왕이면 주말에 활동을 해서 미션을 해결할 시간이 충분하게 주어질 수 있도록 해주세요.

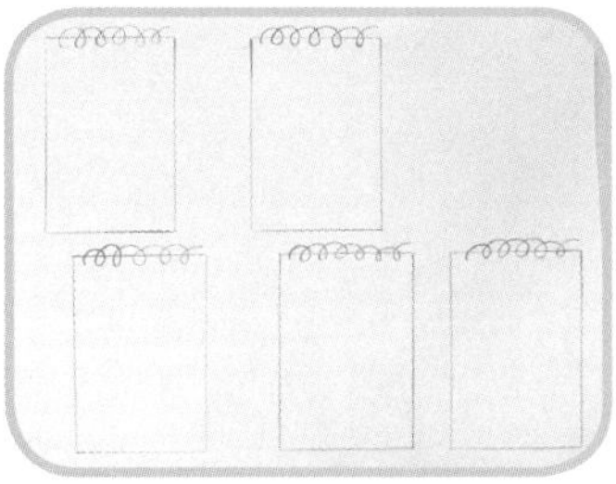

1 종이에 표를 5개 그려요.

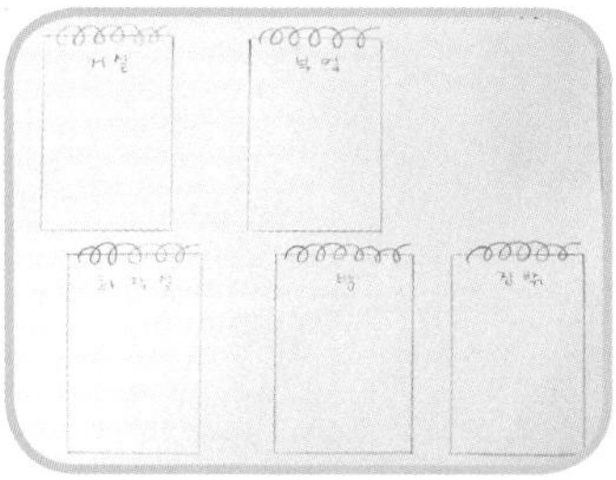

2 각 표에 거실, 부엌, 방, 화장실, 집 밖 등 미션을 수행할 장소를 적어요.

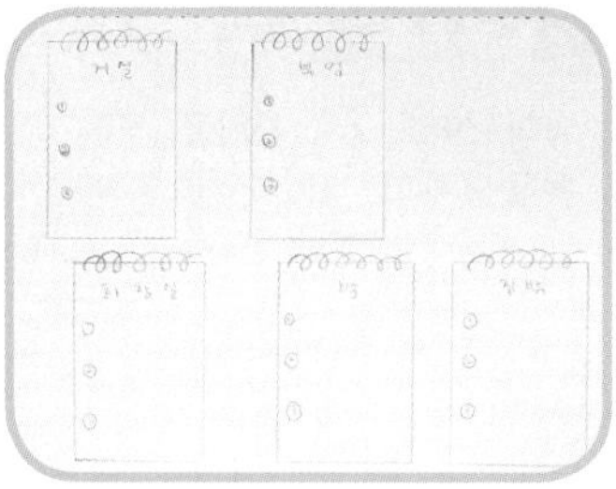

3 표마다 1~3까지 번호를 적어요.

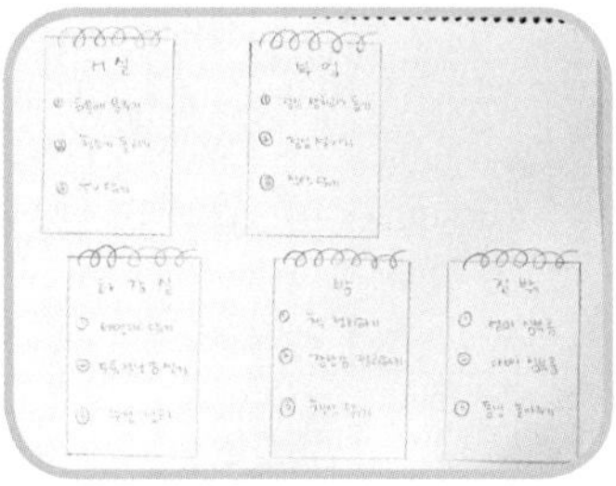

4 부모님께 각 장소에서 해결해야 할 미션을 알려달라고 한 후 받아 적어요. 예를 들어, 거실 화분에 물 주기, 화장실 수건 정리하기 등이 있어요.

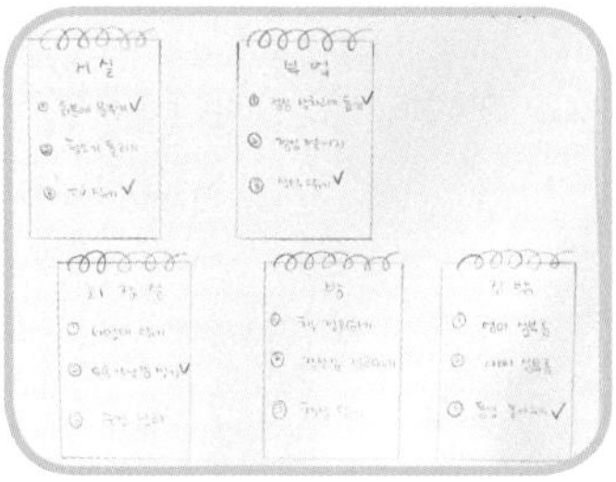

5 미션을 해결할 때마다 옆에 체크 표시를 해요.

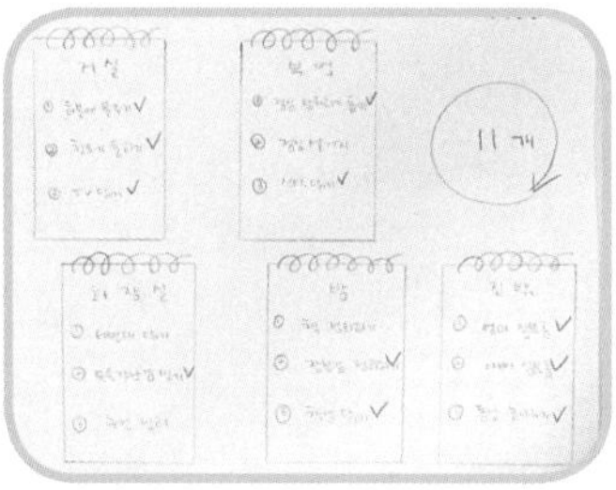

6 하루 종일 몇 개의 미션을 완성했는지 확인해봐요.

한 걸음 더!

나는야 우리 동네 순찰대

○**준비물** 종이, 연필, 스마트기기

1. 우리 동네를 산책하며 동네에서 불편한 점, 도움이 필요한 점에 대해 생각해요.
2. 불편한 점은 무엇이 있었는지, 어떤 도움이 있으면 더 좋아질지 정리해서 종이에 적어요.
3. 컴퓨터나 스마트폰을 이용해서 내가 사는 동네의 공공기관 홈페이지에 글을 올려요. 나는야 우리 동네를 더 살기 좋은 곳으로 만드는 동네 순찰대!

기분 좋은 말 동서남북 게임

● **놀이 난이도** ★ ● **준비물** 색종이, 연필
● **초등 교육과정 역량** 의사소통 역량, 공동체 역량

종이를 접고 손가락에 끼워 놀았던 추억의 동서남북 종이접기.
아이에게 예쁜 말을 가르칠 때 동서남북 놀이를 이용해봐요!

놀이 속 국어 개념

다른 사람과 대화할 때 지켜야 할 언어 예절이 있어요. 말하는 사람일 때 지켜야 할 국어 표현, 듣는 사람일 때 지켜야 할 국어 표현을 익히고 실천해보세요.

놀이로 얻는 학교생활 tip!

동서남북 종이접기는 빙고 게임처럼 다양한 교과의 학습 놀이 재료로 활용할 수 있어요. 아이가 생각을 정리할 때 아무 장치 없이 이야기해보라고 하면 막막해할 수 있어요. 이때 종이접기를 활용하면 자신이 본 내용을 머릿속으로, 그리고 자신의 언어로 정리하는 데 도움이 돼요. 예를 들어 아이가 영화를 본 후 줄거리를 정리해서 말하기 어려워할 때도 활용할 수 있어요. 각 칸에 등장인물을 적고, 동서남북 놀이에 따라 나오는 등장인물을 소개해보라고 하면 아이는 줄거리를 술술 얘기할 수 있을 거예요.

놀이 순서

tip ★ 동서남북 놀이를 할 때는 방향과 횟수를 말해야 해요. 예를 들어, "동쪽으로 4번 움직이세요."라고 말하면 종이를 가로, 세로로 4번 움직여서 동쪽에 적혀 있는 말을 읽으면 돼요.

★ 미션 상황을 다양하게 바꿔가며 놀아요. 예를 들어, 내가 "네가 있어서 행복해."라는 말을 해야 하는 상황이라면 가족이나 친구, 친척에게 전화를 걸어서 그 표현을 꼭 말해야 하는 식으로 말이에요.

1 색종이를 대각선으로 가로 1번, 세로 1번 접어요. 그리고 색종이를 펴요.

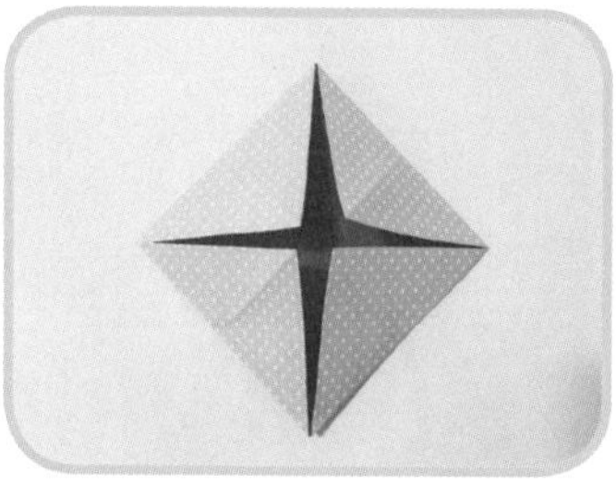

2 네 귀퉁이의 끝을 가운데에 맞추고 세모 모양으로 접어요.

3 색종이를 뒤집고, 마찬가지로 네 귀퉁이를 세모 모양으로 접어요.

4 작은 삼각형 8개에 기분 좋은 말을 적어요.

5 색종이를 뒤집고 큰 사각형 4개에 동, 서, 남, 북이라고 적어요.

6 손가락에 종이를 끼우고 동서남북 놀이를 해요.

한 걸음 더!

기분 좋은 말 콜라주 작품 만들기

○ **준비물** 도화지, 색종이, 풀, 연필, 지우개

1. 도화지에 기분 좋은 말 2문장을 적고 크게 테두리를 그려요.
2. 색종이를 잘게 찢어요.
3. 찢은 색종이를 테두리 안에 붙여서 콜라주 작품을 완성해요.

18

꼴찌라도 괜찮아!

유계영 글 | 김중석 그림 | 휴이넘 | 2010

국어 교과서 수록 학년
3-2. 6단원 〈마음을 담아 글을 써요〉

이야기 내용 소개

기찬이는 운동에 자신이 없어요. 다가오는 운동회를 대비하여 친구들이 연습을 하고 있는 모습도 마음에 안 들었어요. 심술이 난 기찬이는 돌멩이를 차버려 친구의 가방을 맞췄어요. 친구들은 방해하지 말라며 기찬이를 쫓아내죠. 선생님이 누구나 한 경기씩 공평하게 운동회에 나갈 수 있도록 제비뽑기로 선수를 결정하자고 하셨는데 이런, 기찬이가 그만 운동회에서 점수가 가장 높은 이어달리기 경기를 하게 돼요. 친구들은 달리기를 못하는 기찬이가 이어달리기 경기를 하게 된 게 걱정돼 아무도 응원하지 않았어요. 기찬이와 이어달리기에 함께 출전하게 된 이호는 달리기가 빨라 의기양양했지만 경기 당일 배탈이 나서 화장실로 도망가버리고, 기찬이는 이호의 몫까지 더 뛰게 돼요. 기찬이가 이호 차례에 뛰게 돼 예정된 순서보다 빨리 출전하자 친구들은 기찬이가 한 바퀴 뒤지고 있는 줄도 모르고 신나게 응원해요. 결국 경기는 지고 말았지만 화장실에 다녀온 이호와 기찬이, 그리고 친구들이 모두 만나서 웃음을 터트리고 말죠.

Q

내용 이해하기

1. 기찬이가 운동회를 싫어하는 이유는 무엇인가요?

2. 기찬이는 운동회의 어느 경기에 나가게 되었나요?

3. 결국 어느 편이 이기게 되었나요?

생각 주머니 키우기

1. 운동에 자신이 없는 기찬이는 운동회 연습을 하는 친구들의 모습을 보고 그만 심술이 나서 돌멩이를 차버렸어요. 기찬이가 돌멩이를 차는 대신 어떤 행동을 했다면 친구들과 사이좋게 연습할 수 있었을까요?

2. 경기에서 이기는 것은 참 기분 좋은 일이에요. 그렇다고 꼭 이겨야만 할까요? 지면 안 되는 걸까요?

나의 감상을 한 줄로 표현해보세요.

수학놀이

제비뽑기로 알아보는 확률 놀이

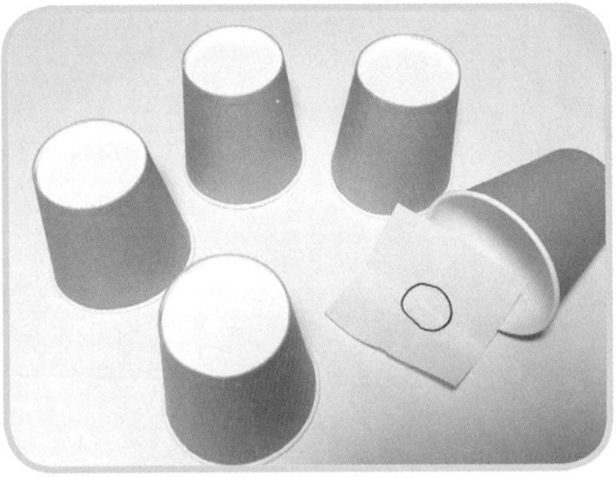

- **놀이 난이도** ★★★ **준비물** 종이컵, 종이, 연필
- **초등 교육과정 역량** 지식정보처리 역량, 의사소통 역량

제비뽑기에서 기찬이가 이어달리기에 뽑힐 확률은 얼마나 되었을까요?
제비뽑기를 통해 수학적으로 사고하는 힘을 길러봐요!

놀이 속 수학 개념

'경우의 수'는 어떤 일이 일어날 수 있는 경우의 가짓수를 말해요. 종이에 알파벳 O와 X를 적고 제비뽑기를 할 때 경우의 수는 총 2개예요. O 아니면 X가 나오죠. 확률이란 전체 경우의 수에서 특정 일이 일어나는 경우의 수를 비율로 나타낸 것을 말해요. O와 X를 적은 종이 2장에서 O가 나올 확률은 1/2, O 1장과 X가 2장일 때 O가 나올 확률은 1/3이에요. 이렇게 X의 개수를 늘려나가면 O를 뽑을 확률은 점점 낮아지겠죠?

놀이로 얻는 학교생활 tip!

제비뽑기로 짝을 정한다면 내 단짝 친구와 짝꿍이 될 확률은 얼마나 될까요? 운동회의 출전 종목을 제비뽑기로 정한다면 내가 원하는 종목과 원하지 않는 종목에 뽑힐 확률은요? 학교생활에서 마주치는 문제를 수학적으로 풀어볼까요? 초등 5학년 수학의 〈평균과 가능성〉 단원에서 '일이 일어날 가능성'을 배워요. 일이 일어날 가능성을 알아보고 가능성이 100퍼센트부터 0퍼센트까지 높은 사건과 낮은 사건을 비교하고 수로 표현하는 내용이 제시돼요.

놀이 순서

tip ★ 수학적인 이해도가 높은 아이라면 50퍼센트의 확률, 약 33퍼센트의 확률, 25퍼센트의 확률, 20퍼센트의 확률과 같이 정확한 숫자를 사용해 놀이해도 좋아요.

★ O와 X 대신 이름을 넣어볼 수도 있어요. 좋아하는 만화의 등장인물 이름을 쓰고, 주인공을 뽑을 확률은? 우리 반 친구들 이름을 쓰고, 좋아하는 친구가 나와 짝꿍으로 뽑힐 확률은?

1 종이에 O를 1개, X를 5개 써서 카드로 만들어요.

2 2개의 종이컵에 O와 X를 하나씩 넣고 섞어요.

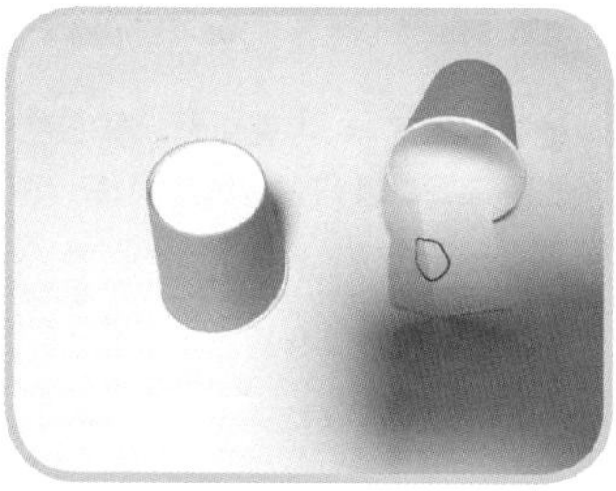

3 하나의 종이컵을 고르고 내용을 확인해봐요.

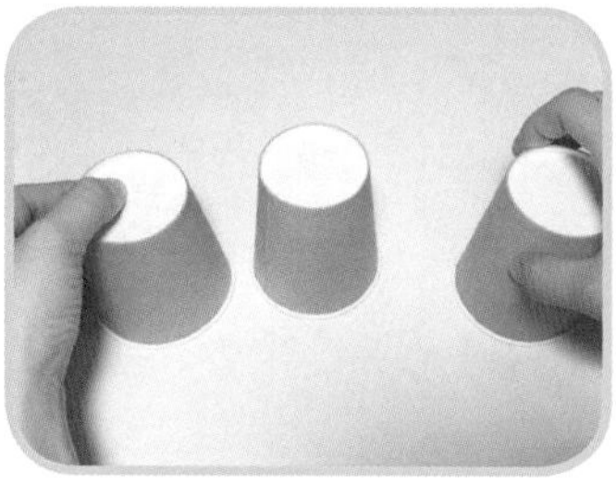

4 3개의 종이컵에 O 1개, X 2개를 각각 넣고 섞어요.

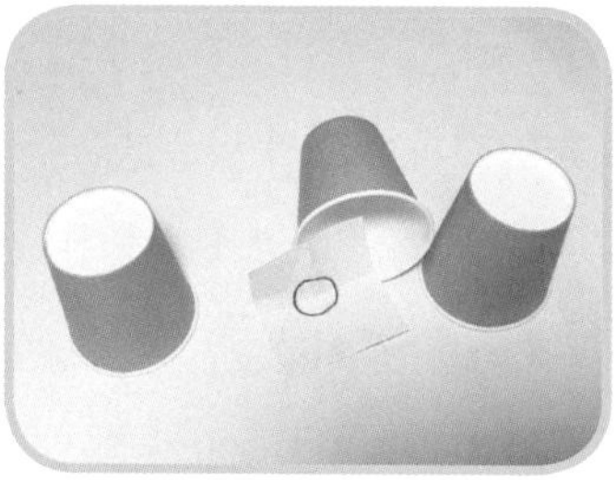

5 하나의 종이컵을 고르고 내용을 확인해봐요. O가 안 나왔다면 나올 때까지 뽑아봐요.

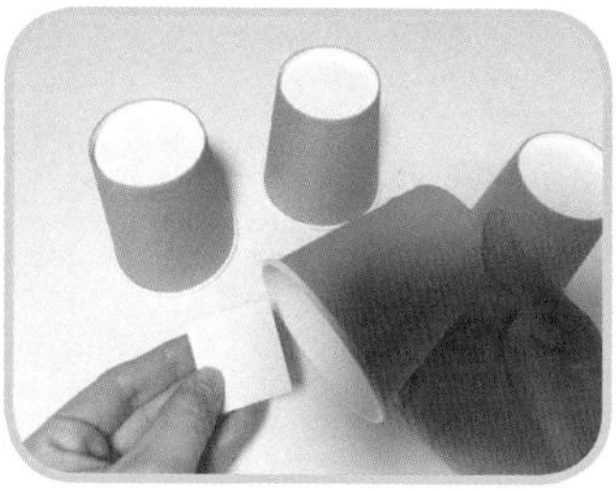

6 4개의 종이컵도 같은 방법으로 O를 찾아봐요.

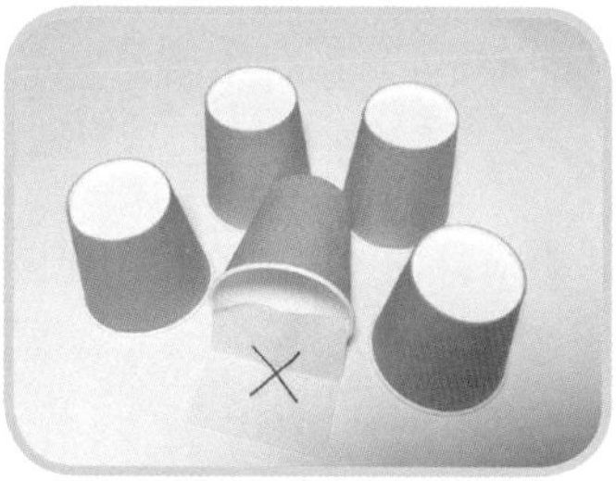

7 5개의 종이컵도 같은 방법으로 찾아봐요.

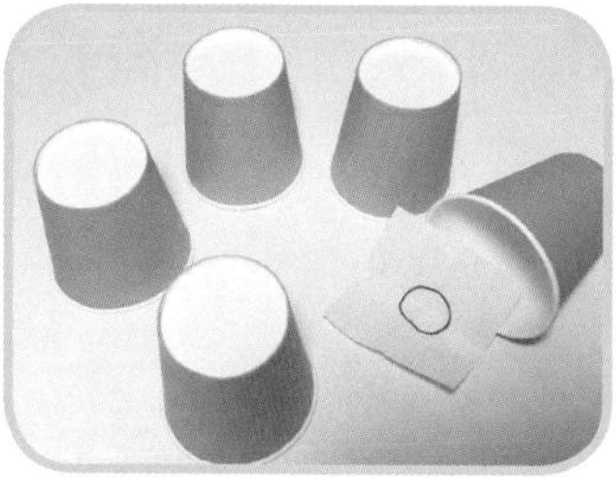

8 X의 개수가 많아질수록 O를 뽑기가 힘들어진다는 걸 확인했나요? O를 뽑을 확률이 낮아지고 있는 걸 놀이로 확인해요!

코딩놀이

가위바위보 달리기 대회

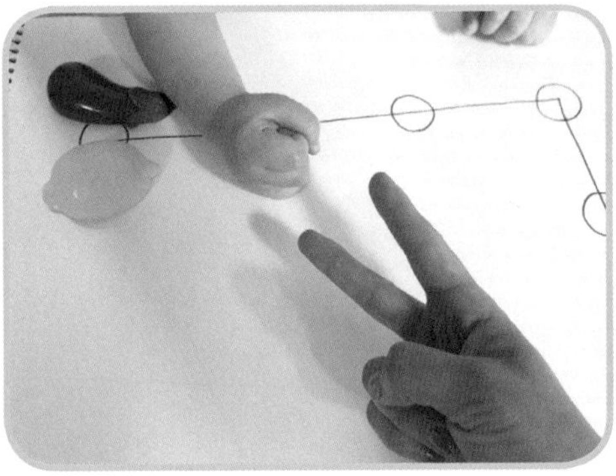

● **놀이 난이도** ★ ● **준비물** 종이, 펜, 장난감
● **초등 교육과정 역량** 창의적 사고 역량, 의사소통 역량

기찬이는 운동을 못해서 달리기가 싫었나봐요.
운동 실력과는 관계없는 가위바위보 달리기 놀이로 겨루어보는 건 어떨까요?

놀이 속 코딩 개념

변수는 계속 변화하는 수를 말해요. 가위바위보를 할 때 1:0이 되었다가, 1:1이 되었다가, 또 2:1이 되는 것처럼 각 팀의 점수를 기록하는 공간이 변수가 되는 것이죠. 변수는 프로그래밍이나 컴퓨터가 한정된 용량에서 많은 정보를 저장할 때 자주 쓰여요.

놀이로 얻는 학교생활 tip!

초등 수학에는 '어떤 수' 문제가 자주 나와요. 식을 세울 때 어떤 수는 보통 네모로 표현해요. 사칙연산을 단순 계산하는 것이 아니라 문맥을 파악하여 계산을 거꾸로 되짚는 과정이 필요하죠. 대표적인 문제 유형은 다음과 같아요.

"어떤 수에 100을 더해야 할 것을 잘못하여 뺐더니 50이 되었어요. 바르게 계산한 값을 구하세요."

풀이 과정은 $\square-100=50$, 그래서 어떤 수는 150, 바르게 계산한 값은 250이 되겠네요.

놀이 순서

tip ★ 1칸씩 명령하며 순서대로 갈 수 있도록 도와주세요.

★ 회전하는 구간에서 옆으로 돌라는 명령이 필요하다는 것을 알려주세요. 왼쪽, 오른쪽 처럼 정확한 방향까지 지시하지 않아도 괜찮아요. '옆으로 돌기'만 알아도 충분해요.

★ 말을 돌렸다는 것을 인지할 수 있도록 말의 모양은 앞뒤가 다른 것이 좋아요.

★ 출발지와 도착지를 바꿔서 놀이를 다시 할 수 있어요.

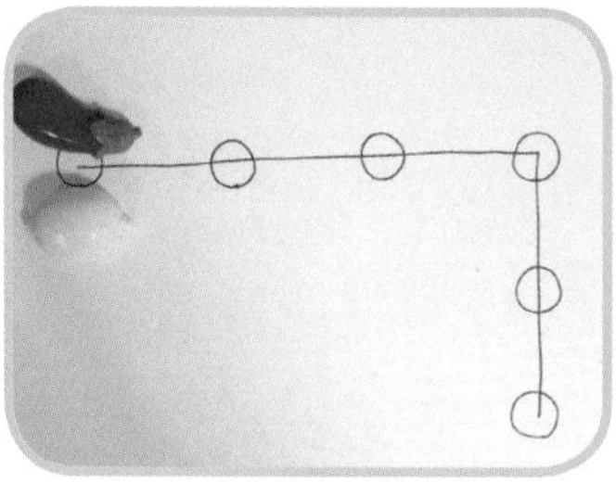

1 종이에 간단한 코스를 그리고 장난감 말을 준비해주세요.

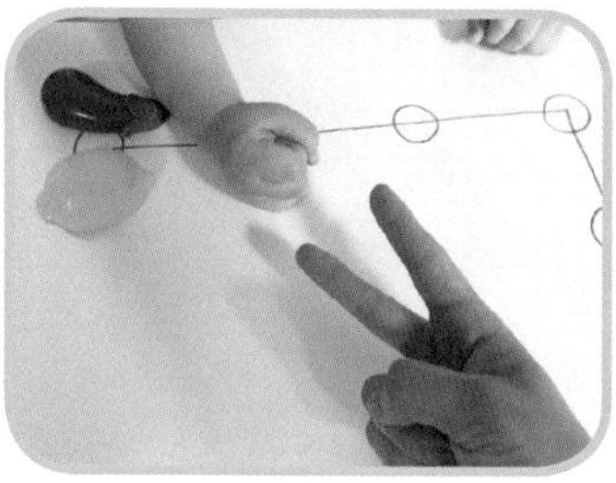

2 가위바위보를 이긴 사람이 1번 명령할 수 있어요.

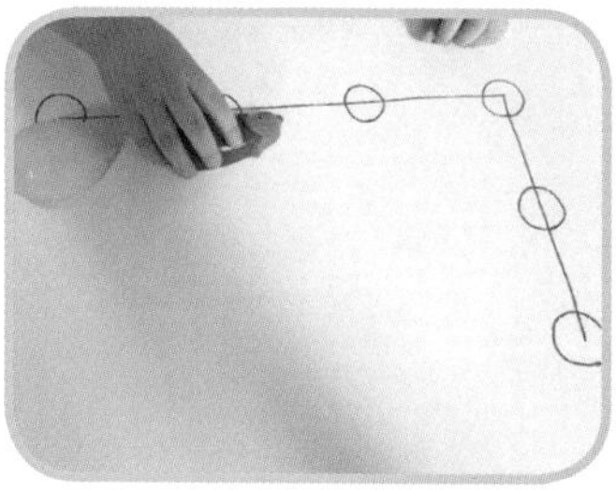

3 "앞으로 가!"라고 명령하고 말을 움직여요.

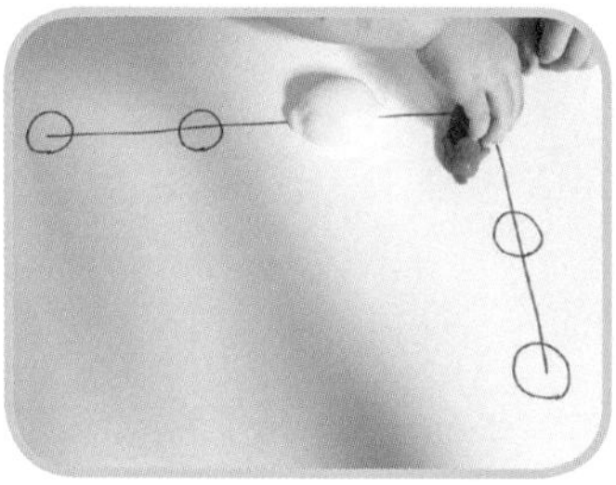

4 방향을 바꿀 때에는 "옆으로 돌아!"라고 명령해요. 명령을 내린 지시어와 말이 다르게 움직였다면 다시 제자리로 돌아가야 해요.

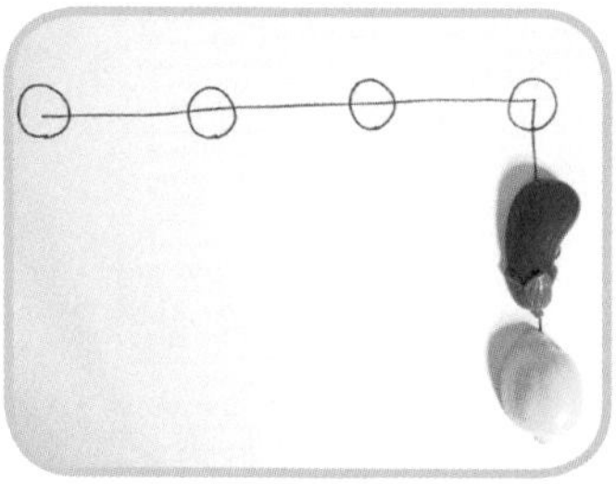

5 과연 누가 도착지에 먼저 갈 수 있을까요?

한 걸음 더!

길 찾기의 달인

○ **준비물** 종이, 펜, 장난감

1. 한 차례에 여러 가지 명령을 순서대로 할 수 있어요.
2. "앞으로, 앞으로, 앞으로"를 이야기하면 총 3번 앞으로 갈 수 있겠죠.
3. 출발지에서 도착지까지 어떻게 갈 수 있을지 곰곰이 생각해서 '순서대로' 명령해보도록 해요!

19

몽몽 숲의 박쥐 두 마리

이혜옥 글 | 이은진 그림 | 한국차일드아카데미 | 2013

국어 교과서 수록 학년
1-2. 6단원 〈고운 말을 해요〉

이야기 내용 소개

어느 날 몽몽 숲에 동물들이 찾아왔어요. 달콤 박쥐는 "친구들아, 정말 반가워!"라고 말한 반면에, 뾰족 박쥐는 "친구는 무슨 친구! 흥!"이라고 말을 합니다. 달콤 박쥐가 간 과일나무에 열매가 주렁주렁 열려 있었어요. 달콤 박쥐는 감사 인사를 하고 동물 친구들과 나누어 먹었습니다. 뾰족 박쥐가 간 가시나무에는 맛도 없는 딱딱한 열매가 열려 있었어요. 뾰족 박쥐가 맛없다고 투정 부리자 가시나무의 열매가 머리 위로 후두두 따다닥 떨어졌어요. 속이 상한 뾰족 박쥐가 가시나무에 매달려 울고 있을 때 달콤 박쥐가 날아와 함께 열매를 먹자고 말했습니다. 뾰족 박쥐는 울음을 그치고 둘이서 사이좋게 열매를 나누어 먹으며 나무에 매달렸답니다.

Q

내용 이해하기

1. 몽몽 숲에 동물들이 찾아오자 달콤 박쥐는 뭐라고 말했나요?

2. 몽몽 숲에 동물들이 찾아오자 뾰족 박쥐는 뭐라고 말했나요?

3. 뾰족 박쥐가 울고 있을 때, 달콤 박쥐가 날아와서 뭐라고 말했나요?

생각 주머니 키우기

1. 내가 만약 달콤 박쥐라면 뾰족 박쥐가 울고 있을 때 어떻게 할 것 같나요?

2. 달콤 박쥐처럼 고운 말을 쓰면 어떤 점이 좋을까요?

나의 감상을 한 줄로 표현해보세요.

국어놀이

고운 말 기록판을 만들어요

- **놀이 난이도** ★★ ● **준비물** 종이, 펜
- **초등 교육과정 역량** 의사소통 역량, 공동체 역량

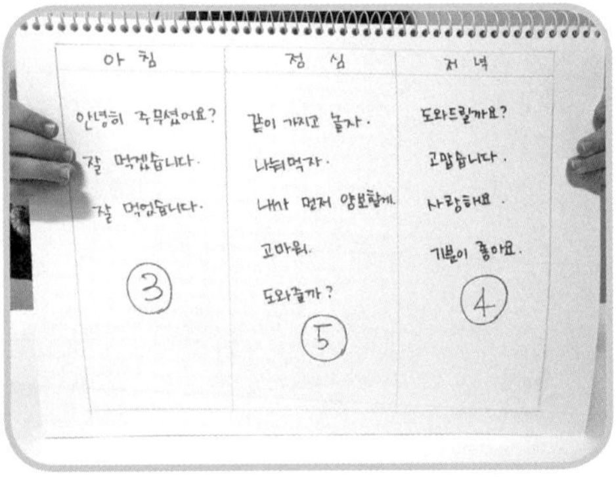

달콤 박쥐 이야기에서 고운 말을 쓰면 좋은 점을 잘 알 수 있어요.
우리는 하루에 고운 말을 어느 정도 사용하고 있을까요?
'고운 말 기록판'을 만들어서 하루 동안 내가 쓴 고운 말을 적어봐요.
고운 말을 많이 사용하려고 노력하다 보면 어느새 좋은 언어 습관이 만들어져요.

놀이 속 국어 개념

'즐겁다', '행복하다', '기대된다', '기쁘다' 등 감정 표현에도 많은 고운 말이 있죠. 자신의 감정을 표현할 때 고운 말을 많이 알고 활용하는 것이 중요해요. 자신의 감정을 올바른 용어로 표현할 줄 모르면 비속어나 욕설을 섞어 거칠게 말하기 쉽기 때문이죠. 기분을 긍정적으로 표현하는 말들을 알고, 이를 쓰려는 의지를 키우면 아름다운 언어 습관을 가질 수 있을 거예요.

놀이로 얻는 학교생활 tip!

요즘은 친구들 간에 경어 쓰기(높임말 사용)를 하는 학교가 많아요. 부모 입장에서는 친구 사이인데 높임말을 쓰는 것이 어색하다고 느낄 수도 있어요. 하지만 평소에 부드러운 말을 사용하면 다툼 상황에서 강하고 자극적인 말을 훨씬 적게 쓰는 경향이 있어요. 따라서 높임말을 사용하면 서로 배려하고 존중하는 분위기가 형성되고, 친구들 사이의 다툼이나 폭력 상황이 줄어드는 효과가 있어요.

놀이 순서

tip ★ 이 놀이는 평일보다는 부모와 함께 있는 시간이 더 긴 주말에 하는 것이 좋아요.
★ 놀이를 한 다음 날에 전날보다 더 많이 고운 말을 하는 미션을 수행해도 좋아요.

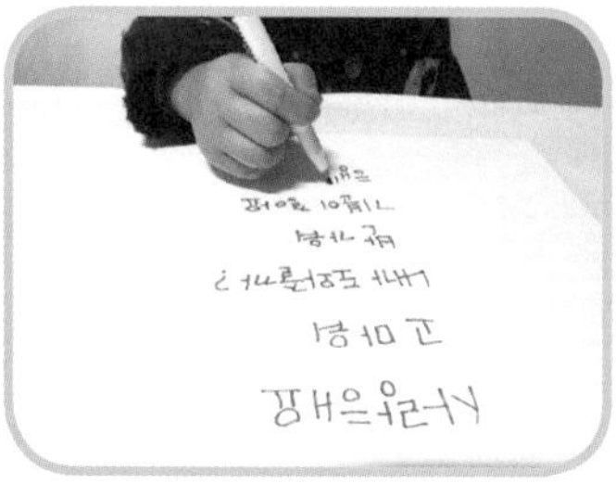

1 종이에 생각나는 대로 고운 말을 적어요.

2 부모와 함께 이야기를 나누며 고운 말을 더 추가해요.

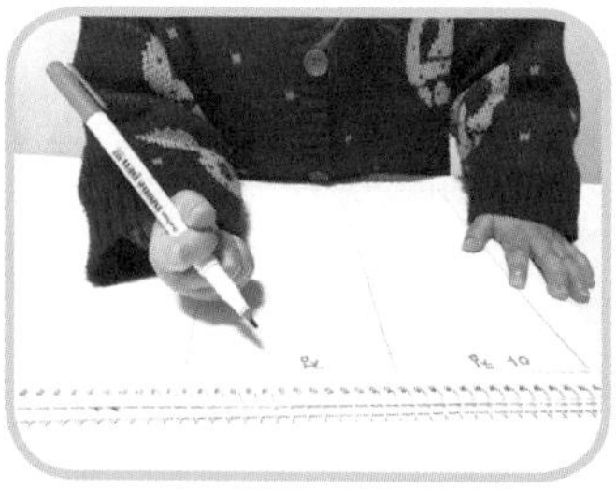

3 다른 종이에 아침, 점심, 저녁으로 나눈 표를 그려요. 이때 시간을 함께 적으면 언제까지인지 더 확실해져요.

4 아침, 점심, 저녁에 한 고운 말을 적어요.

5 하루 동안 몇 번이나 고운 말을 했는지 살펴봐요.

한 걸음 더!

내가 듣고 싶은 말

○ **준비물** 종이, 펜

1. 종이에 부모님에게 들었던 기분 좋은 말을 적어요.
2. 앞으로 부모님에게 듣고 싶은 말을 적어요.
3. 듣고 싶은 말 종이를 거실에 붙여놓아요. 부모는 아이에게 이 말들을 가급적 많이 해줘요.

과학놀이

알록달록 돌멩이

- **놀이 난이도** ★★
- **준비물** 돌멩이, 매니큐어, 그릇, 물, 일회용 장갑, 면봉
- **초등 교육과정 역량** 지식정보처리 역량, 창의적 사고 역량

달콤 박쥐와 뾰족 박쥐는 사이좋은 친구가 되었어요.
몽몽 숲 친구들이 앞으로도 계속 사이좋게, 행복하게 지낼 수 있게
알록달록 돌멩이를 만들어 선물해봐요.

놀이 속 과학 개념

매니큐어는 기름 성분이 있기 때문에 물과 잘 섞이지 않아요. 그리고 물보다 가벼워서 물 위에 떠요. 그래서 사고로 배에 있던 기름이 바다로 유출될 때도 기름이 바닷물과 섞이지 않고 둥둥 뜨게 되는 거예요.

놀이로 얻는 학교생활 tip!

제4차 산업혁명 시대를 살아갈 아이들에게 필요한 여러 가지 역량 중 하나가 바로 창의성이에요. 창의성을 키우기 위해서 창의력 학원을 다니거나 학습지를 해야 하는 것은 아니에요. 생활 속에서 다양한 것을 보며 의문을 갖고, 어떠한 것을 원래의 용도와 다르게 사용해보는 시간을 자주 갖는다면 아이의 창의성이 커지는 데 큰 도움이 될 거예요. 사물을 다르게 보는 방법은 발명 기법 중 하나로 학교에서 실과 교과 등 발명 활동이 포함된 학습을 할 때 활용되기도 해요.

놀이 순서

tip ★ 매니큐어를 이용할 때는 꼭 부모님과 함께하고, 환기를 시키면서 놀이해요.
★ 매니큐어로 직접 돌멩이에 그림을 그려보는 활동으로 대체할 수 있어요.

1 그릇에 물을 반 정도 채워요.

2 매니큐어를 조금씩 부어요.

3 면봉으로 매니큐어를 이리저리 움직이면서 그림을 그려봐요.

4 일회용 장갑을 끼고 돌멩이를 들어서 매니큐어에 닿게 한 후 움직여요.

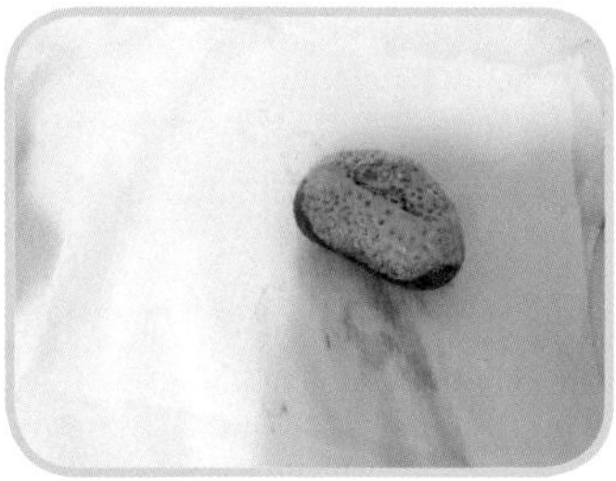

5 돌멩이를 뒤집어서 말려요.

6 2~5의 과정을 반복해서 다양한 색과 무늬의 돌멩이를 만들어요.

한 걸음 더!

나뭇잎 박쥐 가면

○ **준비물** 나뭇잎, 색칠 도구

1. 나뭇잎에 구멍을 내요. 큰 나뭇잎에는 눈, 코, 입이 보이게 만들고 작은 나뭇잎에는 눈 구멍만 내서 얼굴의 위쪽만 가리는 가면으로 사용해요.
2. 물감이나 사인펜, 스티커 등을 이용해서 박쥐 가면을 멋지게 꾸며요.

20

욕심쟁이 딸기 아저씨

김유경 글 · 그림 | 노란돼지 | 2017

국어 교과서 수록 학년
2-1. 11단원 〈상상의 날개를 펴요〉

이야기 내용 소개

아저씨는 딸기를 너무 좋아해서 동네 과일 가게에서 딸기를 몽땅 사버려요. 그래서 동네 사람들은 딸기를 구할 수 없었고 아저씨를 욕심쟁이라고 손가락질했죠. 매일 혼자서만 딸기를 먹던 아저씨는 어느 날 동네 사람들이 수박을 나누어 먹고 있는 것을 창밖으로 보게 돼요. 그때 한 꼬마가 수박을 들고 아저씨네로 찾아와서 수박을 내밀어요. 달콤한 딸기 냄새를 맡은 아이는 딸기를 먹고 싶어져 아저씨에게 딸기를 달라고 해요. 아저씨가 머뭇거리자 아이는 속이 상해 뛰어가버리죠. 아저씨는 아이의 뒷모습을 바라보며 무언가를 결심한 듯해요. 다음 날, 아저씨는 큰 솥에 딸기를 넣고 맛있는 딸기잼을 만들어요. 그리고 동네 사람들에게 나누어주며 함께 나누는 즐거움을 깨닫고 딸기처럼 얼굴이 빨개져요.

Q

내용 이해하기

1. 욕심쟁이 딸기 아저씨는 왜 딸기를 사 모았나요?

2. 동네 꼬마가 아저씨 집을 다녀간 후, 아저씨는 무엇을 만들어서 동네 사람들에게 나누어주었나요?

3. 아저씨 얼굴은 왜 빨개졌을까요?

생각 주머니 키우기

1. 내가 만약 아저씨라면 동네 꼬마가 찾아왔을 때 어떻게 했을까요?

2. 아저씨처럼 얼굴이 빨개졌던 경험이 있나요?

나의 감상을 한 줄로 표현해보세요.

요리놀이

맛있는 딸기잼을 만들어 나누어 먹어요

- **놀이 난이도** ★★★
- **준비물** 딸기, 설탕, 냄비, 유리병, 빵(또는 비스킷)
- **초등 교육과정 역량** 심미적 감성 역량, 공동체 역량

아저씨는 큰 솥에 딸기를 넣고 맛있는 딸기잼을 만들어서 사람들에게 나누어주었어요.
우리도 달달한 딸기잼을 만들어서 나누어 먹어볼까요?

놀이 속 과학 개념

딸기잼을 만들 때 보이는 보글보글 방울이 무엇인지 궁금해하는 아이에게 설명해주세요. 이 공기 방울은 열이 가해질 때 딸기 속에 있던 산소, 이산화탄소 등의 기체가 딸기 밖으로 나오면서 우리 눈에 보이게 되는 거라고요. 이 방울은 공기 중으로 날아가기 때문에 금방 퐁 하고 터져버려요.

놀이로 얻는 학교생활 tip!

초등학교 5학년이 되면 처음으로 실과 교과로 요리를 배우게 됩니다. 1~4학년일 때도 담임 선생님의 재량에 따라 다른 교과 시간에 융합 활동으로 요리를 해보기도 해요. 초등학교 교실에서 하는 활동 중에는 혼자서 하는 활동보다는 짝 활동, 모둠 활동이 많아요. 친구와 활동할 때는 서로 더불어서 의견을 주고받고 친구의 의견을 존중하는 자세가 필요해요. 일상생활에서 아이가 타인의 배려에 고맙다는 표현을 자주 하도록 해주세요. 그리고 나누고 배려하는 기쁨을 느낄 수 있는 기회를 많이 만들어주세요.

놀이 순서

tip ★ 생 딸기 대신 냉동 딸기를 사용해도 맛있는 딸기잼을 만들 수 있어요.

★ 꼭 부모님과 함께하되, 안전 수칙을 잘 유지하며 가급적 아이가 모든 과정에 참여하도록 해주세요.

★ 아이와 직접 만든 딸기잼을 가족, 친구, 친척에게 나누어주며 선물하는 경험을 하게 해주세요.

1 딸기를 깨끗이 씻어요.

2 냄비에 딸기와 설탕을 넣어요. 딸기와 설탕은 2:1 정도 비율이 되도록, 딸기가 500g이라면 설탕은 250g~300g 정도가 되도록 해요.

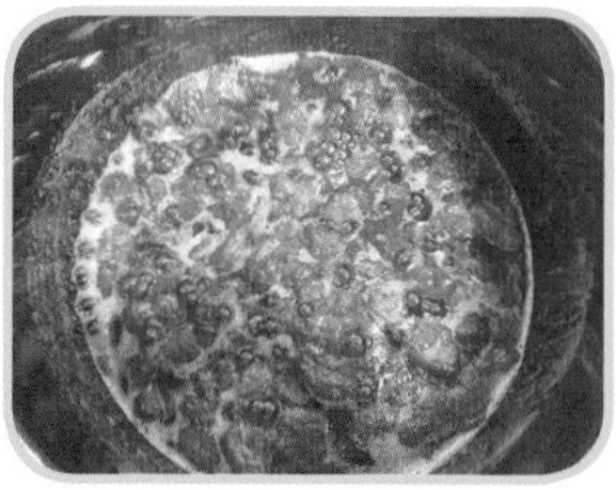

3 중불에서 주걱으로 조금씩 눌러주며 끓여요. 중간중간 거품이 생기면 걷어내요.

4 완성된 딸기잼은 열탕소독을 해놓은 유리병에 넣어요.

5 빵에 딸기잼을 발라서 나누어 먹어요.

한 걸음 더!

○ **준비물** 딸기 외의 다른 과일, 설탕, 냄비, 유리병

과일잼 만들기

1. 블루베리, 귤, 사과 등 과일을 깨끗이 씻어요.
2. 딸기잼 만들기와 같은 방법으로 과일잼을 만들어요.
3. 함께 나누어서 맛있게 먹어요.

과학놀이

천연물감으로 만드는 달걀 신호등

- **놀이 난이도** ★★★
- **준비물** 달걀, 딸기, 귤 껍질, 시금치, 냄비, 그릇, 레몬즙(또는 식초)
- **초등 교육과정 역량** 창의적 사고 역량, 지식정보처리 역량

딸기잼을 만들 때 빨간 물감을 탄 것도 아닌데 빨간 물이 생기는 것을 볼 수 있어요. 딸기와 같이 자연에서 나는 재료를 이용해서 알록달록 천연물감을 만들어볼까요? 달걀에 빨간색, 노란색, 초록색 물을 들여서 신호등을 만들어봐요.

놀이 속 과학 개념

꽃, 잎, 열매 등 식물의 알록달록한 색은 식물 색소 덕분이에요. 이러한 식물 색소를 추출하면 삶은 달걀에 물을 들일 수 있어요. 안토시아닌, 카로티노이드, 엽록소를 이용해서 빨강, 노랑, 초록으로 물들여봐요.

놀이로 얻는 학교생활 tip!

초등학교 1, 2학년 1학기에는 봄과 여름을 주제로, 2학기에는 가을과 겨울을 주제로 통합교과를 배워요. 통합교과는 부모 세대가 어린 시절에 배웠던 〈바른 생활〉, 〈슬기로운 생활〉, 〈즐거운 생활〉을 통합적으로 배운다고 생각하면 됩니다. 이 교과에서 자연의 특징과 나의 생활을 연결시켜서 학습해요. 3학년이 되면 통합교과는 더 이상 배우지 않고, 과학, 사회, 음악, 미술, 체육 등의 세분화된 교과를 학습해요. 통합교과와 더불어 초등학교 1, 2학년의 특징적인 교과 중 하나가 〈안전한 생활〉이에요. 생활 안전, 교통 안전, 신변 안전, 재난 안전에 대해서 학습하게 돼요.

놀이 순서

tip ★ 삶은 달걀을 색소 물에 넣을 때는 달걀 껍데기 째 그대로 넣어도 되고, 달걀 껍데기를 벗겨서 넣어도 돼요.

★ 레몬즙이나 식초를 넣으면 달걀에 색소가 더 잘 스며들어요.

★ 색소 물에 달걀이 다 잠기지 않으면 달걀을 돌려가면서 골고루 물들게 해주세요.

1 달걀 3개를 삶아요.

2 냄비에 물을 3~4컵 정도 넣고 딸기, 귤 껍질, 시금치를 각각 20분간 끓여요.

3 다른 재료가 끓는 동안 달걀 껍데기를 까요.

4 딸기, 귤 껍질, 시금치를 끓인 물을 그릇에 붓고 달걀을 하나씩 넣어요.

5 그릇에 레몬즙을 몇 방울 떨어뜨려요.

6 원하는 색이 충분히 나오면 달걀을 꺼내서 감상하고 맛있게 먹어요.

한 걸음 더!

○ **준비물** 색이 다양한 초콜릿, 작은 그릇, 물, 붓, 종이

초콜릿으로 만드는 알록달록 물감

1. 그릇에 물을 담아요.
2. 서로 다른 색의 초콜릿을 각각 그릇에 서너 개씩 넣고 잠시 기다려요.
3. 초콜릿이 녹으면서 알록달록 물감이 되었어요.
4. 붓으로 초콜릿 물감을 찍어서 종이에 그림을 그려요.

21

하루와 미요

임정자 글 | 박세영 그림 | 문학동네 | 2014

국어 교과서 수록 학년
3-1. 9단원 〈어떤 내용일까〉

이야기 내용 소개

물을 싫어하는 고양이 미요는 여자 친구 미야와 함께 소풍을 갔어요. 한가로운 소풍 중에 미야가 실수로 저수지에 빠지고 말아요. 미요는 미야를 구해주고 싶었지만 물이 무서워서 뛰어들 수 없었어요. 때마침 길을 지나가던 이웃 마을 개 털보가 헤엄을 쳐서 미야를 구했어요. 대추나무 골에 산다는 털보는 예전에 하루라는 강아지도 구해준 적이 있다고 했어요. 고양이와 개가 친구가 되는 경우는 없지만, 생명의 은인이 된 인연으로 특별히 친구를 하기로 해요. 털보는 미야에게 과수원으로 놀러가자고 하고, 미야는 웃으며 친구들을 소개해달라고 해요.

Q

내용 이해하기

1. 소풍을 갔다가 미야에게 무슨 일이 일어났나요?

2. 미요는 왜 미야를 구해줄 수 없었나요?

3. 미야와 털보는 어떤 사이가 되기로 했나요?

생각 주머니 키우기

1. 나는 수영을 잘 하나요? 만약 물에 빠진 사람을 보면 어떻게 해야 할까요?

2. 미야와 털보는 앞으로 어떤 친구가 될 것 같나요?

나의 감상을 한 줄로 표현해보세요.

코딩놀이

2인용 보트로 강 건너기

● **놀이 난이도** ★★★ ● **준비물** 도화지, 색연필, 가위
● **초등 교육과정 역량** 창의적 사고 역량, 의사소통 역량

아이, 물고기, 고양이, 강아지 총 넷이서 강을 건너기로 해요.
물을 무서워하는 고양이 미요를 위해 보트를 준비했죠.
그런데 이 보트는 최대 둘밖에 태우지 못해요. 어떻게 하면 모두가 강을 건널 수 있을까요?

놀이 속 코딩 개념

코딩을 잘하기 위해서는 컴퓨팅 사고력을 갖춰야 해요. 컴퓨팅 사고력에 해당하는 능력 중 하나가 바로 문제 해결력이에요. 강 건너기 놀이에 나온 문제를 조건에 맞게 해결할 수 있으려면 창의적으로 사고하고, 다양하게 시도해보는 자세가 중요해요.

놀이로 얻는 학교생활 tip!

2019년부터 초등 5, 6학년이 배우는 실과 교과에 소프트웨어 교육을 도입하여 가르치고 있어요. 최소 17차시 이상으로 구성된 소프트웨어 교육은 우리 주변의 소프트웨어 알아보기, 문제를 해결하는 알고리즘 만들어보기, 간단한 블록 코딩 실행하기로 이뤄져 있어요.

놀이 순서

tip ★ 문제의 조건에 조금 어긋나더라도 아이가 창의적으로 생각해낸 답변이 있다면 긍정적인 반응을 보여주세요! 다양한 사고를 시도하는 과정이 중요하니까요.

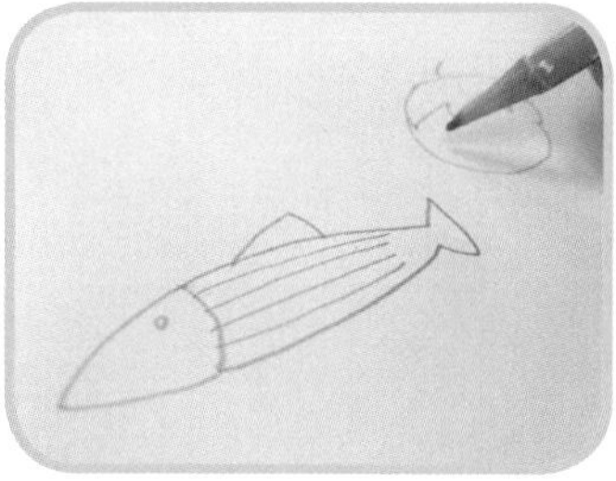

1 도화지에 보트, 아이, 고양이, 강아지, 물고기를 그려요.

2 색칠하고 오려주세요.

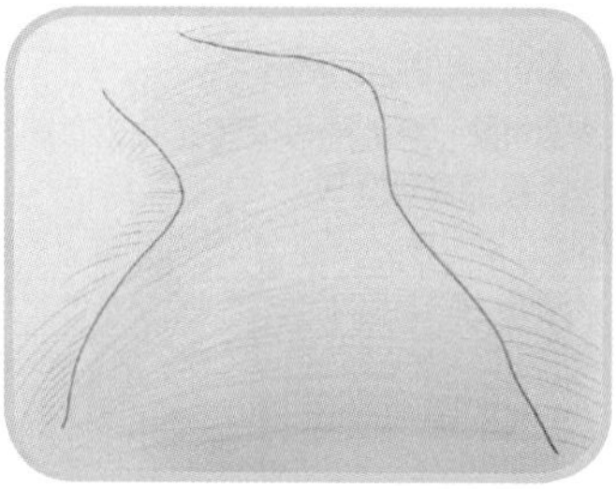

3 다른 도화지에 배경이 될 강을 그려주세요.

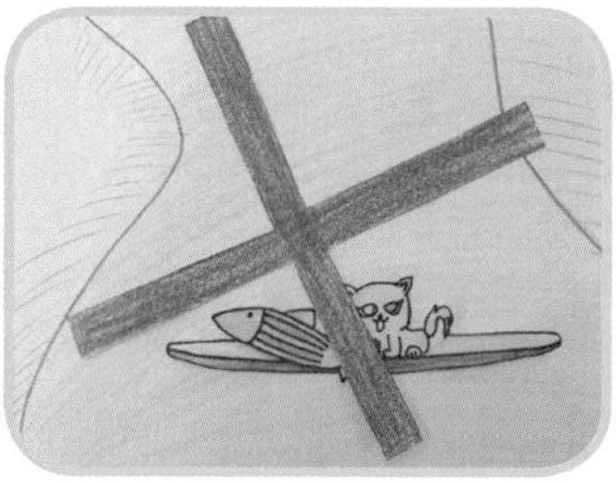

4 아이에게 보트에 고양이와 물고기가 타면, 고양이가 물고기를 잡아먹는다는 게임 규칙을 알려줘요.

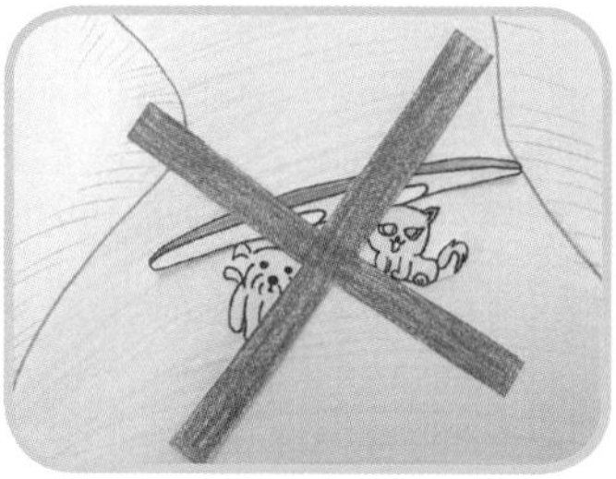

5 보트에 강아지와 고양이가 타면, 싸우다가 보트가 뒤집어지는 규칙도 있어요.

6 어떻게 태워야 아이, 고양이, 강아지, 물고기가 모두 강을 건널 수 있을까요? 아이와 이야기를 나누어보세요. 해답은 하단에 있어요.

한 걸음 더!

해답은 다음과 같아요!

1. 아이가 고양이를 데리고 강을 건너요.
2. 아이만 다시 건너와서 물고기를 태우고 강을 건너요.
3. 고양이와 물고기가 같이 있으면 물고기가 잡아먹히기 때문에 다시 고양이를 태우고 강을 건너와요.
4. 고양이를 원래 지점에 두고, 강아지를 태우고 강을 건너요.
5. 아이만 돌아와서 마지막으로 다시 고양이를 데리고 강을 건너요.

과학놀이

수중 축구 놀이

- **놀이 난이도** ★★
- **준비물** 빨대, 투명하고 넓은 반찬통, 탁구공, 테이프, 가위
- **초등 교육과정 역량** 지식정보처리 역량, 공동체 역량

고양이가 싫어하는 물을 이용해서 수중 축구를 할 수도 있답니다!
반찬통이 축구 경기장이 되는 '수중 축구 놀이'를 해볼까요?

놀이 속 과학 개념

물 위에 있는 탁구공을 빨대로 불어 옮겨봐요. 탁구공은 어떤 원리로 움직이는 걸까요? 빨대로 후 불면 입안에 있던 공기가 빨대로 이동하고, 또 빨대 밖에 있는 탁구공에 닿게 돼요. 공기는 우리 눈에 보이지 않지만 공간을 차지하고, 이동할 수 있기 때문이죠. 즉, 공기가 탁구공을 밀어내서 탁구공이 움직이게 되는 것이에요.

놀이로 얻는 학교생활 tip!

초등 3학년 과학에는 물질의 성질에 대한 내용이 나와요. 이때 고체, 액체, 기체의 개념을 배우고 우리 주변에 있는 다양한 물질에는 어떤 특징이 있는지, 3가지 성질 중 어디에 해당하는지 분류해보기도 하죠. 물질의 성질을 모두 학습한 후에는 고체, 액체, 기체의 성질을 이용한 나만의 장난감 만들기를 하게 되는데요. 여기서 소개하는 '수중 축구 놀이', '빨대 풋살 놀이' 모두 기체의 성질을 이용한 놀이예요.

tip ★ 팀에 따라 다른 골대를 표시하기 위해 빨대를 2가지 색깔로 사용할 수 있어요.
★ 물에 뜨는 물체라면 무엇이든 탁구공을 대신해서 사용할 수 있어요.

놀이 순서

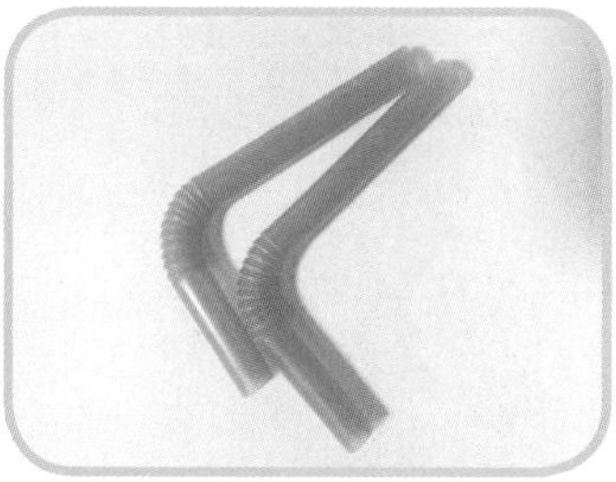

1 빨대 2개를 준비하고 입구 반대편을 짧게 잘라요.

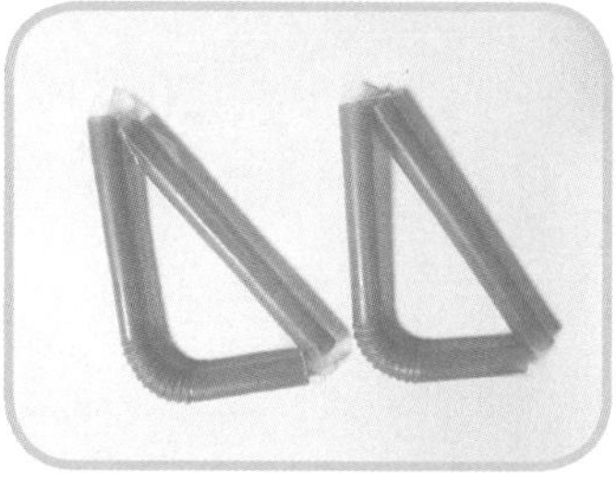

2 자른 빨대를 이어 붙여 골대의 좌우 기둥을 만들어요.

3 좌우 기둥을 세우고, 윗부분을 빨대로 이어주세요.

4 같은 방법으로 반대편 골대도 만들어주세요.

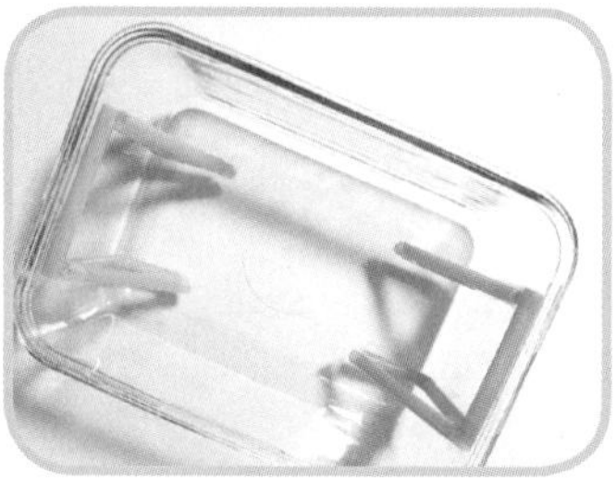

5 반찬통의 양 옆에 골대를 세우고 테이프로 고정해주세요.

6 물을 넣어 탁구공을 띄우고 빨대로 후후 불며 수중 축구 놀이를 해요!

한 걸음 더!

빨대 풋살 놀이

○**준비물** 도화지, 가위, 테이프, 풀, 색연필, 탁구공, 빨대

1. 도화지를 이용하여 상자 모양으로 풋살 경기장을 만들어주세요.
2. 위와 같은 방법으로 빨대 골대를 만들어 경기장 안쪽 양옆에 고정해주세요.
3. 관중석, 광고판 등 경기장의 곳곳을 창의적으로 디자인해요.
4. 팀을 나누어 같은 팀끼리 같은 빨대 색깔을 가져요.
5. 빨대를 이용해 탁구공을 후후 불면서 풋살 놀이를 즐겨요!

22

크록텔레 가족

파트리샤 베르비 글 | 클로디아 비엘린스키 그림 | 양진희 옮김 | 함께자람 | 2002

국어 교과서 수록 학년
2-2. 4단원 〈인물의 마음을 짐작해요〉

이야기 내용 소개

크록텔레 가족의 집에 있는 텔레비전은 "방송이 끝날 때까지 나를 쳐다보는 건 이제 제발 그만해. 난 정말 지쳤다고!"라며 화가 나서 소리 질렀어요. 크록텔레 가족이 아침에 눈뜨자마자, 그리고 저녁을 먹을 때까지 텔레비전을 틀어놓아 쉬지 못해서 쓰러질 것 같다는 말을 남기고 그만 멈춰버리고 말았어요. 크록텔레 가족인 아빠, 엄마, 아르망 할아버지, 그리고 제데옹은 텔레비전에게 열흘 동안 휴가를 주기로 했어요. 텔레비전이 야자나무 아래에서 즐겁게 휴가를 보내는 동안 크록텔레 가족은 아무도 즐겁지 않았어요. 금요일이 되자 크록텔레 가족은 도저히 참지 못하고 텔레비전을 데려오기로 결정해요. 하지만 텔레비전은 다시 돌아가는 건 악몽과 같다며, 자신 말고도 재미있는 일이 찾아보라고 말해요. 크록텔레 가족은 그 말을 듣고 깜짝 놀라며 텔레비전 없이 지내보려고 하죠. 그리고 이전과는 전혀 다른 모습으로 다시 행복해졌어요.

Q

내용 이해하기

1. 텔레비전은 왜 화가 나서 소리를 질렀나요?

2. 텔레비전이 화를 내자 크록텔레 가족은 어떻게 했나요?

3. 다시 텔레비전을 데려오려고 했을 때 텔레비전은 어떻게 했나요?

생각 주머니 키우기

1. 내가 만약 텔레비전이라면 하루 종일 일해야 해서 힘들었을 때 크록텔레 가족에게 뭐라고 말했을까요?

2. 텔레비전 없이 가족들이 행복한 시간을 보내는 방법에는 어떤 것들이 있을까요?

나의 감상을 한 줄로 표현해보세요.

음악놀이

재활용품으로 만든 타악기

- **놀이 난이도** ★★
- **준비물** 각종 재활용품, 종이, 연필, 가위, 풀, 색종이
- **초등 교육과정 역량** 창의적 사고 역량, 심미적 감성 역량

텔레비전을 시청하는 것 말고도 집에서 재미있게 시간을 보낼 수 있는 방법은 아주 많아요.
악기를 직접 만들어서 연주하는 것도 그중 하나예요.
재활용품을 이용해서 나만의 타악기를 만들어봐요.

놀이 속 음악 개념

타악기는 손으로 두드리거나 채로 쳐서 소리를 내는 악기를 말해요. 관악기나 현악기에 비해 연주하기도, 악기를 만들기도 쉬워서 진입장벽이 낮다는 장점이 있어요.

놀이로 얻는 학교생활 tip!

초등 음악 교과에서 다루는 악기로는 탬버린, 트라이앵글, 캐스터네츠, 리코더, 실로폰, 멜로디언, 북(큰북, 작은북), 핸드 벨, 리듬 스틱 등이 있어요. 수업 시간에만 연습해도 충분히 멋진 연주를 할 수 있는 악기가 있고, 리코더나 멜로디언처럼 능숙해지기까지 많은 연습 시간이 필요한 악기도 있어요. 특히 리코더를 어려워하는 아이는 고학년이 될수록 음악 수업을 부담스러워하거나 싫어할 수 있어요. 아이가 초등학교 3학년이라면 가정에서 리코더 연습에 조금 관심을 가져주세요. 그러면 아이가 음악 수업을 따라 잡을 때 도움이 돼요.

놀이 순서

tip ★ 무작정 색종이를 붙이면서 만들기를 시작하기보다 먼저 구상을 충분히 한 후 작업에 들어가도록 해요.

1 여러 가지 재활용품을 한곳에 모아요.

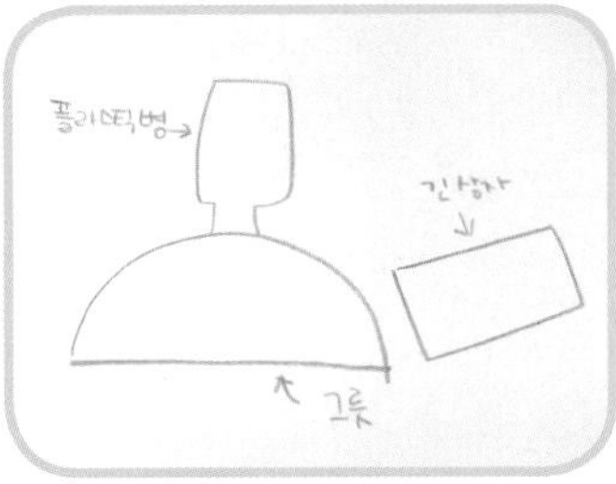

2 내가 모은 재활용품을 보면서 어떤 타악기를 만들 것인지 종이에 구상해요. 스티로폼 그릇에 플라스틱 병을 붙이고 그 옆에 종이 상자를 둘 거예요.

3 재활용품을 붙이고 꾸며서 나만의 타악기를 만들어요.

4 타악기를 손으로 두드리면서 연주해봐요.

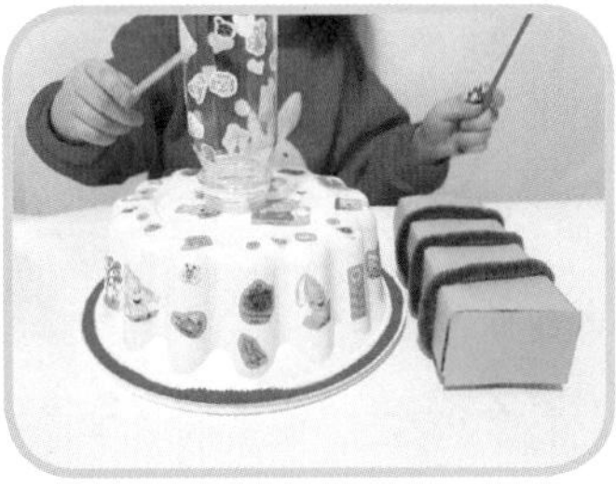

5 이번엔 채로 두드려볼까요.

한 걸음 더!

소리를 눈으로 확인해봐요

○ **준비물** 내가 만든 타악기, 쌀

1. 내가 만든 타악기 위에 쌀을 조금 올려봐요.
2. 타악기를 두드릴 때 진동에 의해 쌀이 위아래로 움직이는 모습을 관찰해요.

시간 가는 줄 모르는 제기차기

- **놀이 난이도** ★★
- **준비물** 병뚜껑, 100원짜리 동전, 한지 색종이, 끈(또는 고무줄), 가위
- **초등 교육과정 역량** 자기관리 역량, 창의적 사고 역량

텔레비전을 보지 않으니 몸이 근질근질한가요?
집에 있는 재료를 이용해서 제기를 만들고, 제기차기 연습을 해봐요.
연습을 마치면 어느새 제기 왕이 돼 있을 거예요.

놀이 속 체육 개념

학교에서 체육을 배우는 다양한 이유 중 하나는 여가 시간에 운동을 활용하며 건강하고 즐겁게 생활하기 위함이에요. 따라서 체육 교과에는 여가 생활과 관련된 영역이 있어요. 출판사마다 조금씩 다르기는 하지만 체육 교과서에서 소개하는 여가 활동으로는 줄넘기, 자전거, 플라잉 디스크, 인라인 스케이팅, 전통놀이(제기차기, 사방치기 등)가 있어요.

놀이로 얻는 학교생활 tip!

예전과는 다르게 줄넘기, 방송 댄스, 자전거 등 놀이를 통해 자연스럽게 익혔던 여가 활동을 학원에 가서 배우는 경우가 많아요. 그만큼 아이들은 사교육을 받느라고 신나게 뛰어노는 시간이 부족해요. 이번 주말에는 아이와 부모님과 함께 여가 시간을 가져보면 어떨까요?

놀이 순서

tip ★ 동전이 없을 때는 병뚜껑에 점토를 채워 넣어도 돼요.

★ 뚜껑 종류에 따라서 500원짜리 동전이 더 잘 맞기도 하고 100원짜리 동전이 더 잘 맞기도 해요.

★ 한지 색종이의 크기가 클수록 술이 더 길고 풍성한 제기를 만들 수 있어요.

1 병뚜껑에 100원짜리 동전 3~5개를 넣어요.

2 한지 색종이 3장을 겹쳐서 놓아요.

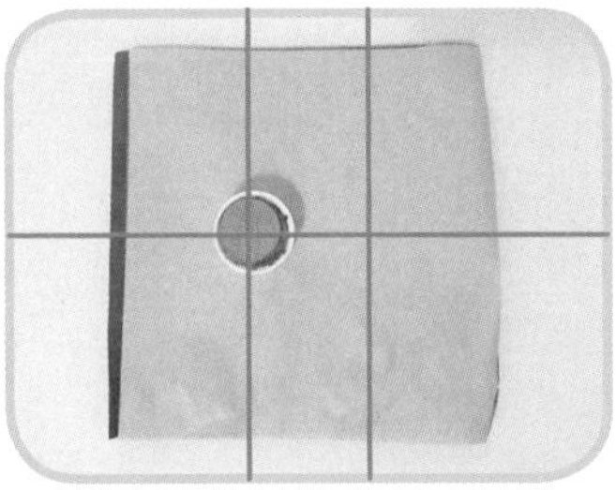

3 사진과 같이 색종이를 6등분했을 때 왼쪽 가운데 지점에 병뚜껑을 놓아요.

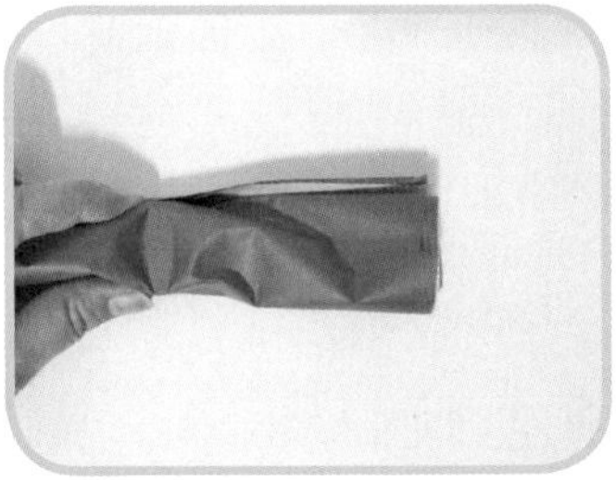

4 색종이를 가로 방향으로 반 접어서 돌돌 말아요.

5 색종이의 양끝을 접어서 끈으로 묶어요.

6 가위로 잘게 잘라서 제기의 술을 만들면 완성!

한 걸음 더!

병뚜껑으로 맞춰라!

○ **준비물** 여러 개의 작은 장난감, 병뚜껑, 30cm 자

1. 작은 장난감을 한 줄로 세워놔요.
2. 30cm 떨어진 곳에 병뚜껑을 놓고, 손가락으로 병뚜껑을 튕겨서 장난감을 맞춰요.
3. 익숙해지면 60cm 떨어진 곳에서 놀이해요.
4. 점점 거리를 늘려가면서 놀이해요.

23

리디아의 정원

사라 스튜어트 글 | 데이비드 스몰 그림 | 이복희 옮김 | 시공주니어 | 1998

국어 교과서 수록 학년
3-1. 4단원 〈내 마음을 편지에 담아〉

이야기 내용 소개

경제 대공황의 영향으로 리디아의 아버지는 일자리를 잃고 리디아 가족은 생활이 어려워졌어요. 리디아는 어쩔 수 없이 도시에서 빵집을 하는 외삼촌네로 가게 되죠. 태어나서 처음 만난 외삼촌은 절대 웃지 않는 무뚝뚝한 아저씨였어요. 리디아는 무뚝뚝한 외삼촌의 가게에서 성실하게 빵 만드는 일을 도우며 생활하게 돼요. 외삼촌의 얼굴에서 웃음을 보고 싶었던 리디아는 할머니가 보내주신 꽃씨들을 몰래 심고 가꾸기 시작해요. 그러자 봄이 오고 예쁜 꽃들이 피어나게 되죠. 꽃들을 본 다른 사람들이 리디아를 '원예사 아가씨'라고 불러줄 정도로 멋진 정원이 완성돼요. 빵집이 쉬는 날, 리디아는 외삼촌을 꽃으로 가득한 옥상으로 데리고 가요. 외삼촌은 리디아가 가꾼 정원을 보고 크게 감동하죠. 며칠 뒤, 리디아는 아빠의 취직 소식을 알리는 편지와 케이크를 받고 행복한 추억이 있는 외삼촌네를 떠나 가족이 있는 집으로 돌아가요.

Q

내용 이해하기

1. 외삼촌의 얼굴에서 웃음을 보고 싶었던 리디아는 어떻게 했나요?

2. 아빠가 다시 취직했다는 말을 들었을 때, 리디아의 기분은 어땠을까요?

생각 주머니 키우기

1. 내가 리디아라면 외삼촌을 웃게 하기 위해서 어떻게 했을까요?

2. 편지의 형식을 갖춰서 부모님께 감사 편지를 써봐요.

나의 감상을 한 줄로 표현해보세요.

코딩놀이

픽셀아트 기법으로 꽃 만들기

● **놀이 난이도** ★ ● **준비물** 바둑판, 바둑돌
● **초등 교육과정 역량** 창의적 사고 역량, 의사소통 역량

리디아가 꾸민 정원 속 꽃들은 얼마나 아름다울까요?
머릿속에 상상했던 꽃을 바둑돌을 이용한 픽셀아트 기법으로 나타낼 수 있어요.
픽셀아트 놀이로 예쁜 꽃을 표현해봐요!

놀이 속 코딩 개념

우리가 보는 컴퓨터 속 이미지를 구성하는 가장 작은 단위를 픽셀이라고 불러요. 픽셀이 더 조밀하게 들어 있을수록 이미지는 더 선명하게 표현되죠. 그래서 어른들은 텔레비전, 스마트폰과 같은 기기를 살 때 해상도를 따지는데, 해상도의 단위인 PPI(Pixel Per Inch)는 1인치 안에 얼마나 많은 픽셀이 들어가 있는지 알려주는 단위랍니다.

놀이로 얻는 학교생활 tip!

초등학교 1학년 가을 교과서와 5학년 과학 교과서에는 쇠라의 작품인 〈그랑드 자트 섬의 일요일 오후〉라는 미술작품이 등장해요. 이 작품에는 파리 교외의 풍경이 그려져 있어요. 작품을 떨어져서 보면 물감으로 색칠한 것 같지만 자세히 들여다보면 무수히 많은 점을 찍어 완성한 것을 알 수 있어요. 색점을 찍어 표현하는 기법을 점묘법이라고 해요. 점묘법은 컴퓨터의 아주 작은 픽셀들이 모여 하나의 이미지를 만들어내는 것과 같은 원리에요.

tip ★ 멀리 떨어져서 보면 픽셀아트를 더 잘 감상할 수 있어요.

놀이 순서

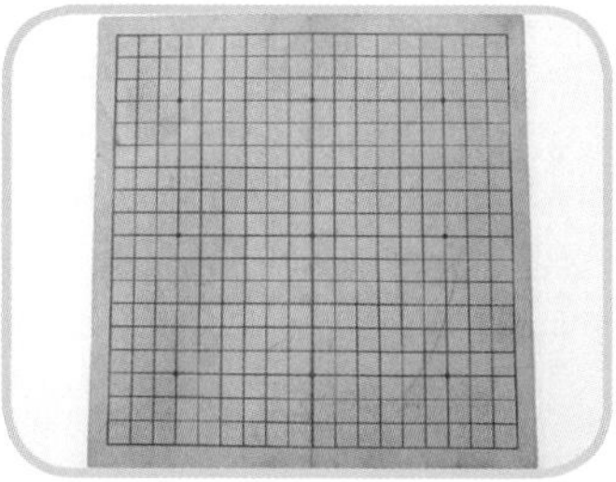

1 바둑판을 준비해요. 바둑돌을 격자 위에 꼭 맞게 둬야 멀리서 봐도 어떤 그림인지 잘 알 수 있어요.

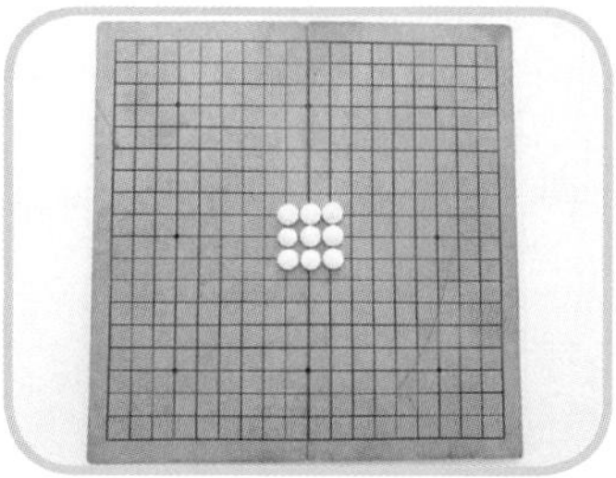

2 하얀 바둑돌 9개로 정사각형을 만들어주세요.

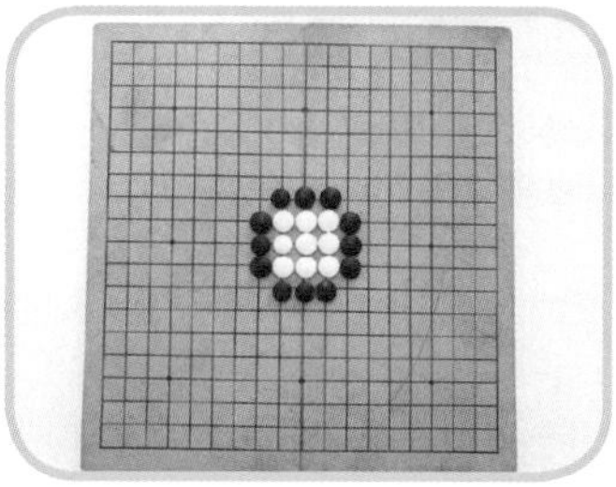

3 검은 바둑돌로 하얀 바둑돌을 감싸 꽃잎을 만들어주세요.

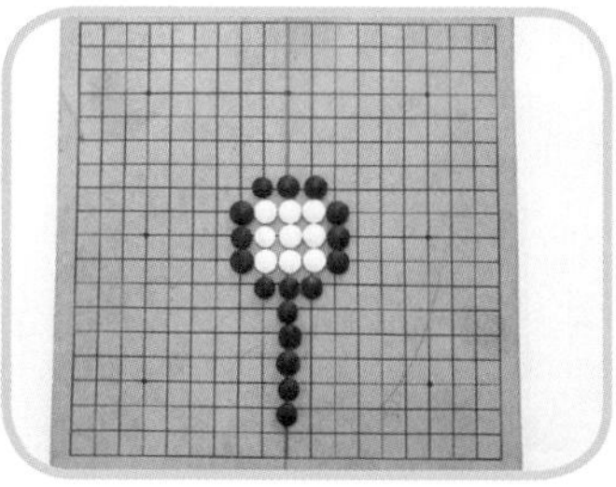

4 꽃의 줄기를 만들어주세요.

5 줄기에 잎도 붙여주세요. 픽셀아트 꽃 완성!

6 꽃을 더 만들어 장식해도 좋아요!

픽셀아트 알까기

○**준비물** 바둑판, 바둑돌

1. 두 사람이 흑돌과 백돌을 각각 맡아요.
2. 각자 15개씩 바둑돌을 가지고, 위와 같이 픽셀아트 꽃을 완성해요.
3. 두 사람이 돌아가며 자신의 바둑돌로 상대방의 바둑돌을 바둑판 밖으로 쳐내요.
4. 마지막까지 바둑돌이 남아 있는 사람이 승리해요.

국어놀이

따뜻한 말, 움직이는 마음

● **놀이 난이도** ★★★ ● **준비물** 색지, 가위, 칼, 풀, 연필, 색연필
● **초등 교육과정 역량** 심미적 감성 역량, 의사소통 역량

리디아가 편지를 받았을 때 얼마나 기뻤을까요?
따뜻한 말과 함께 하트를 전달하는 카드를 만들어볼까요?

놀이 속 국어 개념

속담은 긍정적인 말의 중요성을 강조해요. 예를 들어 '말이 씨가 된다', '가는 말이 고와야 오는 말이 곱다', '말 한마디에 천냥 빚을 갚는다' 등이 있죠. 한편 부정적인 말을 조심하라는 속담도 있어요. '낮말은 새가 듣고 밤말은 쥐가 듣는다', '혀 아래 도끼 들었다', '세 치 혀가 사람 잡는다' 등을 그 예로 들 수 있어요. 속담에서 강조하듯 부정적인 말보다 긍정적인 말, 따뜻한 말은 아이의 올바른 의사소통 역량, 공동체 역량을 길러줄 수 있어요.

놀이로 얻는 학교생활 tip!

학교 친구들과의 갈등 관계는 따뜻한 말 한마디를 건넸을 때 쉽게 해결되는 경우가 대다수예요. 하지만 아이들은 감정표현이 서툴기 때문에 말로 해결할 수 있는 작은 일들이 큰 갈등으로 번지기도 하죠. 친구가 좋을 때에는 '너랑 함께 있으면 정말 즐거워', '사랑해 친구야'처럼 좋은 감정을 말로 표현하면 친구와의 사이가 더 돈독해지고, 오해가 생길 여지도 적어져요. 또 친구에게 잘못했을 때에는 '미안해', '다시는 안 그럴게'라고 말할 수 있는 용기가 필요해요.

놀이 순서

tip ★ 색지를 세로가 아니라 가로로 접으면 전달되는 길이 더 길어지기 때문에 따뜻한 말을 더 길게 적을 수 있어요!

1 색지를 반으로 접고, 말하는 사람과 듣는 사람을 그려주세요.

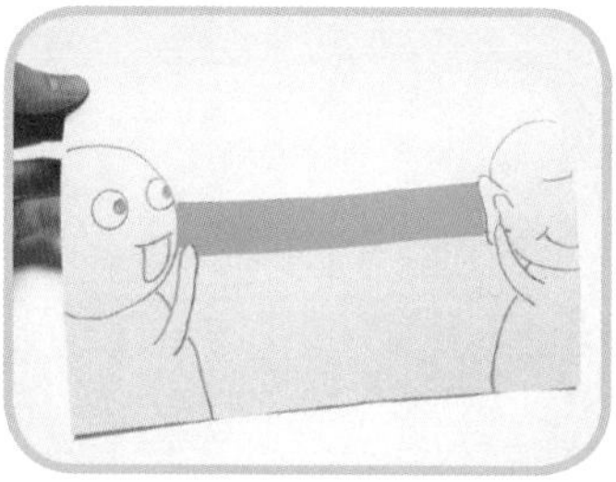

2 칼을 이용해 앞장에 말 주머니를 만들어주세요.

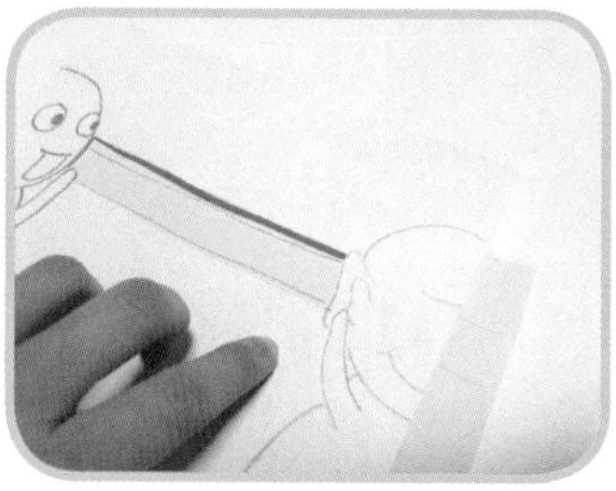

3 말 주머니보다 길이가 긴 손잡이를 만들 거예요. 색지 사이에 다른 종이를 넣고 색지보다 길게 잘라요.

4 손잡이를 색지 사이로 넣어주세요. 그리고 손잡이의 끝에 하트를 만들어 붙여주세요.

5 반으로 접었던 색지를 풀칠해 고정시켜요. 손잡이가 지나가는 쪽은 풀칠하지 않아요.

6 손잡이를 꺼냈을 때 나타날 따뜻한 말을 색지 뒷면에 써주세요.

7 두 사람을 색칠해 원하는 대로 꾸며요.

8 손잡이를 당기면, 따뜻한 말과 함께 움직이는 마음이 전달돼요!

24

거인 부벨라와 지렁이 친구

조 프리드먼 글 | 샘 차일즈 그림 | 지혜연 옮김 | 주니어RHK | 2016

국어 교과서 수록 학년

3-2. 1단원 〈작품을 보고 느낌을 나누어요〉

이야기 내용 소개

부벨라는 거인이어서 모든 사람들이 부벨라를 무서워했어요. 그런데 겁도 없고, 잘난 척하지 않고, 상대를 있는 그대로 인정해주는 지렁이는 거인 부벨라와 친해져요. 부벨라는 지렁이에게 줄 선물로 자신이 가장 좋아하는 바나나 케이크를 만들다가, 지렁이는 바나나 케이크를 싫어할 수도 있다고 생각해요. 부벨라가 아름다운 정원을 가꾸는 정원사를 찾아가 걱정을 털어놓자, 정원사는 정원 3곳에서 각기 다른 종류의 흙을 접시에 담아줘요. 부벨라는 친절한 정원사에게 보답하고 싶어서 손가락을 펴 정원사의 휘었던 허리를 마법처럼 고쳐줘요. 부벨라는 정원사에게 받은 흙으로 진흙파이를 만들어 지렁이에게 선물해요. 또 지렁이가 들어갈 수 있는 성냥갑 상자를 선물해주고 둘은 더욱 좋은 친구 사이가 되었답니다.

내용 이해하기

1. 이야기에는 누가 나오나요?

2. 정원사는 부벨라의 고민을 어떻게 해결해주었나요?

생각 주머니 키우기

1. 내가 만약 지렁이라면, 부벨라가 준 진흙파이와 성냥갑 상자를 받고 뭐라고 했을까요?

2. 지렁이와 부벨라처럼 나에게도 좋은 친구가 있나요? 있다면 누가 떠오르나요?

나의 감상을 한 줄로 표현해보세요.

미술놀이

휴지심으로 찍어 우정 나무 만들기

- **놀이 난이도** ★
- **준비물** 도화지, 크레파스, 물감, 팔레트, 휴지심
- **초등 교육과정 역량** 심미적 감성 역량, 창의적 사고 역량

부벨라가 지렁이에게 선물을 주었듯이, 우리도 아름다운 우정 나무를 만들어 친구에게 줄까요? 휴지심으로 찍어 만든 세상에 하나뿐인 특별한 그림을 그려봐요!

놀이 속 미술 개념

물감과 크레파스는 서로 섞이지 않고 밀어내는 성질이 있어요. 나무줄기를 크레파스로 그리고 그 위에 물감으로 다양한 색 표현을 하더라도 색이 섞이지 않아 선명하게 줄기를 표현할 수 있어요.

놀이로 얻는 학교생활 tip!

초등 3학년 미술 교과에는 색의 혼합 개념이 나와요. 2가지 색을 섞으면 어떤 색깔이 되는지 직접 물감으로 표현하는 수업을 진행해요. 나뭇잎의 색깔을 계절에 맞춰 표현하면 색을 다양하게 쓸 수 있어요. 여름은 노란색, 연두색, 초록색을 사용하고, 가을은 노란색, 주황색, 갈색을 섞어 표현할 수 있겠죠? 다양한 색을 섞어서 어떤 색깔이 되는지 보는 활동도 재미있어요!

놀이 순서

tip ★ 감정을 색깔로 표현한 나무를 만들어보는 것도 추천해요. 행복한 감정을 생각할 때 떠오르는 색감, 슬픈 감정을 생각할 때 떠오르는 색감 등 아이가 표현하고 싶은 감정을 담은 여러 가지 감정 나무를 만들어봐요!

★ 휴지심 끝부분에 가위질을 여러 번 한 뒤, 바깥 방향으로 접어요. 그러면 도화지에 다양한 모양으로 표현할 수 있어요.

1 도화지에 크레파스로 나무줄기를 그려요.

2 팔레트에 나뭇잎을 표현할 수채화 물감을 짜고 물과 섞어서 잘 펴주세요.

3 휴지심을 물감에 찍어요.

4 도화지에 휴지심을 찍어요.

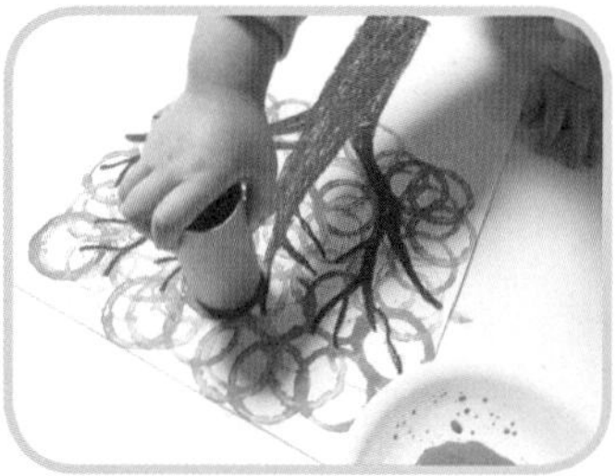

5 다양한 색을 혼합해서 표현해요.

6 우정 나무 완성!

한 걸음 더!

수채화 물 놀이

○**준비물** 우정 나무 작품, 붓, 물

1. 위의 놀이를 통해 완성된 우정 나무를 준비해요.

2. 붓에 흐르지 않을 정도의 적당한 물을 묻혀 나뭇잎을 슥슥 칠해요.

3. 우정 나무에 색칠된 물감이 물을 만나 번지면서 새로운 작품이 돼요.

수학놀이

거인과 지렁이의 키 차이는?

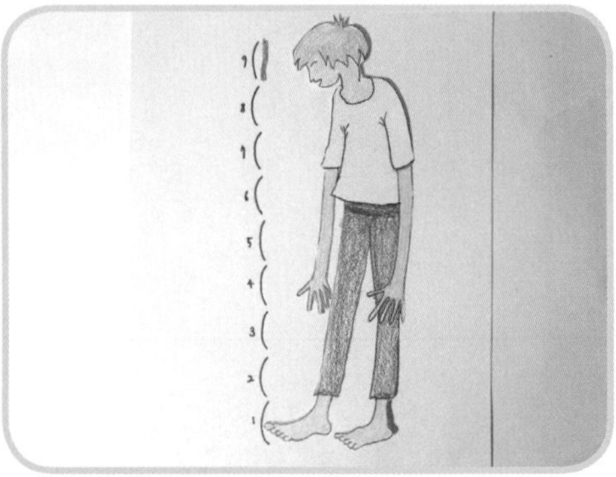

- **놀이 난이도** ★★ **준비물** 도화지, 색연필, 가위
- **초등 교육과정 역량** 지식정보처리 역량, 의사소통 역량

거인 부벨라는 작은 지렁이가 자신을 무서워하지 않아서 너무 놀랐죠.
과연 부벨라와 지렁이의 키 차이는 얼마나 될까요?
놀이로 키 차이를 알아봐요!

놀이 속 수학 개념

수 비교는 대상을 직접 대서 비교하는 '직접 비교'와 매개체를 이용하여 비교하는 '간접 비교'로 나뉘어요. 거인 부벨라와 지렁이의 키 차이를 알고 싶으면 직접 둘의 키를 대보면 바로 알 수 있죠. 하지만 부벨라와 지렁이가 각자 다른 여행지에 놀러가서 만나지 못하는 상황이면 어떨까요? 서로가 알고 있는 매개체를 이용할 수 있어요. 손뼘재기로 몇 번인지, 연필 몇 자루만큼의 길이인지 하는 식으로요. 그런데 부벨라와 지렁이가 기준으로 삼은 손뼘이나 연필의 길이가 다르면 문제가 발생하죠. 그래서 세계 공통으로 적용하는 수학적 단위를 만든 거랍니다.

놀이로 얻는 학교생활 tip!

초등 교육과정 안에서 간접 비교와 직접 비교를 하는 내용은 자주 등장해요. 1학년 수학 시간에 멀리 떨어진 두 물건의 크기를 비교하는 활동이 있어요. 아이들은 끈, 실, 긴 막대기 등을 이용해 직접 비교를 해요. 예를 들어, 끈을 이용할 경우 두 물건의 크기를 끈에 표시한 다음 표시된 길이를 통해 비교해요.

놀이 순서

tip ★ 키를 비교하는 방법은 여러 가지죠. 부모가 먼저 방법을 제시하기보다 아이에게 어떻게 할 수 있을지 묻고 고민할 수 있는 시간을 주세요!

★ 누가 더 키가 큰지 수월하게 비교해낸다면, 얼마나 차이가 나는지 심화 질문을 해 주세요. 아이에게 스스로 수학적인 논리를 펼쳐볼 기회를 주는 것이 가장 중요해요!

1 아이에게 거인과 지렁이를 상상해보라고 한 뒤, 크기를 그려보게 해요.

2 거인과 지렁이를 색칠해요.

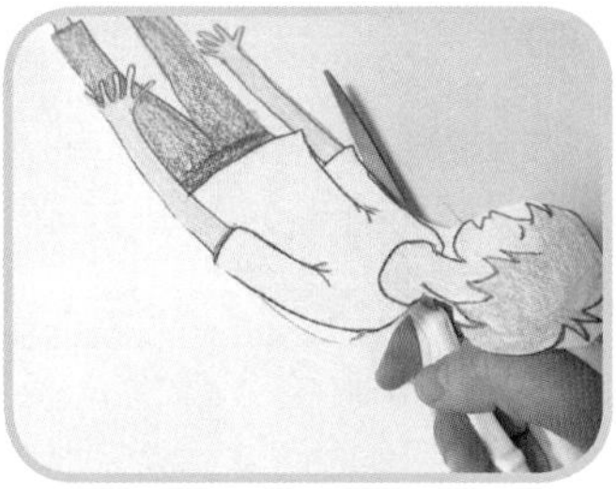

3 거인과 지렁이 그림을 잘라줘요.

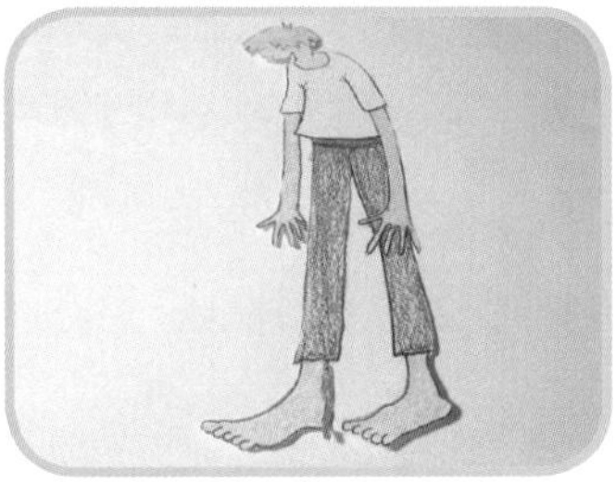

4 누가 더 키가 큰지, 직접 그림을 맞대고 비교해요.

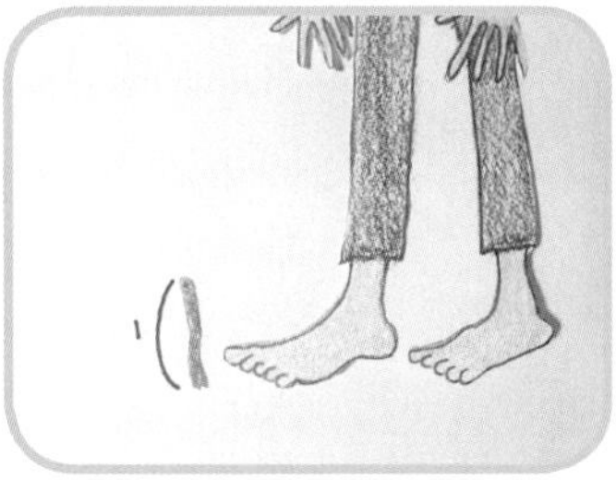

5 지렁이의 키를 1로 표시해요.

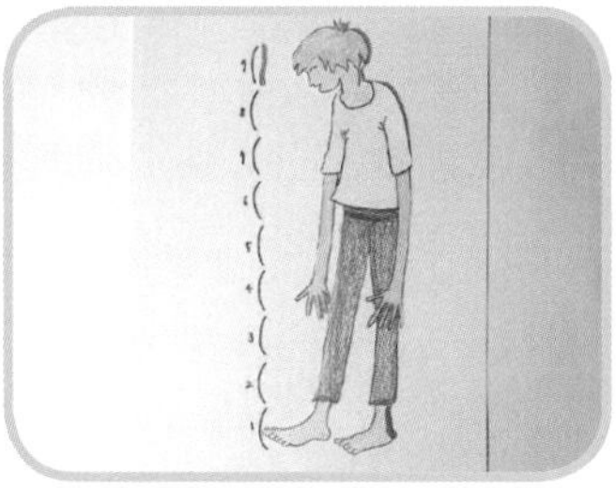

6 거인의 키에 지렁이의 키가 몇 번 들어가는지 표시해봐요. 얼마나 더 큰가요?

한 걸음 더!

이쑤시개 배수 놀이

○ **준비물** 이쑤시개

1. 이쑤시개 3개를 차례대로 이어서 배치해요.
2. '이쑤시개 2개는 1개보다 2배 커!'라며 비교해봐요.
3. 이쑤시개 3개는 1개보다 몇 배 큰가요?
4. '~배 커!' 하고 묻고 답하며 '배'개념을 친숙하게 느끼도록 해요!

25

진짜 투명인간

레미 쿠르종 글 · 그림 | 이정주 옮김 | 씨드북 | 2015

국어 교과서 수록 학년

3-2. 4단원 〈감동을 나타내요〉

이야기 내용 소개

엄마는 에밀에게 꼬박꼬박 집에서 피아노 연습을 시켜요. 피아노 연습이 잘 되지 않는 어느 날, 피아노 음이 맞지 않은 거라며 조율가를 부르게 돼요. 까만 선글라스를 낀 조율가 블링크 아저씨가 찾아와요. 에밀은 블링크 아저씨를 투명인간과 비슷하다고 느끼며 호기심을 느끼게 되죠. 태어날 때부터 앞을 보지 못한 블링크 아저씨는 시각 대신에 촉각, 후각, 미각, 청각 등 다른 감각이 뛰어났어요. 에밀은 블링크 아저씨에게 색을 설명해 주고 싶었어요. 빨간색은 할아버지 밭에서 나는 토마토 맛, 초록색은 발가락 사이로 느껴지는 촉촉한 풀잎이라고 얘기해요. 블링크 아저씨는 안구를 기증받는 수술을 해서, 한 달 후에 에밀을 볼 수 있을 거라고 이야기해 줘요.

Q

내용 이해하기

1. 에밀 아저씨가 태어날 때부터 앞을 보지 못하는 대신 갖게 된 남들보다 뛰어난 감각은 무엇인가요?

2. 에밀이 아저씨에게 가르쳐주고 싶던 것은 무엇인가요?

3. 에밀은 아저씨에게 빨간색을 뭐라고 설명해줬나요?

생각 주머니 키우기

1. 내가 가장 좋아하는 색깔은 무엇인가요? 블링크 아저씨에게 이 색깔을 어떻게 설명할 수 있을까요?

2. 음악을 한 곡 듣고 감상을 색깔로 표현해봐요.

나의 감상을 한 줄로 표현해보세요.

코딩놀이

보였다, 안 보였다! 투명인간 놀이

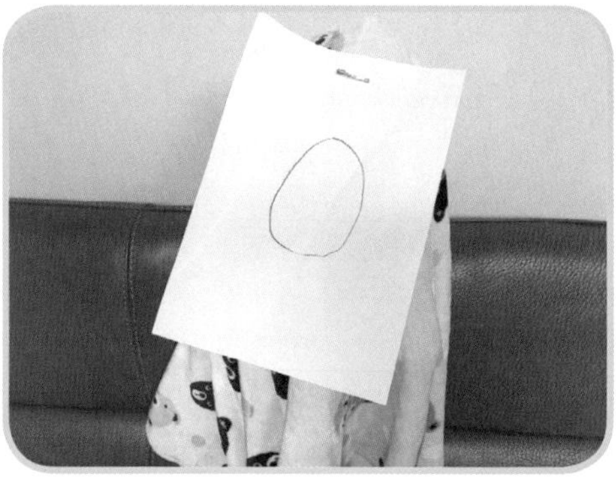

- **놀이 난이도** ★
- **준비물** 종이, 펜, 얇은 담요(또는 보자기), 옷핀
- **초등 교육과정 역량** 의사소통 역량, 창의적 사고 역량

컴퓨터는 0과 1의 숫자로 정보를 저장해요. 0은 오프(OFF), 1은 온(ON)을 의미하죠.
우리도 꺼지면 보이지 않고, 켜지면 보이는 컴퓨터의 원리를 이용해서 투명인간 놀이를 해볼까요?

놀이 속 코딩 개념

컴퓨터는 비트라고 하는 기본 단위를 사용해요. 비트는 전기 신호가 들어왔을 때를 1, 끊겼을 때를 0으로 표현해 인식해요. 0과 1 이렇게 2가지로 정보를 인식하는 방법을 이진법이라고 합니다. 우리가 평상시에 0~9까지 쓰는 십진법보다 훨씬 간단하죠. 1과 0만 있으면 컴퓨터는 모든 정보를 표현하고 저장할 수 있어요.

놀이로 얻는 학교생활 tip!

세상에는 2가지로 표현할 수 있는 경우가 아주 많아요. 학교 안에서도 찾아볼까요? 교실 안의 스위치 켜고 끄기, 사물함 열었다 닫기, 필통 지퍼 열고 닫기 등 교실에서 2가지, 이진수로 표현할 수 있는 경우를 찾아봐요!

놀이 순서

tip ★ 0과 1 대신 세모 모양과 네모 모양은 어떨까요? 별 모양과 골뱅이 모양은요? 다양한 모양을 활용해서 약속을 정해도 좋아요!

1 종이 한 장에는 0을, 다른 종이에는 1을 써요. 0을 가진 사람은 투명인간이 되고 1을 가진 사람은 눈에 보이게 돼요.

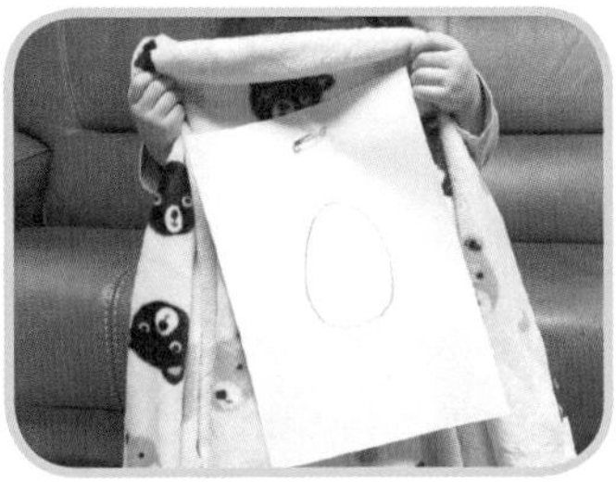

2 0을 쓴 종이를 옷핀으로 담요에 끼우고, 담요를 쓰면 투명인간이 돼요.

3 1을 쓴 종이를 옷에 끼우면 투명인간이 아니기 때문에 잡히지 않게 도망가야 해요.

4 숨바꼭질 시작~! 0이라 보이지 않네요. 어디 있을까요?

5 1이 나타났어요! 잡아라!

한 걸음 더!

신체로 표현하는 이진수

1. 0과 1을 손으로 대신해볼까요?
2. 주먹을 쥐면 투명인간이 되는 거예요. 즉, 0은 주먹, 1은 보자기로 약속해요.
3. 새로 정한 약속으로 투명인간 숨박꼭질 놀이를 계속해요! 주먹을 쥐면 안 보이지만 보자기를 내는 순간 보인답니다!

국어놀이

눈을 감고 읽는 점자 놀이

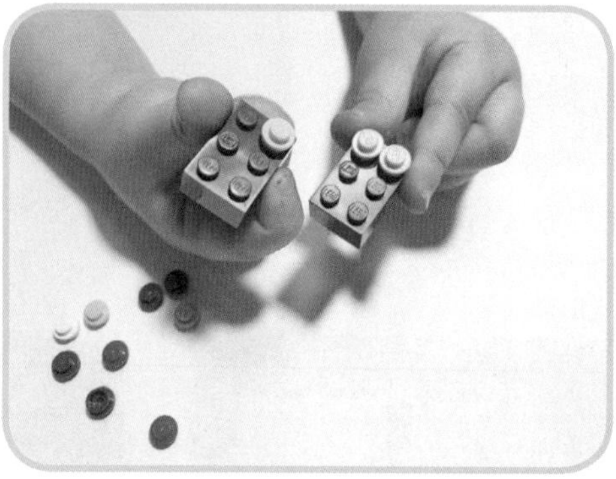

- **놀이 난이도** ★★★ **준비물** 6칸 블록, 1칸 블록
- **초등 교육과정 역량** 지식정보처리 역량, 의사소통 역량

점자책은 시각장애인이 읽을 수 있도록 제작한 책이에요.
눈을 감고 손으로 점자책을 읽어봐요!

놀이 속 국어 개념

최초의 한글 점자는 1894년에 미국인 로제타 셔우드 홀이 만들었어요. 로제타가 만든 한글 점자는 체계가 잘 잡혀 있지 않고 쓰는 데 불편함이 많아 폐기가 되었어요. 현재의 한글 점자는 1926년 박두성이 발표한 '훈맹정음(訓盲正音)'을 기반으로 해요. 훈맹정음은 초성, 중성, 종성이 완전히 구분되고 대칭성을 활용해 체계적인 구조를 갖춘 점자예요.

놀이로 얻는 학교생활 tip!

학교 곳곳에는 점자가 있어요. 학교 안내문부터 시작하여 엘리베이터 버튼까지 쉽게 찾을 수 있어요. 학교에 숨은 점자들을 찾고 손으로 읽을 수 있다면 학교의 숨은 보물을 찾는 것처럼 신나겠죠? 또 얼마나 시각장애인을 배려하는 학교인지 알 수 있을 거예요.

자음을 점자로 이렇게 표현할 수 있어요!

자음	ㄱ	ㄴ	ㄷ	ㄹ	ㅁ	ㅂ	ㅅ	ㅇ	ㅈ	ㅊ	ㅋ	ㅌ	ㅍ	ㅎ
초성	○● ○○ ○○	●● ○○ ○○	○● ●○ ○○	○○ ○● ○○	●○ ○● ○○	○● ○● ○○	○○ ○○ ○●	●● ●● ○○	○● ○○ ○●	○○ ○● ○●	●● ●○ ○○	●○ ●● ○○	●● ○● ○○	○● ●● ○○

※초성 ㅇ(이응)은 생략하는 경우가 많지만 놀이를 진행하기 위해 표기했습니다.

놀이 순서

tip ★ 블록이 작을수록 한 손으로 살피기 편해서 좋아요.

★ 블록이 없다면 6개의 구멍이 난 작은 물건으로 대체할 수 있어요.

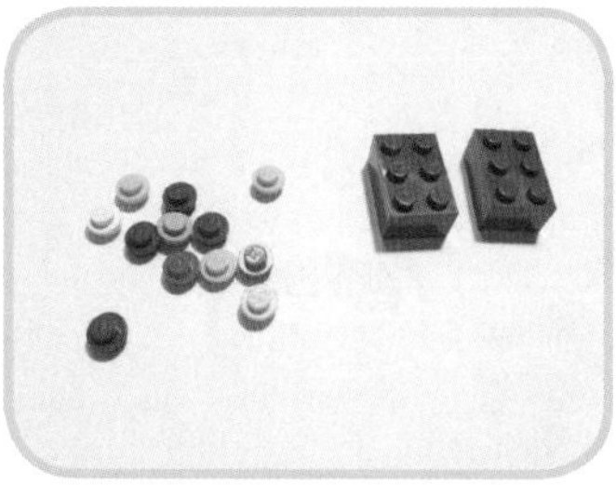

1 6칸짜리 블록과 1칸에 끼울 수 있는 블록을 준비해요.

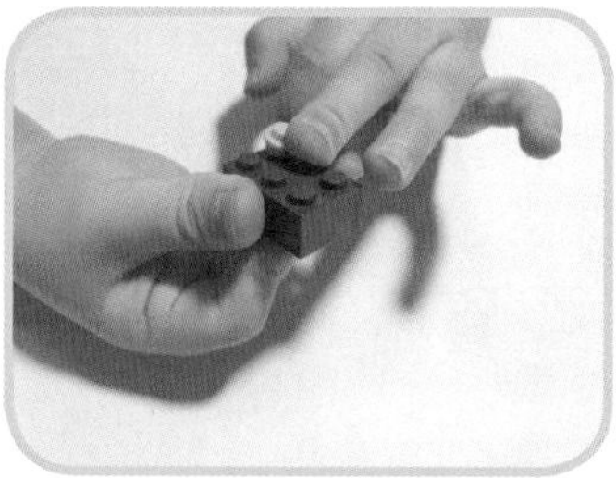

2 오른쪽 맨 위에만 블록을 올리면 기역이에요.

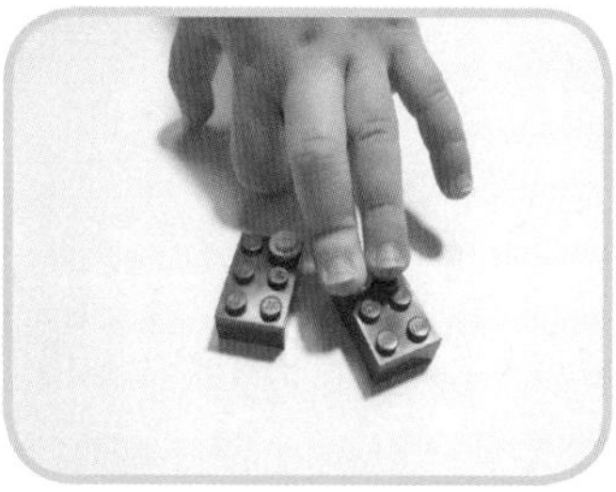

3 제일 위 양쪽에 모두 블록을 올리면 니은이에요.

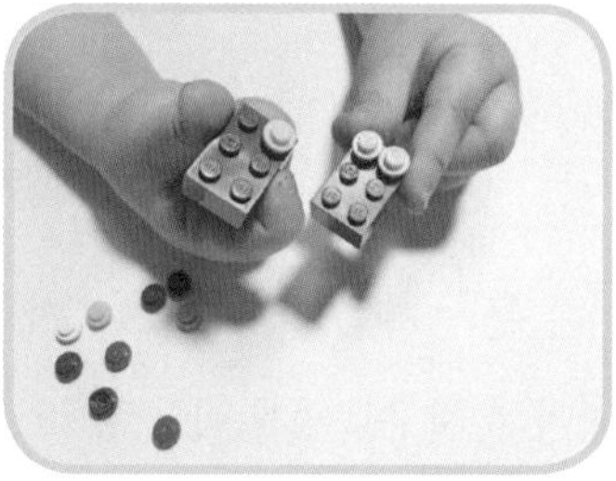

4 이러한 방법으로 궁금한 자음의 모양을 알아봐요.

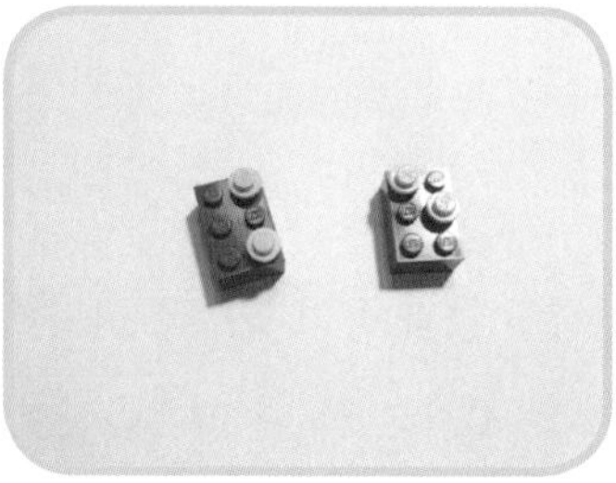

5 내 이름의 자음을 따서 점자판으로 써봐요.

6 부모가 글자를 쓰면, 아이는 점자를 손으로 더듬어 무슨 글자인지 맞혀봐요!

한 걸음 더!

만약 보이지 않는다면?

○준비물 안대

1. 안대를 쓰고 움직여봐요.
2. 안대를 쓰고 밥을 먹거나 놀이를 하거나 화장실에서 양치를 해봐요.
3. 안대를 벗고 나서 느낀 점을 부모님과 나누어요.
4. 무엇을 발명하면 시각장애인의 생활을 더 편리하게 할 수 있을지 생각해봐요.

26

내 꿈은 방울토마토 엄마

허윤 글 | 윤희동 그림 | 키위북스 | 2014

국어 교과서 수록 학년
2-1. 3단원 〈마음을 나누어요〉

이야기 내용 소개

학교에서 친구들과 공기 놀이를 하던 아영이는 문득 가족회의에서 방울토마토 이름을 짓기로 한 게 떠올랐어요. 아영이는 친구들에게 방울토마토 이름을 무엇으로 하면 좋을지 물어봤지만 건성으로 돌아온 대답에 서운한 마음이 들었어요. 아영이는 집에 오자마자 베란다로 가서 방울토마토 삼 형제에게 말했어요. 친구들에게 방울토마토 키우는 걸 자랑하려 했는데 다들 별로 관심이 없어서 좀 슬펐다고요. 아영이는 마음속 비밀을 털어놓을 수 있는 비밀 친구가 생긴 것 같았어요.

저녁에 아영이네 가족은 방울토마토 삼 형제의 이름을 짓기 위해서 가족회의를 열었어요. 엄마는 '방글, 방실, 방긋'이라는 이름을 말했고 아빠는 엄마의 의견에 맞장구를 쳤어요. 아영이의 차례가 되자 자신의 이름에 있는 '영' 자에다 하나, 둘, 셋을 붙인 '한영이, 두영이, 세영이'라는 이름을 말했어요. 만장일치로 방울토마토 삼 형제의 이름이 '한영이, 두영이, 세영이'로 정해졌어요.

Q

내용 이해하기

1. 아영이는 방울토마토 삼 형제에게 왜 슬펐다고 말했나요?

2. 방울토마토 삼 형제의 이름은 무엇으로 결정되었나요?

3. 아영이의 마음이 어떻게 변화되었나요?

생각 주머니 키우기

1. 내가 방울토마토 삼 형제의 이름을 짓는다면, 어떤 이름으로 짓고 싶나요?

2. 우리 집에서 반려동물이나 반려식물을 키우고 있다면, 이름이 무엇인지 그리고 왜 그렇게 지었는지 이야기해볼까요?

나의 감상을 한 줄로 표현해보세요.

나는야 마음 알기 대장

● **놀이 난이도** ★★ ● **준비물** 달걀, 달걀통, 매직(또는 네임펜)
● **초등 교육과정 역량** 의사소통 역량, 공동체 역량

삶은 달걀에 다양한 표정을 그리고, 상대방의 표정과 몸짓만으로 알맞은 표정의 달걀을 찾는 놀이예요. 놀이를 통해 마음을 나타내는 낱말을 알아봐요.

놀이 속 국어 개념

마음을 나타내는 낱말에는 무엇이 있을까요. '기뻐요', '사랑해요', '신나요', '행복해요', '자랑스러워요', '편안해요', '자신 있어요', '질투 나요', '화가 나요', '미워요', '쑥스러워요', '창피해요', '황당해요', '속상해요', '겁나요', '짜증 나요', '슬퍼요' 등의 다양한 표현을 생각해보세요.

놀이로 얻는 학교생활 tip!

화가 나거나 슬픈 것은 자연스러운 감정이에요. 이 감정들을 나쁜 마음이나 부정적인 마음으로 여기지 않고 다양한 마음 중의 하나로 받아들일 수 있게 해주세요. 놀이 후에도 자신의 마음 상태를 나타내는 표현을 하면서 아이가 자신의 감정이 어떤 상태인지 인지하고 표현하는 연습을 할 수 있도록 이끌어주세요. 특히 속상할 때, 억울할 때, 무서울 때 등의 상황에서 아이가 제대로 표현하지 못하고 눈물을 자주 보인다면 정확한 말로 자신의 마음을 설명하는 태도를 길러주면 좋아요.

놀이 순서

tip ★ 그리기를 좋아하는 아이라면 삶은 달걀에 얼굴을 그릴 때 더 자세하게 꾸밀 수 있도록 충분한 시간을 주세요. 물감이나 색연필을 준비해두면 좋아요.

★ 달걀 대신 종이를 잘라 카드로 만들어 놀이를 진행할 수도 있어요.

★ 다양한 달걀의 표정을 보며 골라먹으면 아이의 편식 개선을 도울 수 있어요.

1 달걀을 여러 개 삶아요.

2 삶은 달걀을 잘 식혀요.

3 삶은 달걀에 다양한 표정을 그려 넣어요. 그리고 달걀통에 담아요.

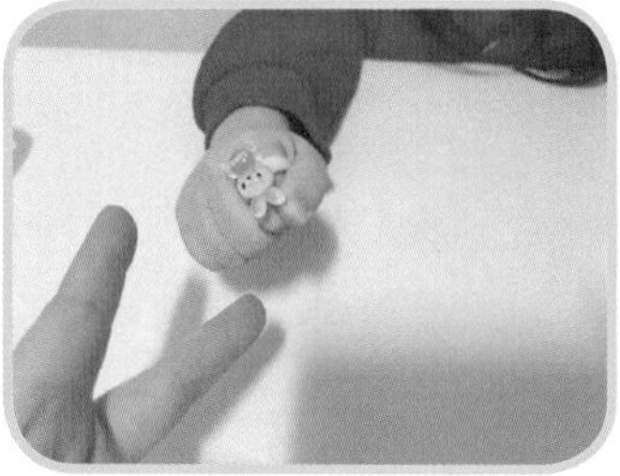

4 가위바위보를 해요.

5 이긴 사람이 달걀 하나를 고르고, 진 사람은 눈을 감고 있어요.

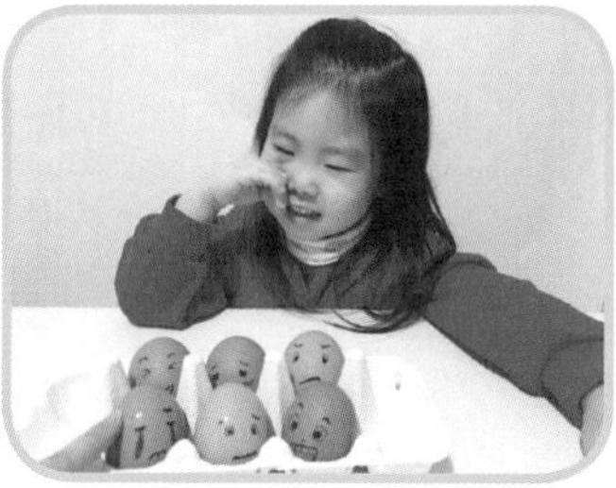

6 이긴 사람이 선택한 달걀의 표정을 몸짓으로 표현하면, 상대방이 알맞은 표정의 달걀을 찾아봐요.

한 걸음 더!

블록으로 마음 표현하기

○**준비물** 블록

1. 부모님이 마음을 나타내는 낱말을 말해요.
2. 블록을 이용해서 아이가 낱말에 어울리는 표정을 만들어요. 블록을 능수능란하게 사용하는 아이라면, 낱말에 어울리는 상황을 만들어도 좋겠죠.

과학놀이

방울토마토야, 쑥쑥 자라렴

● **놀이 난이도** ★★ ● **준비물** 방울토마토 모종, 흙, 화분
● **초등 교육과정 역량** 자기관리 역량, 지식정보처리 역량

아영이처럼 방울토마토를 소중히 길러보는 경험을 해보는 자연관찰 놀이예요.
식물이 자라는 것을 관찰하며 다양한 감정을 느껴볼 수 있어요.

놀이 속 과학 개념

반려동물과 반려식물을 기르고 관찰해보는 경험은 아이들의 정서와 자연 지능 발달에 큰 영향을 줘요. 식물에게 필요한 햇빛과 물을 공급해주고, 하룻밤 사이에 나무줄기가 얼마나 자랐는지, 잎의 모양이 어떻게 변했는지, 열매의 색이 어떻게 바뀌었는지를 관찰해보세요. 아이는 이 경험으로 식물을 사랑하는 마음, 자연의 신비함, 식물을 잘 키워낸 자신에 대한 뿌듯함 등 다양한 감정을 얻을 수 있어요.

놀이로 얻는 학교생활 tip!

초등 1, 2학년 교실에서 담임 선생님과 함께 작은 식물을 키우기도 해요. 3, 4학년에는 과학 시간에 동식물의 한살이를 배우고, 5, 6학년에는 실과 시간에 직접 동식물을 키워보며 자연에 대해 더 알아가게 돼요. 방울토마토 외에도 한살이를 관찰하기 좋은 식물로 강낭콩, 완두콩, 작두콩 등 콩 종류나 고추, 상추를 추천해요.

놀이 순서

tip ★ 방울토마토가 씨앗일 때부터 관찰하는 것이 한살이를 배우기에 더 좋아요.

★ 방울토마토는 햇빛과 물을 필요로 해요. 해가 잘 드는 곳에서 키우면 무럭무럭 자랄 거예요.

1 방울토마토 모종을 관찰해요.

2 화분에 모종을 옮겨 심어요.

3 햇빛이 잘 드는 곳에 두고 물을 주며 관찰해요.

4 잎과 줄기를 관찰해요. 잎의 개수를 세어보고, 잎의 길이를 재어보면서 자라는 과정을 관찰해요.

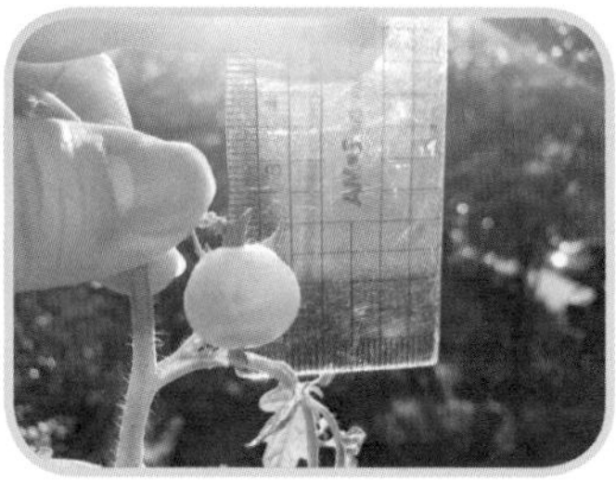

5 꽃과 열매를 관찰해요. 꽃과 열매의 개수를 세어보고, 열매의 크기를 재어보면서 자라는 과정을 관찰해요.

6 열매가 잘 익을 때까지 길러요.

한 걸음 더!

방울토마토 관찰일지 만들기

○ **준비물** 종이, 연필, 색연필(또는 펜)

1. 이틀 또는 사흘 간격으로 날짜와 시간을 정해놓고 방울토마토를 관찰해요.
2. 관찰한 내용을 종이에 글과 그림으로 표현해요.
3. 처음 관찰한 날부터 열매가 다 익을 때까지 기록한 것을 모으면 관찰일지가 완성돼요.

Chapter
04

\ 사고력·창의력 UP /

신기한 별별 세계 이야기

27

별을 삼킨 괴물

민트래빗 플래닝 글 · 그림 | 민트래빗 | 2015

국어 교과서 수록 학년
1-2. 10단원 〈인물의 말과 행동을 상상해요〉

이야기 내용 소개

어느 날 무시무시한 괴물이 별들을 모두 삼키고 사라지자 마을은 어둠으로 뒤덮였어요. 마을에서 가장 용감한 노랑이, 초록이, 주홍이는 별을 되찾기 위해 길을 떠나요. 아이들은 길을 가다가 만난 동물들에게 별을 삼킨 괴물이 어떻게 생겼는지 물었어요. 동물들은 각각 자신이 본 괴물의 모습 일부분만 알려주었어요. 토끼는 쫑긋쫑긋한 귀를 가지고 있다고 했고, 사자는 북슬북슬한 갈기를 가지고 있었다고 했어요. 그리고 곰은 빵빵한 배를 가지고 있었다고 했죠.

마침내 아이들이 괴물을 찾았어요. 괴물은 자신이 너무 못생겨서 아무도 좋아하지 않는다며, 별을 먹고 반짝반짝 멋있어져서 친구들과 뛰어놀고 싶다고 대답해요. 그때 주홍이가 꾀를 써서 말했어요, 괴물이 별을 너무 많이 먹어서 배가 곰처럼 빵빵하니 같이 뛰어놀기 힘들겠다고요. 친구들과 놀고 싶은 괴물은 별을 뱉어내고, 괴물과 아이들은 사이좋은 친구가 돼요.

Q

내용 이해하기

1. 무시무시한 괴물이 별들을 모두 삼키고 사라져버렸을 때, 별을 되찾기 위해 길을 떠난 세 아이들은 누구누구인가요?

2. 토끼는 별을 삼킨 괴물이 어떻게 생겼다고 말해주었나요?

3. 주홍이는 어떤 꾀를 내어서 별을 되찾아올 수 있었나요?

생각 주머니 키우기

1. 별을 먹고 반짝반짝 멋있어지고 싶었던 괴물은 평소에 어떤 생각을 자주 했을까요?

2. 내가 만약 주홍이었다면, 어떤 꾀를 썼을까요?

나의 감상을 한 줄로 표현해보세요.

국어놀이

괴물 초상화를 그려라!

- 놀이 난이도 ★★ · **준비물** 종이, 색연필
- **초등 교육과정 역량** 창의적 사고 역량, 의사소통 역량

동물들이 설명해준 괴물의 모습은 제각각이었어요.
자신이 본 괴물의 일부분만 표현했기 때문이에요.
이야기를 읽으면서 우리는 괴물의 모습을 머릿속으로 상상하게 되죠.
이번에는 우리가 상상한 괴물을 초상화로 표현해볼까요?

놀이 속 국어 개념

묘사할 때에는 수식어를 사용하면 더 효과적이에요. 예를 들어 '이빨이 있다'는 표현보다는 '뾰족뾰족 날카로운 이빨을 가지고 있다'는 표현이, '꼬리가 있다'는 표현보다는 '길쭉길쭉 긴 꼬리가 있다'는 표현이 훨씬 자세하면서 상상하기에 좋죠. 아이가 풍부하게 표현할 수 있도록 이끌어주세요.

놀이로 얻는 학교생활 tip!

많은 부모들이 아이의 학교생활에 대해 알고 싶어 해요. 하지만 아이의 성향에 따라 부모에게 말하는 정도가 다르죠. 학교생활에 대해 자세하게 알려주는 아이가 있는가 하면, 말을 해주지 않아 부모를 답답하게 만드는 아이도 있어요. 학교에 잘 적응하는 아이라면 담임 선생님이 따로 연락하지 않아서 아이의 학교생활에 대한 부모의 궁금증은 더 커질 수도 있어요. 이 놀이를 응용해서 반 친구들에 대해 묘사해보라고 해보세요. 아이의 학교생활을 살짝 엿볼 수 있는 기회가 될 거예요.

놀이 순서

tip ★ 꼼꼼하게 색을 칠하고 정확하게 그리려고 하기보다는, 설명을 듣고 전체적인 모습과 색을 맞추면서 속도감 있게 슥슥 그려야 더 재미있게 놀이를 할 수 있어요.

★ 아이의 수준에 맞춰서 괴물의 모습을 얼굴 위주로 간단하게 그리기도 하고 몸 전체를 자세하게 그리기도 해요.

1 가위바위보로 순서를 정해요.

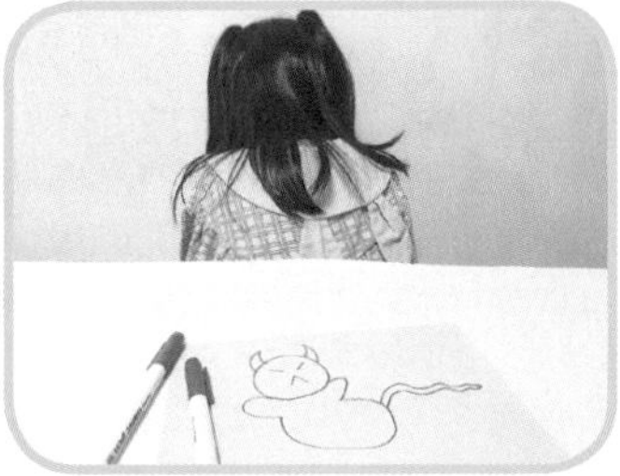

2 이긴 사람이 먼저 종이에 괴물의 모습을 자유롭게 그려요. 이때 진 사람은 뒤를 돌아보고 앉아서 기다립니다.

3 이긴 사람이 괴물의 일부분을 묘사하면 진 사람은 설명에 따라 그려요.

4 다 그렸으면 처음 그린 괴물의 모습과 얼마나 비슷한지 확인해보세요.

5 역할을 바꿔서 놀이를 계속해요. 놀이가 계속 될수록 점점 더 자세하고 어려운 괴물로 문제를 내봐요.

한 걸음 더!

괴물 동작을 맞혀라!

1. 가위바위보를 해서 이긴 사람이 괴물의 동작을 하나씩 말해요. 손, 팔, 발, 다리, 머리, 얼굴 표정까지!
2. 진 사람은 설명을 듣고 몸을 움직여요. 예를 들어, 괴물은 오른팔을 위로 들고 왼팔은 배를 감싸고 있고, 의자에 앉아 있는 것처럼 다리를 구부리고 한쪽 눈을 감고 있다고 하면 그 동작을 똑같이 하는 것이죠.

과학놀이

어둠 속에서 빛이 나는 그림

- **놀이 난이도** ★
- **준비물** 야광풀, 이쑤시개(또는 면봉), 스케치북, 색칠 도구
- **초등 교육과정 역량** 심미적 감성 역량, 창의적 사고 역량

괴물이 별들을 모두 삼켜버리자 마을은 온통 캄캄한 어둠으로 뒤덮였어요.
그리고 괴물이 별을 모두 뱉어내자 밤하늘은 다시 아름답게 빛나게 되었죠.
우리도 별처럼 어둠 속에서 빛이 나는 그림을 그려볼까요?

놀이 속 과학 개념

야광풀을 이용하면 어둠 속에서도 빛나는 그림을 그릴 수 있어요. 야광풀은 초등 5학년 과학 〈태양계와 별〉 단원을 학습할 때도 쓰여요.

놀이로 얻는 학교생활 tip!

초등 6학년 과학 시간에 〈빛과 렌즈〉 단원을 학습하게 됩니다. 햇빛이 프리즘을 통과하면 어떻게 될까, 물속에 있는 물체가 어떻게 보일까, 볼록 렌즈의 특징은 무엇이고 일상생활에서 어떻게 이용될까 등에 대해서 배워요. 중등 교육과정처럼 수식으로 배우는 것이 아니기 때문에, 생활 속 놀이를 통해 자연스럽게 빛을 접하고 관심을 가지게 하면 학습 내용을 이해하는 데 많은 도움이 될 수 있어요.

놀이 순서

tip ★ 인터넷에서 야광풀 1인 세트를 구입하면 여러 번 놀이할 수 있어요.
★ 야광풀은 1번만 묻히는 것보다는 두세 번 묻혀주는 것이 더 잘 보여요.

1 스케치북에 밑그림을 그려요.

2 색을 칠해서 그림을 완성해요.

3 이쑤시개에 야광풀을 묻혀요.

4 빛나게 표현하고 싶은 부분이나 강조하고 싶은 부분에 야광풀을 묻혀요.

5 불을 켠 상태에서 완성된 그림을 살펴봐요.

6 불을 끄고 그림을 감상해요.

스크래치 그림 그리기

○ **준비물** 스크래치 페이퍼, 나무스틱(또는 이쑤시개)

1. 스크래치 페이퍼를 준비해요(스크래치 페이퍼가 없을 때는 종이에 다양한 색의 크레파스를 색칠한 후, 전체를 검은색 크레파스로 덧칠해서 거멓게 만들어주세요).
2. 나무스틱으로 긁어서 그림을 그려요.

28

구름 놀이

한태희 글 · 그림 | 미래엔 아이세움 | 2004

국어 교과서 수록 학년

1-1. 6단원 〈받침이 있는 글자〉

이야기 내용 소개

깡충깡충. / 아, 토끼야, 너였구나.

내가 언덕을 만들어 줄 테니 쉬었다 가렴.

어슬렁어슬렁. / 아, 호랑이야, 너였구나.

토끼를 쫓아가면 안 돼. / 나랑 같이 놀자.

어, 모두 가 버렸네. / 그럼 솜사탕을 만들어야지.

커다랗고 새하얀 솜사탕, / 나 혼자 다 먹을 거다.

선생님의 한마디

구름이 깡충깡충 폴짝폴짝 토끼가 되었다가, 어슬렁 어슬렁 어흥 호랑이가 되었다가, 솜사탕이 되는 모습을 동시로 표현했어요.

Q

내용 이해하기

1. 구름의 모양이 어떻게 변하고 있나요?

2. 호랑이가 다가오는 모습을 어떻게 표현했나요?

생각 주머니 키우기

1. 토끼의 행동을 흉내 내는 말은 무엇이 있을까요?

2. 호랑이의 행동을 흉내 내는 말은 무엇이 있을까요?

3. 앞에서 이야기한 흉내 내는 말 중에 받침이 있는 글자를 찾아볼까요?

나의 감상을 한 줄로 표현해보세요.

그림자 동물 퀴즈

● **놀이 난이도** ★★ ● **준비물** 손전등
● **초등 교육과정 역량** 의사소통 역량, 공동체 역량

호랑이와 토끼를 그림자로 나타낸다면 어떤 특징을 표현해야 할까요?
동물의 특징을 그림자로 표현해 퀴즈로 내봐요!

놀이 속 국어 개념

『구름 놀이』가 수록된 국어 교과서 1학년 6단원에서 중점적으로 지도하고자 하는 것은 받침이 있는 글자예요. 이것을 순차적으로 학습하는 방법을 소개할게요. 먼저 받침이 있는 낱말을 모두 찾아보고, 받침을 자음별로 모두 모아요. 그다음에 같은 받침을 가진 낱말들을 반복해서 읽어요. 이러한 과정을 통해 낱말을 분류해보고 읽으며 정확한 발음과 맞춤법의 기초를 익힐 수 있어요.

놀이로 얻는 학교생활 tip!

초등 3학년 과학 교과에는 여러 동물의 생김새를 관찰하고 공통점과 차이점을 찾아 특징에 따라 동물을 분류해보는 활동을 해요. 동물의 생김새와 생활 방식이 사는 곳과 관련돼 있다는 것도 배우게 돼요. '그림자 동물 퀴즈'를 재미있게 하기 위해서는 동물마다 대표적으로 가지고 있는 특징이 무엇인지 알아야 하죠. 이 놀이로 원래 알고 있었던 동물들의 특징을 다시 생각해보고, 잘 알지 못했던 동물들의 특징은 새로 배우게 되는 기회가 될 거예요.

놀이 순서

tip ★ 잠들기 전, 아이와 함께 누워서 하기 좋은 놀이예요.

★ 아이가 퀴즈를 낼 때에는 동물에 어울리는 의성어와 의태어를 소리 내어 표현해 도 좋아요.

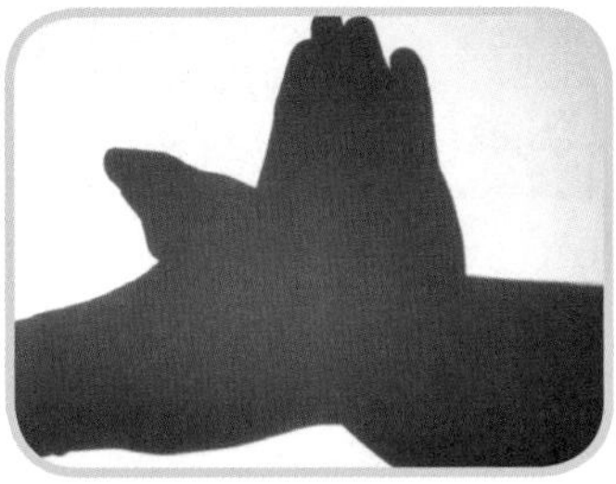

1 손전등을 고정시키고 불을 끈 다음 손으로 동물 모양을 만들어요.

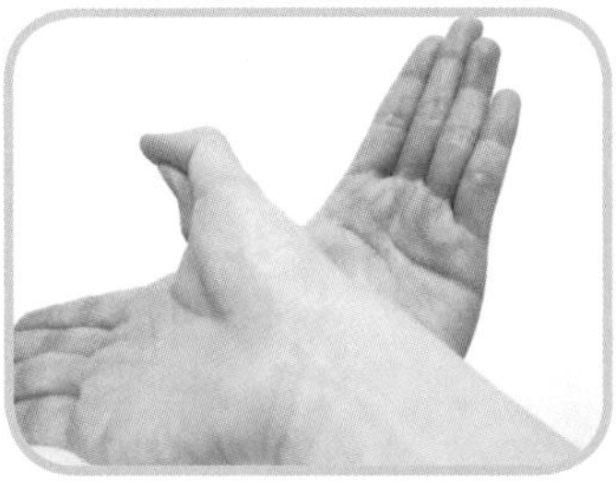

2 어떤 동물인지 맞혀봐요. 정답은 새입니다!

3 다음 동물은 무엇일까요?

4 토끼입니다!

5 다음 동물 퀴즈를 내요.

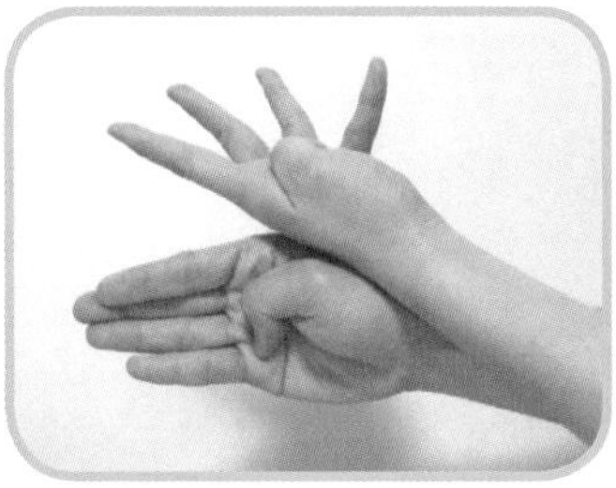

6 이번에는 순록이네요.

한 걸음 더!

몸으로 말해요 동물 퀴즈!

○**준비물** 종이, 펜

1. 동물 이름을 적은 카드를 만들어요.
2. 모든 카드를 뒤집고, 술래는 카드 중 하나를 뒤집어서 확인해요.
3. 동물이 가진 특징을 생각해서 몸으로 표현해요.
4. 상대방은 술래가 몸으로 표현한 동물이 무엇인지 맞혀요.
5. 돌아가며 동물 퀴즈를 내요.

미술놀이

솜으로 만든 솜사탕

- **놀이 난이도** ★
- **준비물** 솜, 나무 막대(또는 나무젓가락), 목공용 풀, 종이컵
- **초등 교육과정 역량** 심미적 감성 역량, 창의적 사고 역량

하늘에 떠 있는 몽글몽글한 구름을 보며 솜사탕을 닮았다고 생각한 적이 있나요?
솜으로 보드라운 솜사탕을 만들어요!

놀이 속 미술 개념

구름은 어떻게 만들어질까요? 구름은 차가운 공기와 따뜻한 공기가 만나거나, 저기압으로 모인 공기가 올라가는 등 다양한 이유로 지면에서 공기가 상승하면서 생겨나요. 공기가 상승할수록 기압이 낮아지기 때문에 부피가 늘어나고 기온은 낮아지게 돼요. 이 과정을 통해 수증기는 물방울이나 얼음 입자가 돼서 우리 눈에 보이는 구름으로 하늘에 떠 있게 돼요.

놀이로 얻는 학교생활 tip!

초등 과학 교과에서는 물질의 상태인 고체, 액체, 기체를 학습하게 돼요. 3학년 과학 수업의 목표 중 하나는 생활 속에서 고체, 액체, 기체를 찾고 물질에 따라 분류하는 거예요. 5학년에는 '구름 발생 실험'을 통해 구름이 어떻게 발생하는지 알아보고, 이슬, 안개, 구름의 공통점과 차이점을 학습하게 돼요. 6학년에는 공기의 특성, 온도와 압력의 변화에 따른 기체의 부피 변화 등을 배워요.

tip ★ 솜을 가로로 길게 찢으면 솜사탕을 만들듯이 가로로 둘러 붙일 수 있어요.

놀이 순서

1 종이컵의 바닥에 칼로 구멍을 뚫어요.

2 구멍에 나무 막대를 넣고 테이프로 고정시켜요.

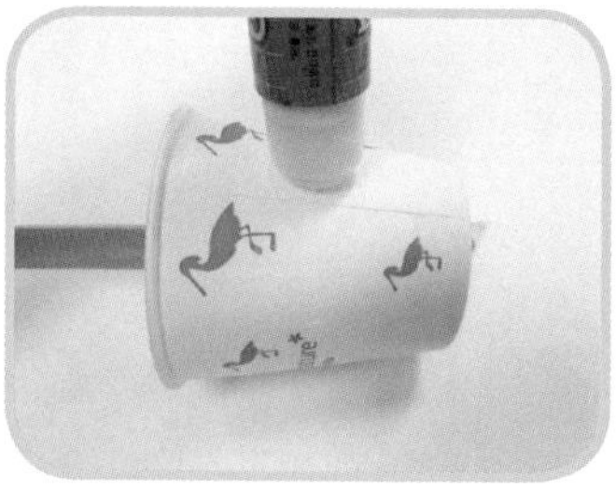

3 종이컵 옆면에 풀칠을 해요.

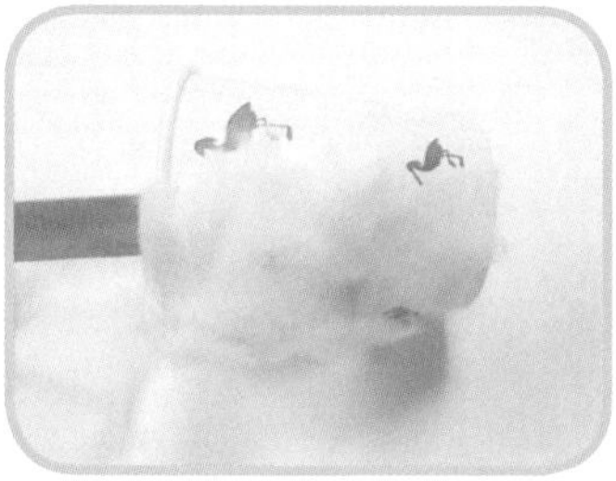

4 솜을 조금씩 뜯어서 붙여요.

5 솜 위에 솜을 붙일 때에는 붙일 솜에 풀칠을 해서 붙여주세요. 종이컵에 붙어 있는 솜에 풀칠하면 원래 붙어 있던 것이 떼어져요.

6 솜으로 만든 솜사탕 완성!

한 걸음 더!

알록달록 솜사탕 만들기

○**준비물** 솜으로 만든 솜사탕, 분무기, 물감

1. 위와 같은 방법으로 솜사탕을 만들어요.
2. 물에 물감을 타고 분무기에 넣어요.
3. 완성된 솜사탕에 분무기를 뿌려 알록달록한 솜사탕을 만들어요.

29

소금을 만드는 맷돌

홍윤희 글 | 한태희 그림 | 예림아이 | 2012

국어 교과서 수록 학년

1-2. 7단원 〈무엇이 중요할까요〉

이야기 내용 소개

옛날 마음씨 착한 임금님은 백성들에게 쌀과 옷을 나누어주며 아끼고 사랑했어요. 임금님을 칭찬하는 백성들의 이야기를 엿듣던 도둑은 임금님에게 신비한 맷돌이 있다는 것을 알게 되었어요. 궁궐로 숨어든 도둑은 임금님이 맷돌 앞에서 "나와라, 옷!" 하면 옷이 나오고, "멈춰라, 옷!" 하면 그만 나오는 모습을 보게 되고, 몰래 맷돌을 훔쳐 도망을 쳤어요. 배를 타고 바다를 건너 도망가던 도둑은 "나와라, 소금!"이라고 외쳤어요. 맷돌에서 소금이 쏟아져나와 쌓여가자 배는 가라앉기 시작했어요. '멈춰라, 소금!' 이라는 말을 잊어버린 도둑은 맷돌과 함께 바닷속에 가라앉았고, 맷돌은 바닷속에서도 쉬지 않고 돌아서 바닷물이 짜게 되었답니다.

Q

내용 이해하기

1. 옷이 나오게 하려면 맷돌 앞에서 뭐라고 외쳐야 하나요?

2. 옷이 그만 나오게 하려면 맷돌 앞에서 뭐라고 외쳐야 하나요?

3. 바닷물이 짜게 된 이유는 무엇인가요?

생각 주머니 키우기

1. 내가 만약 임금님이라면 맷돌을 어떻게 사용했을까요?

2. 내가 만약 신기한 맷돌을 발견한다면 뭘 만들고 싶나요?

나의 감상을 한 줄로 표현해보세요.

미술놀이

나뭇잎 위에 소금을 솔솔

- **놀이 난이도** ★★
- **준비물** 나뭇잎, 목공용 풀, 소금, 물감, 붓
- **초등 교육과정 역량** 창의적 사고 역량, 심미적 감성 역량

목공용 풀로 밑그림을 만들고 소금을 솔솔 뿌려 그림을 완성하는 놀이는 미술 시간에 가끔씩 아이들과 함께했던 활동이에요.
아이들과 검은 도화지에 하던 놀이를 변형해서 나뭇잎 위에 해봤어요!

놀이 속 미술 개념

우리 주변의 모든 것들이 모두 미술의 재료가 될 수 있어요. 휴지심, 솜, 종이 상자 등 우리가 무심코 지나가는 것도 예쁜 작품으로 재탄생될 수 있어요. 다양한 모양과 크기의 나뭇잎을 모아서 미술 재료로 활용해봐요.

놀이로 얻는 학교생활 tip!

초등학교 수업 시간에 자연을 이용해서 학습을 하는 경우가 많아요. 특히 1, 2학년의 경우에는 통합교과 단원에서 봄, 여름, 가을, 겨울의 큰 주제로 자연을 배워요. 아이는 생각보다 아는 것이 많기도 하지만, 동시에 생각보다 모르는 것이 많기도 해요. 갈수록 책이나 동영상으로 막연하게 자연을 이해하는 아이들에게 직접 자연을 경험할 수 있는 시간을 많이 만들어주세요.

놀이 순서

tip ★ 목공용 풀은 물풀이나 딱풀과는 다른 느낌의 풀이에요. 익숙하지 않은 재료이니만큼, 탐색 시간을 가져봐요.

★ 붓을 사용하는 대신 물약병에 물감을 넣어서 쭉 짜주면 더 쉽게 활동할 수 있어요.

★ 나뭇잎을 구하기 힘들면 검은 도화지에 그림을 그려도 돼요. 또는 인터넷으로 나뭇잎 도안을 다운 받아서 그 위에 그대로 풀칠하면 돼요.

1 목공용 풀을 쭉 짜보면서 탐색해요.

2 목공용 풀을 이용해서 나뭇잎을 서로 붙여봐요.

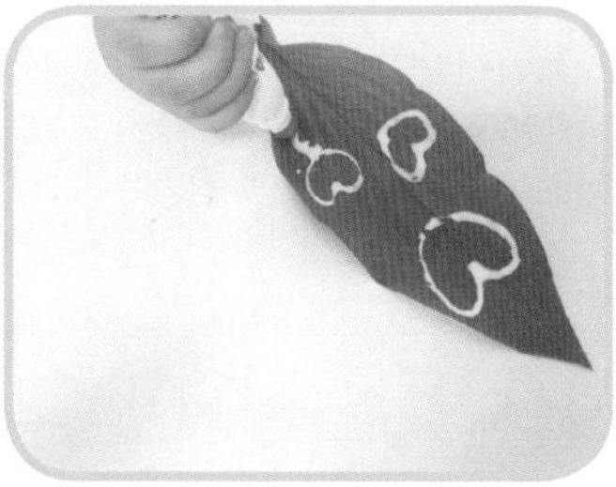

3 나뭇잎과 목공용 풀에 대한 탐색을 끝냈으면 그림을 그려볼까요? 하트, 꽃 등 풀로 그림을 그려요.

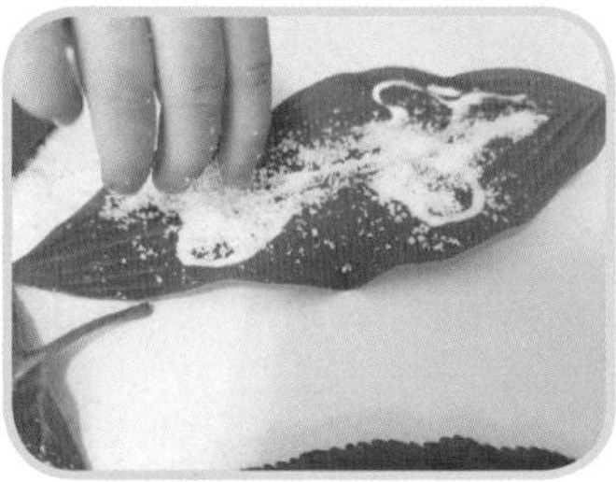

4 풀로 그린 그림 위에 소금을 살살 뿌려요.

5 붓에 물감을 묻혀서 소금 위를 알록달록하게 꾸며줘요.

6 3~5의 과정을 반복해서 소금 그림을 여러 개 완성해요.

한 걸음 더!

○ **준비물** 휴지심, 고무풍선, 색종이, 포장지, 스티커, 가위, 풀, 테이프

휴지심으로 만든 폭죽

1. 색종이, 포장지, 스티커 등 다양한 재료를 이용해서 휴지심을 꾸며주세요.
2. 색종이, 포장지 등 재료들을 잘라서 작은 조각으로 만들어주세요.
3. 고무풍선 입구를 매듭을 지은 후, 가위로 풍선 중간 부분을 잘라주세요.
4. 테이프를 이용해서 휴지심 한쪽 끝에 자른 풍선을 붙여주세요.
5. 휴지심에 2에서 만들어놓은 종이 조각을 넣어주세요.
6. 풍선 매듭을 당겼다가 놓아주면 휴지심 폭죽이 터져요.

요리놀이

소금으로 만든 슬러시

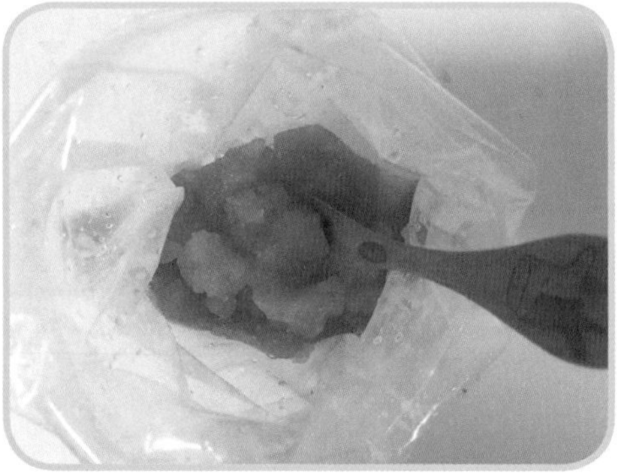

- **놀이 난이도** ★
- **준비물** 소금, 얼음, 과일 주스, 크기가 다른 지퍼백 2장, 작은 숟가락
- **초등 교육과정 역량** 지식정보처리 역량, 창의적 사고 역량

짭짤한 소금을 이용해서 과일 슬러시를 만든다고요?
어떤 원리로 슬러시를 만들 수 있게 되는 것일까요? 슬러시 맛이 짜게 되지는 않을까요?
아주 간단한 과학 원리를 이용해 달콤한 슬러시를 만들어봐요.

놀이 속 과학 개념

얼음에 소금을 섞으면 '어는점 내림 현상'이 생겨요. 얼음과 소금이 만나면 얼음만 있을 때보다 얼음이 더 빨리 녹기 시작합니다. 그리고 녹으면서 주변의 열을 흡수하기 때문에 주변 물질을 얼려버릴 수 있죠. 이 원리를 이용해 과일 주스를 얼음과 소금에 감싸 흔들면 냉동실에서 얼리는 것보다 더 빠르게 슬러시를 완성할 수 있어요.

놀이로 얻는 학교생활 tip!

초등 3학년부터 과학 교과를 배우게 됩니다. 4학년 과학 시간에 물의 상태변화에 대해서 학습해요. 얼음, 물, 수증기의 3가지 상태가 있다는 것과 생활 속에서의 물의 상태변화가 어떻게 이뤄지는지에 대해서 배우게 된답니다.

놀이 순서

tip ★ 큰 지퍼백 대신 키친볼을, 작은 지퍼백 대신 투명 플라스틱컵을 이용할 수도 있어요. 이때는 주스가 들어있는 컵 주변이 얼음으로 충분히 감싸져야 해요. 얼음의 양이 부족하면 얼음만 녹을 뿐, 주스가 얼지는 않아요.

★ 주스 대신 우유를 이용하면 뼈가 튼튼해지는 우유 슬러시가 완성돼요.

1 큰 지퍼백에 얼음을 담아요.

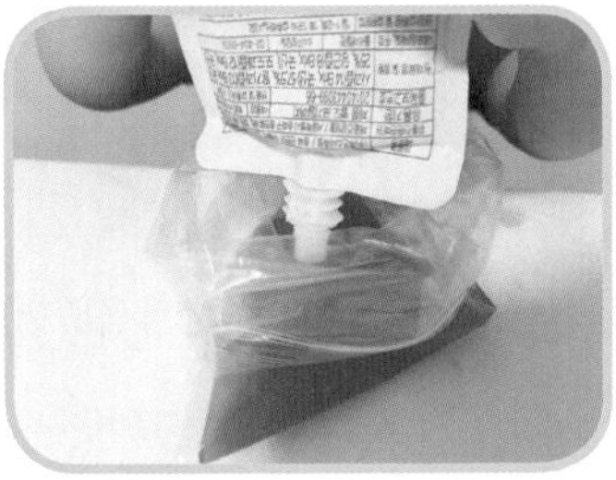

2 작은 지퍼백에 과일 주스를 담고, 지퍼를 꼭 닫아요.

3 얼음이 든 큰 지퍼백에 소금을 넣고 섞어줘요. 얼음과 소금을 대략 3:1의 비율로 담아요.

4 큰 지퍼백 안에 작은 지퍼백을 넣어요. 그리고 지퍼를 꼭 닫아요.

5 지퍼백을 열심히 흔들고 주물러요.

6 슬러시가 완성되었는지 확인해요. 아직 덜 완성되었다면 조금 더 흔들어요.

소금으로 만든 아이스바

○**준비물** 소금, 얼음, 과일 주스, 키친볼, 지퍼백, 나무젓가락

1. 키친볼에 얼음과 소금을 넣고 지퍼백에 과일 주스를 부어요.
2. 주스가 든 지퍼백을 키친볼에 넣어요.
3. 지퍼백 안에 나무젓가락을 꽂고 지퍼백이 얼음과 소금으로 감싸지게 한 후, 15~20분 정도 기다려요.
4. 아이스바가 완성되었으면 맛있게 먹어요.

30

신기한 독

홍영우 글 · 그림 | 보리 | 2010

국어 교과서 수록 학년
2-1. 11단원 〈상상의 날개를 펴요〉

이야기 내용 소개

농사꾼은 밭을 일구다가 큰 독을 발견했어요. 그 독에 괭이를 넣으면 똑같은 괭이 한 자루가 또 있고, 엽전을 넣으면 독 안에 엽전 한 닢이 또 들어 있는 것도 발견하게 되었어요. 이 소문을 들은 부자 영감이 '내 밭에서 파낸 독이니 내 것'이라고 주장해서 결국 둘은 고을 원님에게 가서 재판을 받았어요. 원님은 독이 자꾸 탐나서 그 독을 나라에 바치도록 명령했어요. 결국 독은 원님의 집으로 가게 되었어요. 원님의 아버지가 독 안에 무엇이 들어 있는지 궁금해서 고개를 독 안으로 들이밀다가 그만 독 속으로 빠져버리고 말았어요. 원님이 얼른 아버지를 독에서 꺼냈지만, 독 안에는 또 아버지가 들어있고 계속 꺼내도 또 아버지가 생겨났어요. 독에서 나온 아버지들끼리 싸움이 붙으면서 그만 독이 와장창 깨지고, 대청에는 아버지가 가득하니 원님은 한숨만 내쉬었답니다.

Q

내용 이해하기

1. 농사꾼이 밭을 일구다가 발견한 것은 무엇이었나요?

2. 농사꾼이 신기한 독에 동전 한 닢을 넣자 어떤 일이 생겼나요?

3. 원님은 재판에서 신기한 독이 누구의 것이라고 했나요?

생각 주머니 키우기

1. 내가 만약 원님이라면, 어떻게 재판을 했을까요?

2. 내가 만약 원님이라면, 독에서 아버지가 계속 나왔을 때 어떻게 했을까요?

나의 감상을 한 줄로 표현해보세요.

체육놀이

돈이 쏟아지는 바구니!

● **놀이 난이도** ★ ● **준비물** 바구니(또는 상자), 동전, 자
● **초등 교육과정 역량** 자기관리 역량, 창의적 사고 역량

우리 집에도 신기한 독이 있다면 어떨까요?
물건을 넣으면 똑같은 물건이 만들어지는 신기한 독은 없지만,
우리가 물건을 넣어서 물건이 우수수 쏟아져나오는 독은 만들 수 있어요.
동전이 꽉 찬 독을 만들어봐요.

놀이 속 체육 개념

물건을 조준해서 정해진 곳에 맞춰 넣는 능력은 초등 3, 4학년 체육 교과의 농구형 게임, 축구형 게임과 관련 있어요. 농구형 게임과 축구형 게임을 익히는 시간에는 빠르고 정확하게 공을 이어주기, 공을 주고받으면서 이동하기, 빈 곳으로 정확하게 공을 보내기, 빈 공간을 만들기 등을 익혀요.

놀이로 얻는 학교생활 tip!

모든 아이들이 체육 시간을 좋아할 것 같지만, 의외로 그렇지 않은 친구들도 많아요. 운동에 자신이 없는 아이는 던져서 넣기, 발로 차서 넣기 등 정확성을 요구하는 동작을 하는 체육 수업을 좋아하지 않을 수 있어요. 특히, 여자아이라면 운동을 평소에 많이 하지 않기 때문에 잘하지 못하는 경우가 많아요. 집에서 몸을 다양하게 써보도록 유도해보세요.

놀이 순서

tip ★ 동전이 어렵다면 조금 더 큰 공이나 장난감으로 먼저 조준해서 넣는 연습을 해봐요.
★ 평소 오른손잡이라면 왼손으로 던져서 넣는 연습을, 왼손잡이라면 오른손으로 던져서 넣는 연습을 해요.
★ 정해진 시간 동안 가족 구성원이 함께 누가 더 많이 넣었는지 경쟁하는 활동도 좋아요.

1 독 역할을 할 바구니를 놓아요.

2 동전을 한쪽 손에 쥐어요.

3 독과의 거리를 30cm정도 벌리고 동전을 던져서 독 안에 넣는 연습을 해요.

4 거리를 더 벌려볼까요? 60cm 거리에서도 연습해요.

5 이번에는 1m 거리에서 동전을 던져서 넣어요. 독을 쏟아서 나온 동전 개수를 세어요.

○준비물 바구니, 동전, 자

머리 뒤에도 눈이 달렸어요!

1. 동전 던지기의 다른 버전의 놀이예요. 이번에는 뒤로 돌아서서 동전을 던져요. 먼저 바구니와 30cm 떨어져서 던져보세요.
2. 바구니에서 60cm 정도 떨어져서 던져보세요.
3. 정해진 시간 동안 바구니와 1m 거리에서 몇 개의 동전을 넣는지 세어보세요.

곱셈구구로 만든 과자 먹기

- **놀이 난이도** ★★ · **준비물** 마카로니 과자, 실, 가위
- **초등 교육과정 역량** 지식정보처리 역량, 자기관리 역량

신기한 독에 물건을 넣으면 똑같은 물건이 나와요. 실에 같은 수의 과자를 여러 번 꿰어볼까요? 과자를 같은 개수로 계속 실에 꿰면 전체 과자의 수는 얼마나 될까요?

놀이 속 수학 개념

사칙연산 등의 수학 개념은 생활 속에서 자연스럽게 접하는 것이 좋아요. 아이가 수학을 학습지에 나오는 문제로만 여기게 되면 수학에 대한 관심과 흥미가 현저히 줄어들 수 있어요. 마카로니를 줄에 끼우는 놀이를 통해 자연스럽게 곱셈구구를 배워요.

놀이로 얻는 학교생활 tip!

초등 2학년 1학기 수학 교과에서는 여러 가지 방법으로 세기, 묶어 세기를 통해 곱셈구구에 대해 배워요. 그 후 2학기에는 본격적으로 곱셈구구를 학습하게 됩니다(우리가 구구단이라고 불렀던 것을 요즘은 곱셈구구라고 해요). 아이가 놀이를 통해 곱셈구구를 자연스럽게 익히도록 도와주세요.

놀이 순서

tip ★ 이 놀이는 2가지 방법으로 할 수 있어요. 사진에 제시된 것처럼 한 줄 한 줄마다 2개, 4개, 6개, 8개… 이런 식으로 과자를 끼우면 한 눈에 곱셈구구의 모습을 확인해볼 수 있는 장점이 있어요. 다른 방법으로는 '한 걸음 더'에 제시된 것처럼 줄 하나에 과자를 2개 끼우고, 같은 수만큼 2개를 끼운 후 전체 수를 세어보고, 또 2개를 끼우고 전체 수를 세어볼 수 있어요. 이때는 종이를 준비해서 줄에 과자를 끼운 횟수와 과자의 개수를 기록해요.

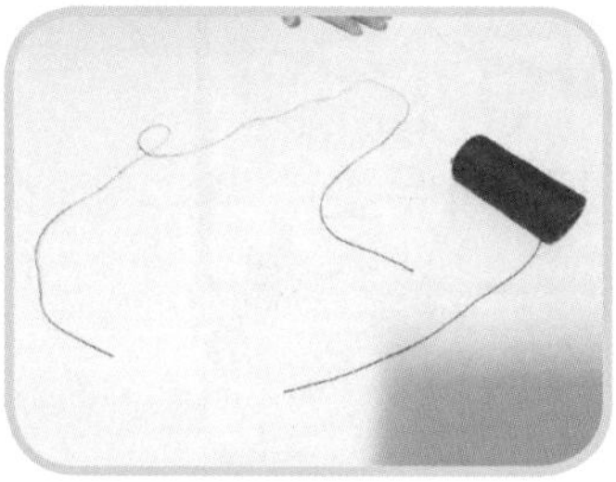

1 가위로 실을 여러 개 잘라놓아요.

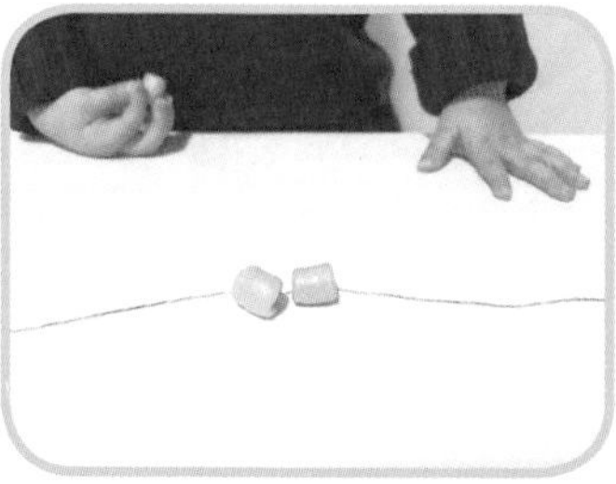

2 실에 마카로니 과자를 2개 끼워요.

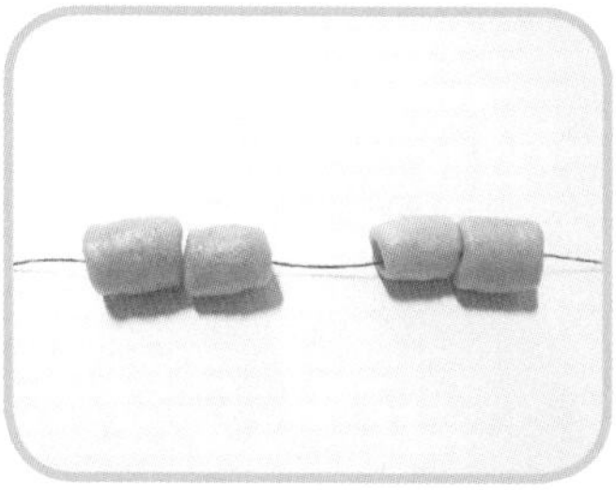

3 두 번째 실에는 과자 2개를 끼우고, 또 2개를 더 끼워요.

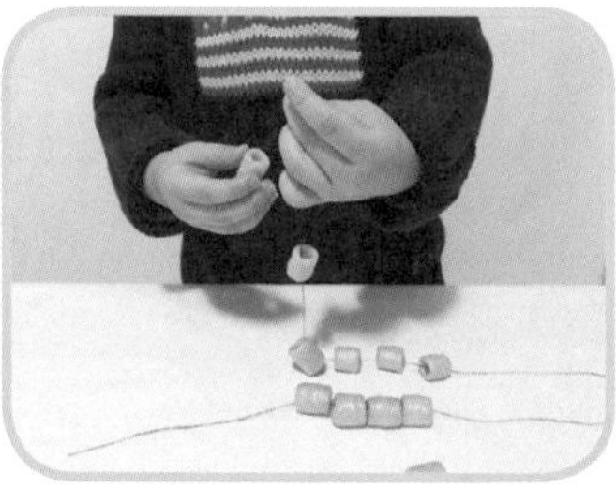

4 그리고 다음번 실에는 4개에 2개를 더 끼워요. 2단 끼우기를 해봤어요. 이 과정을 반복해요.

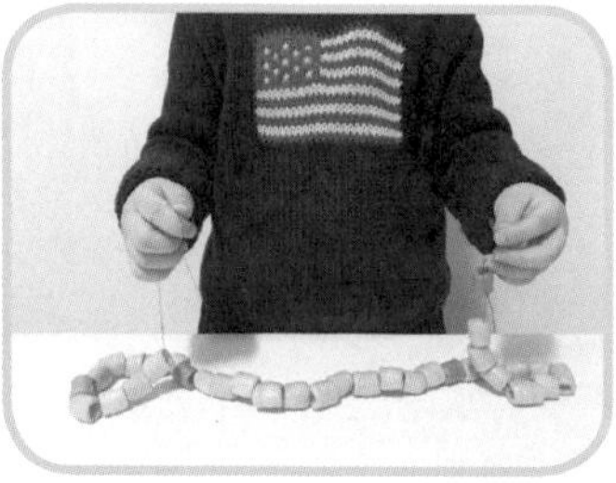

5 마카로니 과자가 끼워진 실들을 엮어 길게 만들어요.

6 천장에 매달아서 손을 쓰지 않고 과자를 먹어봐요. 이런 방식으로 과자를 이용해서 3단, 4단 등 곱셈구구를 익힐 수 있어요.

한 걸음 더!

○ **준비물** 마카로니 과자, 실

과자를 2개씩 더하기

1. 실에 마카로니 과자를 2개 끼워주세요.

2. 같은 수의 마카로니 과자를 끼워주세요. 실에 있는 마카로니 과자의 수(4개)를 세어보세요.

3. 같은 수의 마카로니 과자를 끼워주세요. 실에 있는 마카로니 과자의 수(6개)를 세어보세요.

4. 충분히 길게 완성했다면 천장에 매달아보세요. 손을 쓰지 않고 과자를 먹어보세요.

31

아인슈타인 아저씨네 탐정 사무소

김대조 글 | 소윤경 그림 | 주니어김영사 | 2015

국어 교과서 수록 학년
3-2. 7단원 〈글을 읽고 소개해요〉

이야기 내용 소개

영롱이는 비가 많이 내리는 날 밤, 공터에 놓고 온 가방을 가지러 경사진 골목길을 걷고 있었어요. 영롱이가 산꼭대기에 다다르자, 큰 번개가 치고 산꼭대기에 크고 검은 물체가 갑자기 나타나는 것을 보고 말았어요! 너무 무서웠던 영롱이는 부리나케 집으로 도망갔어요. 다음 날 다시 산꼭대기에 가보니 분명 며칠 전까지만 해도 없었던 열차가 서 있었어요. 그때 의사 같기도, 과학자 같기도 한 명탐정 아인슈타인 아저씨가 나타났어요. 그것도 열차를 타고 기찻길도 없는 산을 올라왔다고 했죠. 아저씨 탐정 사무소는 열차라는 말에 영롱이는 열차 안으로 들어가서 구경하기로 했어요. 처음 보는 신기한 물건들이 가득했고, 아저씨는 빛을 타고 날아가는 상상에 대해 설명했어요. 잠수함이 발명된 이유는 바닷속을 날아다니는 잠수함을 상상했기 때문이라고 덧붙이면서 말이에요. 영롱이는 탐정 사무소를 구경하고 나오니 세상을 바꿀 수 있는 '상상'이라는 게 무엇인지 궁금해졌어요.

Q

내용 이해하기

1. 영롱이는 왜 어두운 밤 공터로 향하고 있었나요?

2. 영롱이는 왜 깜짝 놀라서 뛰어 내려왔나요?

3. 열차 안에서 아인슈타인 아저씨는 무엇이 중요하다고 했나요?

생각 주머니 키우기

1. 영롱이가 깜짝 놀라서 뛰어 내려왔을 때 크고 검은 물체를 뭐라고 생각했을까요? 그 이유는 무엇인가요?

나의 감상을 한 줄로 표현해보세요.

과학놀이

자석의 힘으로 움직이는 열차

- **놀이 난이도** ★★★ **준비물** 종이접시(또는 두꺼운 종이), 색종이, 연필, 풀, 가위, 테이프, 클립, 막대자석
- **초등 교육과정 역량** 지식정보처리 역량, 의사소통 역량

열차가 산꼭대기에 갑자기 나타났어요. 혹시 자석의 힘은 아니었을까요?
열차가 저절로 산을 오르는 놀이를 해봐요!

놀이 속 과학 개념

모든 자석은 N극과 S극이라는 2가지 극을 가지고 있어요. 막대자석을 보면 N극은 빨간색으로, S극은 파란색으로 표시가 돼 있죠. 자석 2개를 가까이 대보면 서로 밀어내거나 끌어당기게 돼요. 서로 다른 극끼리 가까이 대면 인력이 작용하여 서로 당기게 되고, 서로 같은 극끼리 가까이 대면 척력이 작용하여 서로 밀게 돼요.

놀이로 얻는 학교생활 tip!

초등 3학년 과학 교과에서는 〈자석의 이용〉 단원을 통해 자석을 여러 가지 물체에 가까이 가져가면 어떻게 되는지 관찰해요. 이를 통해 철로 된 물체와 자석이 붙는다는 것과 자석을 서로 가까이 가져가면 밀거나 당긴다는 것을 배워요. 그리고 물에 띄운 자석의 방향을 관찰하여 이 원리로 만들어진 나침반의 성질도 알게 돼요. 이 단원과 연계하여 4학년 과학 교과에서는 자석을 이용하여 혼합물을 분리하는 등 심화 학습을 하고, 5, 6학년 과학에서는 전자석으로 발전해 전기의 이용을 학습하게 돼요.

tip ★ 열차와 번개는 뒷면에 클립을 붙여야 하기 때문에 클립보다는 크게 그려야 해요.

놀이 순서

1 종이접시를 준비해요. 종이접시를 색칠해 꾸며요.

2 산 모양으로 색종이를 오려서 종이 접시에 붙여요.

3 번개와 열차도 색종이를 오려서 만들어요.

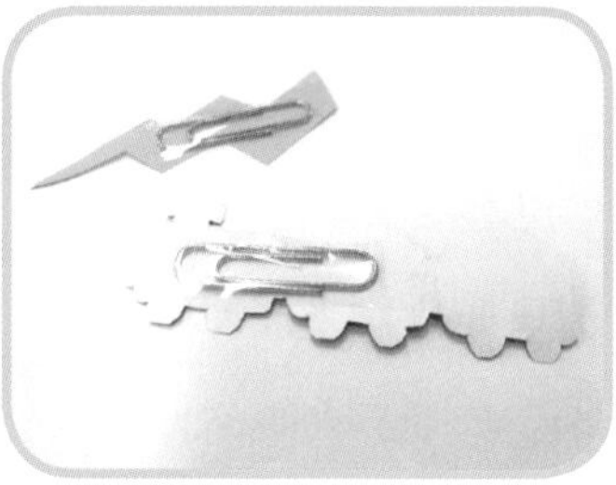

4 번개와 열차의 뒷면에 클립을 붙여요.

5 접시의 뒷면에 막대자석을 대고 움직여요.

6 자석의 힘으로 열차와 번개를 움직이며 놀이해요.

모여라 마법 철 가루!

○**준비물** 도화지, 철 가루, 자석, 테이프

1. 도화지의 뒷면에 자석을 붙여요.
2. 앞면에 철 가루를 골고루 뿌려요.
3. 도화지를 살살 흔들어봐요.
4. 철 가루가 마법처럼 한곳으로 모이는 것을 관찰해요.

미술놀이

미니 북 만들기

● **놀이 난이도** ★★ ● **준비물** 도화지, 연필, 색연필, 가위
● **초등 교육과정 역량** 심미적 감성 역량, 지식정보처리 역량

아인슈타인 아저씨의 이야기가 정말 재미있었다면,
나만의 미니 북으로 만들어 간직하는 건 어떨까요?

놀이 속 국어 개념

책을 읽고 나면, 독후 활동을 통해 이야기를 내면화할 수 있어요. 보통 독후 활동은 독서 감상문이라는 글의 형식으로 많이 이뤄져요. 하지만 독후 활동을 꼭 글로만 할 필요는 없어요. 글쓰기보다 만들기나 그리기에 더 흥미를 느끼는 학생의 경우, 미니 북 만들기와 같은 활동으로 책과 친해질 수 있어요. 원하는 만큼 그림을 그리고 옆에는 1~3문장 정도 장면 설명, 주인공이 한 말, 주인공의 생각 등을 정리해도 훌륭한 독후 활동이 돼요.

놀이로 얻는 학교생활 tip!

초등 국어 교과에서 글의 흐름을 파악하여 중요한 내용을 간추려 쓰는 법을 지속적으로 학습해요. 글의 흐름을 파악하기 위해서는 글의 구조 알기, 문단 알기, 중심 문장 파악하기, 시간의 흐름을 뜻하는 말 찾기 등 다양한 연습을 해야 하죠. 미니 북을 만들며 인상 깊은 장면을 나타낼 때에도 줄거리의 흐름에 맞게 구성하도록 하면 스스로 이야기를 정리하고 중요한 흐름이 무엇인지 돌아보게 될 거예요.

tip ★ 앞표지와 뒤표지를 만들어주면 완성도가 높아져요.

놀이 순서

1 도화지를 가로로 펼쳐 반을 접고 다시 펼쳐요. 그리고 그 반을 접은 선을 중심으로 양 옆을 접는 대문접기를 해요.

2 세로로 반을 접어요. 총 8칸이 나와요.

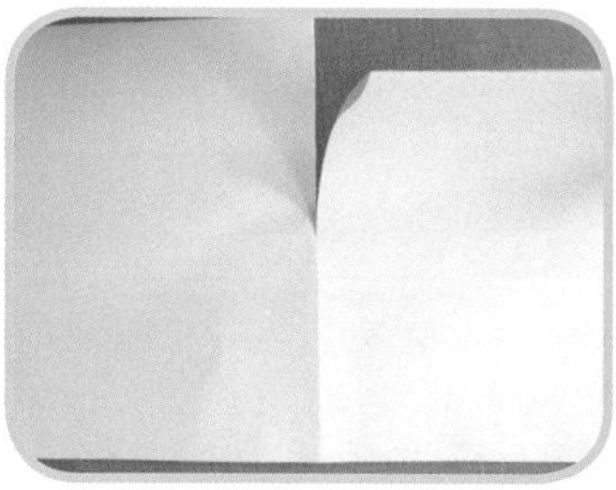

3 가로로 1번 접은 상태에서 세로로 1칸만큼 가위로 잘라줘요.

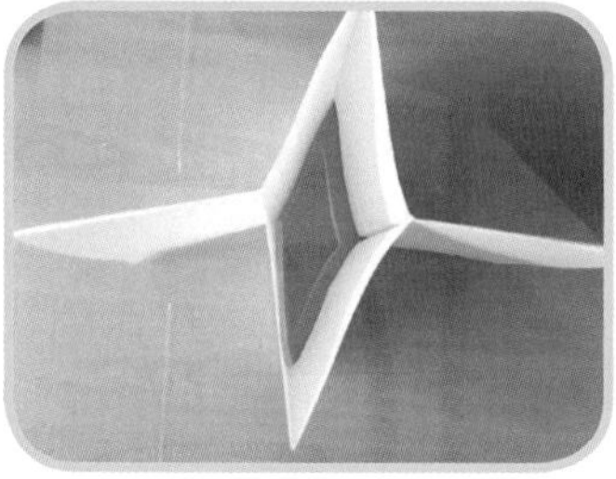

4 다시 펼쳐서 세로로 1번 접고 양 손으로 양 옆을 잡고 손을 모아요.

5 접히는 부분을 1번씩 더 접어주면 8면을 쓸 수 있는 미니 북 완성!

6 인상 깊은 장면을 표지로 그려요. 그리고 내용을 줄거리 순서대로 정리해요.

한 걸음 더!

나만의 책갈피 만들기

○ **준비물** 종이, 펜, 색연필, 가위, 코팅지

1. 책을 읽고 가장 인상 깊었던 구절을 생각해요.
2. 종이에 책갈피로 사용하기에 적당한 길이를 표시해요. 그리고 그 안에 인상 깊었던 구절을 종이에 써요.
3. 주변에 어울리는 그림을 그려서 꾸며요.
4. 책갈피로 사용하기에 적당한 크기로 자르고, 코팅해요.

32

치과 의사 드소토 선생님

윌리엄 스타이그 글 · 그림 | 조은수 옮김 | 비룡소 | 1995

국어 교과서 수록 학년
2-1. 11단원 〈상상의 날개를 펴요〉

이야기 내용 소개

치과 의사인 드소토 선생님은 자기와 몸집이 비슷한 동물들은 치과 의자에 앉혀서 치료하고, 몸집이 큰 동물들은 바닥에 앉히고 선생님이 사다리를 타고 올라가서 치료해요. 그리고 선생님은 쥐라서, 쥐에게 위험한 동물은 치료하지 않아요. 하루는 여우가 엉엉 울면서 이가 너무 아프다고 치과를 찾아왔어요. 여우는 쥐에게 위험하지만 치료해주기로 마음먹고 여우의 썩은 이를 뽑아주었어요. 여우의 새 이는 다음날 넣기로 하고 여우가 돌아간 밤, 드소토 선생님 부부는 걱정이 돼서 잠을 잘 수가 없었어요. 그래서 계획을 세웠어요. 다음날 여우는 이 치료가 끝나면 드소토 선생님 부부를 잡아먹으려고 마음을 먹고 치과를 찾아왔죠. 하지만 드소토 선생님은 밤새 세운 계획대로 여우에게 한번 바르면 죽을 때까지 이가 아프지 않는 약을 바르는 특별 치료를 권유했어요. 입에 약을 바른 여우는 하루나 이틀 동안 입을 벌릴 수 없었고 여우의 계획은 실패해요.

내용 이해하기

1. 드소토 선생님은 평소 동물들을 어떻게 치료했나요?

2. 여우는 왜 병원을 찾아왔나요?

3. 드소토 선생님 부부는 여우의 새 이를 넣기 전날 밤에 어떤 계획을 세웠나요?

생각 주머니 키우기

1. 특별 치료에는 어떤 재료가 쓰였을까요?

2. 내가 만약 드소토 선생님이라면 여우를 치료해주었을까요?

3. 내가 만약 드소토 선생님이라면 여우의 새 이를 넣기 전날에 어떤 계획을 세웠을까요?

나의 감상을 한 줄로 표현해보세요.

미술놀이

드소토 선생님의 동물치료책

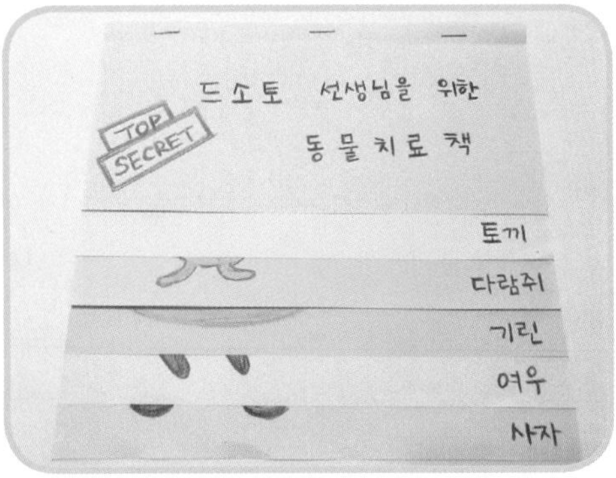

● **놀이 난이도** ★★ ● **준비물** 종이, 스테이플러, 색연필
● **초등 교육과정 역량** 지식정보처리 역량, 창의적 사고 역량

드소토 선생님은 치과를 찾아오는 손님이 자신과 몸집이 비슷한 동물이면 치과 의자에 앉히고, 몸집이 쥐보다 큰 동물이면 바닥에 앉혔어요.
또 쥐에게 위험한 동물이 찾아오면 치료해주지 않았어요. 드소토 선생님이 참고할 수 있게 동물에 따라 어떻게 치료를 하면 좋을지 동물치료책을 만들어볼까요?

놀이 속 미술 개념

책 만들기는 아이에게 여러 긍정적인 효과를 줍니다. 아이는 직접 책을 만들면서 책에 대한 흥미와 친숙함을 높일 수 있어요. 그리고 책 만드는 과정에서 창의력과 사고력이 높아지고 완성된 책을 보며 뿌듯함도 느끼게 돼요. 책을 만들며 손을 이용하는 조작 활동을 하기 때문에 두뇌 발달에도 도움이 돼요.

놀이로 얻는 학교생활 tip!

초등학교 수업에서는 책을 만들어서 학습 내용을 정리해보는 활동을 많이 해요. 계단 책뿐만 아니라 미니 북, 아코디언 북, 팝업 북 등 여러 가지 책 만들기 방법이 있어요. 책을 만들 때에는 그림으로만 표현하거나 그림과 간단한 낱말 몇 개로 표현하거나 글로만 표현하는 등 아이의 연령과 성향에 따라 다양하게 응용할 수 있어요. 가족 여행을 다녀온 후 일기를 쓰거나 기록을 남길 때 나만의 책 만들기를 해보는 것도 좋아요.

놀이 순서

tip ★ 스테이플러를 종이에 찍은 후 심 뒷면에 투명테이프를 붙여놓으면 아이가 손을 긁히지 않아요.

★ 동물을 선택할 때는 다양하게 선택해서 그려보는 것이 좋아요. 이야기에 등장한 동물도 되고, 다른 동물에 대해 생각해봐도 좋아요.

★ 다 완성했으면 아이가 자신이 만든 계단 책을 다른 사람에게 보여주면서 설명해보도록 해요.

1 종이 3장을 사진과 같이 겹쳐놔요.

2 종이를 사진과 같이 반을 겹쳐서 접어요.

3 스테이플러로 종이의 윗부분을 찍어 고정해요.

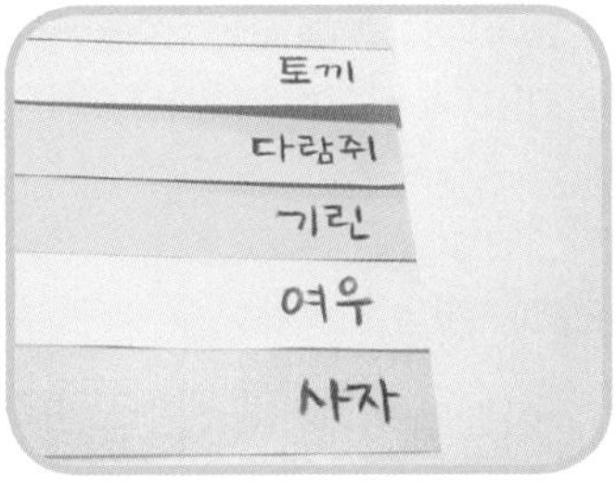

4 두 번째 장부터 아랫부분에 책에 정리할 동물을 차례로 써넣어요. 토끼, 다람쥐, 기린, 여우 등 아이가 동물을 선택하게 해요.

5 동물을 그리고 그 옆에 드소토 선생님의 치료 방법을 그리거나 글로 적어요.

6 첫 번째 장을 표지로 꾸며요.

드소토 선생님을 위한 보글보글 비누 방울 의자

○ **준비물** 종이, 색연필, 비눗물, 컵, 물감, 빨대

1. 종이에 각각 초식동물을 크기에 따라 한 마리씩 그려요.
2. 비눗물을 컵에 담고 물감을 넣어요.
3. 빨대로 물감을 불어서 비누 방울을 만들어요.
4. 빨대로 비누 방울을 걷어서 종이에 묻혀요. 이 때 초식동물의 크기에 따라서 비누 방울 크기를 다르게 해요. 작은 동물일수록 비누 방울을 크게 만들어요. 그 위에 드소토 선생님을 그려서 선생님이 동물의 이를 치료하기에 맞는 높이가 되도록 해요.

과학놀이

온도에 따라 단맛을 느끼기

● **놀이 난이도** ★ ● **준비물** 물, 컵, 설탕, 젓가락
● **초등 교육과정 역량** 지식정보처리 역량, 의사소통 역량

아이들이 무서워하는 공간 중 하나가 바로 치과!
달콤하고 맛있는 과자, 빵, 케이크에는 모두 설탕이 들어가요.
설탕을 많이 먹고 이를 잘 닦지 않으면 치과에 가서 치료를 받아야 해요.
설탕을 이용해서 온도에 따른 단맛 느끼기 실험을 해볼까요? 놀이 후에는 꼭 이를 잘 닦아요.

놀이 속 과학 개념

우리가 느끼는 미각에는 단맛, 짠맛, 신맛, 쓴맛의 4가지 맛이 있어요. 그 중에서 단맛은 상온보다 온도가 더 높을 때 더 달게 느껴져요. 반대로 온도가 낮은 아이스크림이나 슬러시는 같은 양의 설탕을 사용해도 단맛이 적게 느껴지기 때문에 설탕을 많이 넣어요. 놀이를 하며 "아이스크림이나 슬러시를 많이 먹으면 내가 생각한 것보다 설탕을 훨씬 더 먹게 되니까, 아무리 덥더라도 조금씩 먹어야 겠지?"라고 이야기해주세요.

놀이로 얻는 학교생활 tip!

공부 습관을 들인다는 것은 결국은 생활 습관을 잘 들인다는 말과 같아요. 따라서 생활 습관이 잘 잡혀있는 아이는 공부를 잘하게 될 확률이 높아요. 아침에 일어나서 등교 준비를 스스로 하는 습관, 자기 자리를 정리 정돈하는 습관, 식사 예절을 지키며 밥 먹는 습관, 식사 후 이를 닦는 습관, 알림장을 확인하고 숙제와 준비물을 체크하는 습관 등 기본적인 일상의 루틴이 잘 짜여져 있어야 해요.

놀이 순서

tip ★ 맛을 비교할 때는 눈을 감고 미각에 집중해요.

★ 아이가 단맛의 정도를 헷갈려 할 때는 설탕물을 맛본 후 맹물로 입안을 헹구고 다음 설탕물을 마셔봐요.

1 컵에 물과 설탕을 3스푼 정도 넣어요.

2 설탕이 물에 모두 녹을 수 있도록 저어요.

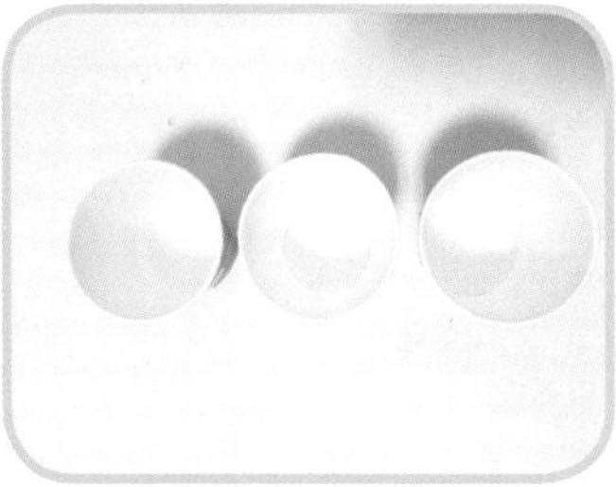

3 3개의 컵에 나누어 담아요.

4 하나는 전자레인지에 1분 정도 돌리고, 하나는 상온에 그대로 두고, 마지막 하나는 냉장고에 10분간 넣어봐요.

5 하나씩 맛을 봐요.

6 3개가 어떻게 다른지 설탕물의 단맛을 비교해요.

한 걸음 더!

짠맛 느끼기 실험을 해봐요

○**준비물** 물, 컵, 소금, 젓가락

1. 위의 과정에서 설탕 대신 소금을 넣고 똑같은 과정으로 진행한 후, 짠맛을 비교해요.
2. 같은 농도의 소금물이라 해도 온도가 높으면 덜 짜게 느껴질 거예요. 결과를 비교하고, 찌개 국물을 너무 많이 먹으면 몸에 좋지 않은 이유를 설명해줘요.

33

꿀독에 빠진 여우

안선모 글 | 김미은 그림 | 보물창고 | 2017

국어 교과서 수록 학년

1-1. 8단원 〈소리 내어 또박또박 읽어요〉

이야기 내용 소개

곰은 가재를 잡고 있었어요. 한편 여우는 나무 위에 있는 벌집을 보고는 꿀을 먹고 싶었어요. 그래서 곰에게 같이 벌집을 따자고 말하죠. 곰은 여우의 제안을 받아들여요. 여우와 함께 벌집으로 가는데, 여우는 나무에 달려 있는 벌집의 꿀을 혼자만 먹고 싶어 꾀를 내었어요. 여우는 곰에게 나무 위로 올라가서 자신에게 벌집을 던져달라고 하죠. 곰이 나무 위로 올라가서 벌집을 따 여우에게 던지자, 여우는 벌집을 가지고 빠르게 도망가요. 하지만 벌들이 여우를 쫓아가며 침을 쏘고 여우는 벌에 쏘여 엉엉 울어버리고 말아요.

내용 이해하기

1. 곰은 골짜기에서 무엇을 하고 있었나요?

2. 여우는 꿀을 혼자 먹고 싶어서 어떤 꾀를 냈나요?

생각 주머니 키우기

1. 곰은 여우의 부탁을 듣고 나무 위로 올라가 벌집을 따주었어요. 곰은 어떤 성격인가요?

2. 여우는 곰에게 "나누어 먹자."고 거짓말을 하고 나서 벌집을 가지고 도망을 갔어요. 여우는 어떤 성격인가요?

나의 감상을 한 줄로 표현해보세요.

코딩놀이

가장 무거운 통 찾기

● **놀이 난이도** ★ ● **준비물** 용기, 가루(소금, 설탕 등), 종이, 펜
● **초등 교육과정 역량** 지식정보처리 역량, 의사소통 역량

여우의 꾀에 넘어갔던 곰은 똑똑해지기 위해 공부를 열심히 하겠다고 했어요.
그러자 여우는 비웃으며 문제를 하나 냈어요.
"그러면 이 통 중에 무엇이 가장 무겁게?" 착한 곰이 답을 찾을 수 있게 여러분들이 도와주세요!

놀이 속 코딩 개념

컴퓨터는 많은 자료를 저장해요. 이때 다양한 정보를 뒤죽박죽 저장해놓으면 나중에 필요한 자료를 찾을 때 시간이 오래 걸리겠죠? 그래서 컴퓨터는 방대한 양의 정보를 순서대로 나열해서 정리해둬요. 이것을 정렬이라고 해요. 정렬에는 다양한 방법이 있어요. 예를 들어 '버블 정렬'은 인접한 두 수끼리 비교해서 큰 수를 계속해서 뒤로 보내는 방법이고, '퀵 정렬'은 무작위로 기준을 하나 골라서 그 기준보다 큰 것은 뒤로, 작은 것은 앞으로 보내는 방법이에요.

놀이로 얻는 학교생활 tip!

초등 3학년 수학 교과에는 들이와 무게를 학습해요. 주변에 있는 들이의 단위를 사용하는 것(우유팩, 전기포트, 어항 등)과 무게의 단위를 사용하는 것(사람의 몸무게, 쌀 포대, 트럭 등)을 알아보고 단위를 비교하는 법을 배우게 돼요. 무게를 비교할 때에는 물건 2개를 양 손에 하나씩 들어서 어느 쪽이 더 무거운지 가늠하거나, 양팔 저울을 사용하여 내려가는 쪽이 더 무거운 물체라는 것을 알 수 있어요.

tip ★ 가루를 통에 담는 사람은, 무슨 통에 가장 많이 담았는지 비밀로 하도록 해요.

놀이 순서

1 4개의 용기에 각기 다른 양으로 가루를 담아요.

2 뚜껑을 닫아서 안이 보이지 않게 해요.

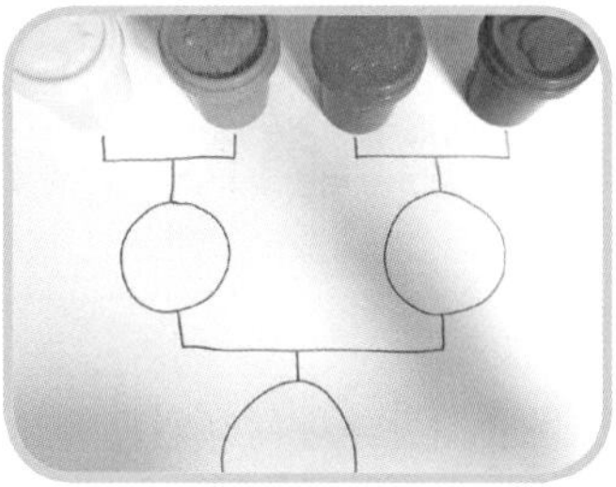

3 토너먼트 형식의 정렬표를 그리고, 통을 무작위로 배치해요.

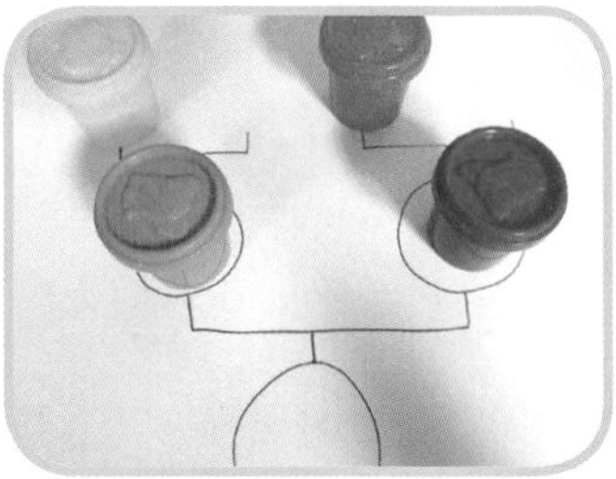

4 통을 2개씩 비교해서 더 무거운 통을 위로 올려요.

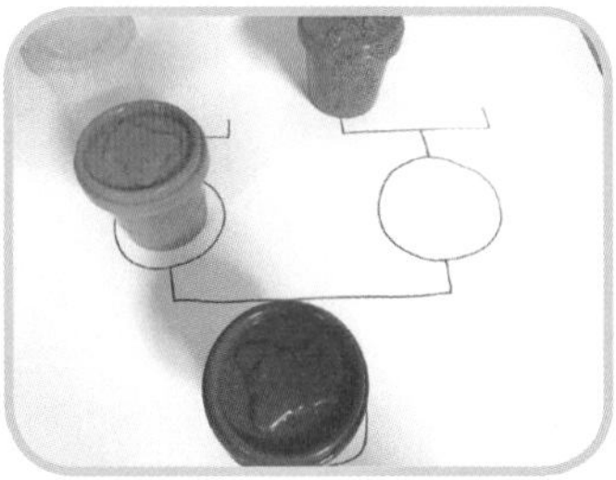

5 무거운 통끼리 비교해서 가장 무거운 통을 위로 올려요.

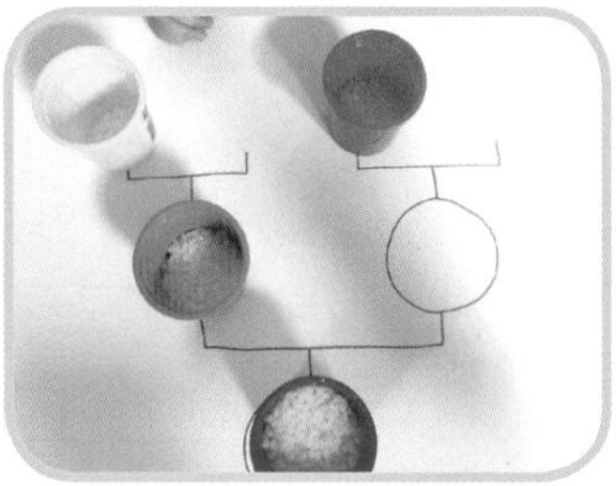

6 뚜껑을 열고, 가루가 많이 든 순서대로 정리되었는지 확인해볼까요?

한 걸음 더!

통이 아주 많아도 비교할 수 있어요!

○ **준비물** 양팔저울, 용기, 구슬, 종이, 펜

1. 16개의 용기에 각각 구슬 1개, 2개, 3개 … 16개를 담고 안이 보이지 않도록 뚜껑을 닫아요.
2. 토너먼트 형식의 용기의 뚜껑을 닫고 정렬표 위에 용기를 무작위로 올려주세요.
3. 2개씩 비교해서 더 무거운 통을 위로 올려요. 이 과정을 반복해요.
4. 최종으로 올라온 용기가 뚜껑을 열고 구슬 16개가 들어간 게 맞는지 확인해요!

화해의 우정 팔찌 만들기

- **놀이 난이도** ★★★ **준비물** 3가지 색깔의 끈, 테이프
- **초등 교육과정 역량** 심미적 감성 역량, 공동체 역량

여우는 착한 곰에게 미안한 마음이 들었대요.
잘못한 일을 사과하고 화해의 우정 팔찌를 건네기로 하는데요.
여우가 곰에게 화해의 선물로 줄 예쁜 우정 팔찌를 만들어볼까요?

놀이 속 미술 개념

3가지 색은 어떤 조화를 이룰까요? 색의 삼원색은 빨강, 노랑, 파랑으로 이 색을 조합하면 아주 다양한 색깔을 만들어낼 수 있어요. 컬러 프린트에 검정 잉크, 빨강 잉크, 노랑 잉크, 파랑 잉크만으로 모든 색을 만들어내요. 컴퓨터 화면으로 보이는 색색깔의 다양한 그림도 이 삼원색을 조합해 만들어내요. 그렇다면 삼원색을 모두 섞으면 무슨 색이 될까요? 바로 검정색이 된답니다! 반면 빛의 삼원색인 빨강, 파랑, 초록을 모두 섞으면 흰색이 돼요.

놀이로 얻는 학교생활 tip!

아이가 같은 반에 친한 친구나 좋아하는 친구가 있다면 그 소중한 마음을 선물로 표현하는 건 어떨까요? 어떤 아이들은 "너랑 나랑 단짝이야."라며 같은 아이템을 맞추기도 해요. 작은 물건이지만 아이들에게는 마음을 주고받는 아주 큰 의미를 가지니까요. 직접 만든 우정 팔찌를 친구와 같이 끼는 건 아이들에게 참 재미있는 추억이 될 거예요!

놀이 순서

tip ★ 줄을 땋을 때 계속 당겨주는 동작을 반복해야 촘촘하고 단정한 팔찌를 만들 수 있어요!

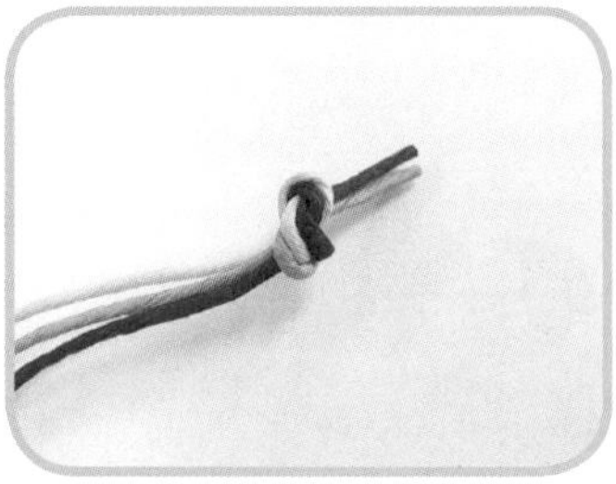

1 끈 3개를 합쳐서 매듭을 지어요.

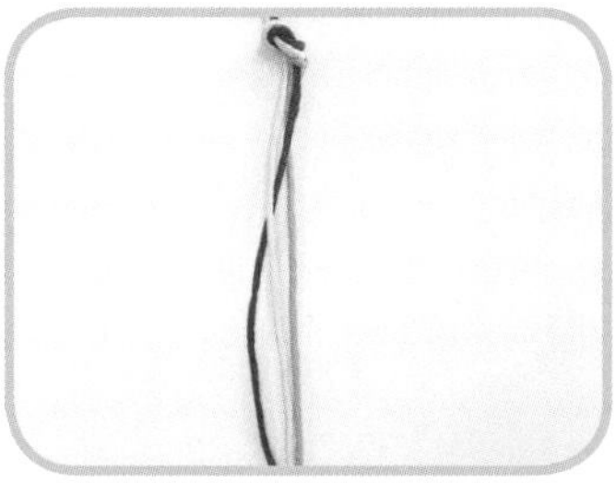

2 테이프로 고정을 시키고 끈을 아래로 다듬어주세요.

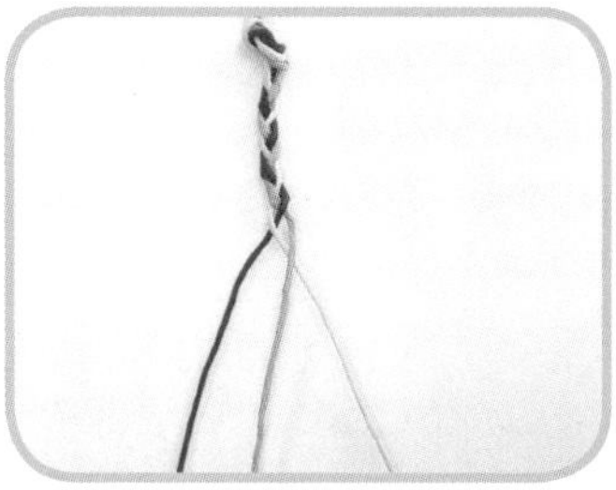

3 차례대로 세 줄 땋기를 해요. 먼저 오른쪽 끈을 가운데로 옮겨요.

4 왼쪽 끈을 가운데로 옮겨요.

5 다시 오른쪽 끈을 가운데로 옮겨요. 이렇게 위의 2가지 동작을 반복해요.

6 손목 길이만큼 땋고 매듭을 지어주면 완성!

한 걸음 더!

색 마법사가 돼요!

○**준비물** 물감, 붓, 팔레트, 물통, 종이

1. 빨강, 노랑, 파랑 물감을 각각 붓에 묻혀서 종이에 각각 동그랗게 칠해요(큰 삼각형이 있다고 생각하고, 각 꼭지점에 3가지 색이 하나씩 위치하도록 칠해요).
2. 빨강과 노랑 중간에는 빨강과 노랑 물감을 섞은 색을 동그랗게 칠해요.
3. 빨강과 파랑, 노랑과 파랑 중간에도 각각의 물감을 섞은 색을 칠해요.
4. 마찬가지로 두 색의 중간에는 두 색을 섞은 색을 칠해요. 할 수 있는 만큼 두 색을 섞은 색을 계속 만들어내요.

34

콩 한 알과 송아지

한해숙 글 | 김주경 그림 | 애플트리태일즈 | 2015

국어 교과서 수록 학년

1-2. 4단원 〈바른 자세로 말해요〉

이야기 내용 소개

옛날 어느 동네에 딸 셋을 둔 아버지가 있었어요. 하루는 아버지가 딸 셋을 불러서 콩을 한 알씩 나누어주며 내년에 있을 할아버지의 생신 선물을 준비하라고 했어요. 큰딸은 콩을 창밖으로 던져 버렸고, 둘째딸은 콩을 땅에 심고 꾹 밟아 놓았어요. 막내딸은 콩을 미끼로 써서 꿩을 잡아 꿩을 팔아서 병아리 한 쌍을 사서 닭으로 키우고, 닭이 달걀을 낳으면 다시 닭이 될 때까지 키웠어요. 마침내 할아버지의 생신날이 되었어요. 아버지가 세 딸을 불러 선물을 가져오라고 했지만, 큰딸과 둘째딸은 아무 말도 하지 못했어요. 그때 막내딸이 송아지를 끌고 나왔고, 할아버지와 아버지는 함박웃음을 지었어요.

Q

내용 이해하기

1. 큰딸은 콩 한 알을 받고 어떻게 했나요?

2. 둘째딸은 콩 한 알을 받고 어떻게 했나요?

3. 막내딸은 콩 한 알을 받고 어떻게 했나요?

생각 주머니 키우기

1. 내가 딸 셋 중에 한 명이라면, 콩 한 알을 받고 어떻게 하겠나요?

2. 아버지는 어떤 생각으로 딸 셋에게 각각 콩을 한 알씩 주었을까요?

나의 감상을 한 줄로 표현해보세요.

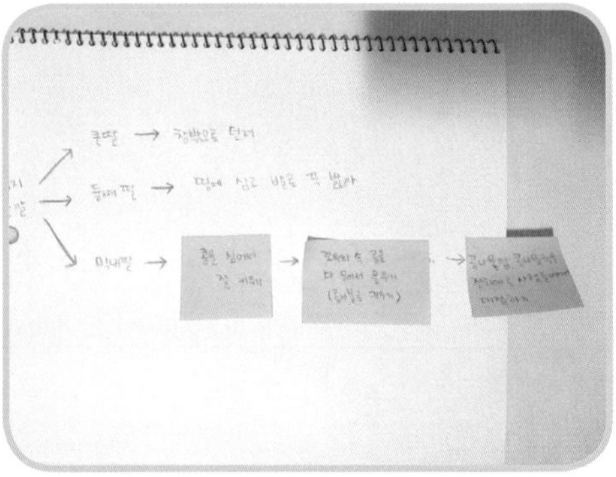

화살표와 포스트잇으로 이야기꾼이 돼봐요

- **놀이 난이도** ★★ - **준비물** 스케치북, 연필, 포스트잇
- **초등 교육과정 역량** 지식정보처리 역량, 창의적 사고 역량

아버지가 세 명의 딸에게 각각 주신 콩 한 알. 그 콩 한 알은 각각 어떻게 되었나요?
할아버지의 생신날, 막내딸은 어떻게 송아지를 끌고 나올 수 있었을까요?
화살표와 포스트잇으로 줄거리를 정리해봐요.

놀이 속 국어 개념

글의 내용을 잘 파악하는 능력은 국어 학습에 있어 아주 중요해요. 이 놀이는 내용을 파악하는 능력은 물론이고 요약하는 능력, 요약한 내용을 말로 설명하는 능력을 기르는데 도움이 돼요. 『아기 돼지 삼형제』 등 다른 짧은 동화를 이용해서도 이 놀이를 해보세요.

놀이로 얻는 학교생활 tip!

아이가 제대로 이해했는지 확인하는 방법 중 하나로 직접 자신의 언어로 설명해보는 법이 있어요. 다른 사람에게 설명할 수 있어야 비로소 내가 제대로 이해한 것이라고 해요. 아이에게 자신의 말로 풀어서 부모님께 설명할 수 있는 기회를 많이 만들어주세요. 아이의 학습 능력이 쑥쑥 자랄 거예요.

놀이 순서

tip ★ 화살표를 이용해서 시간의 흐름, 장소의 흐름에 따라 줄거리를 간략하게 정리해요.
★ 그림, 낱말, 문장 등 아이의 흥미와 발달 단계에 맞춰 자유롭게 표현해요.
★ 논리가 조금 맞지 않더라도 아이의 창의적인 생각에 긍정적으로 반응해주세요.

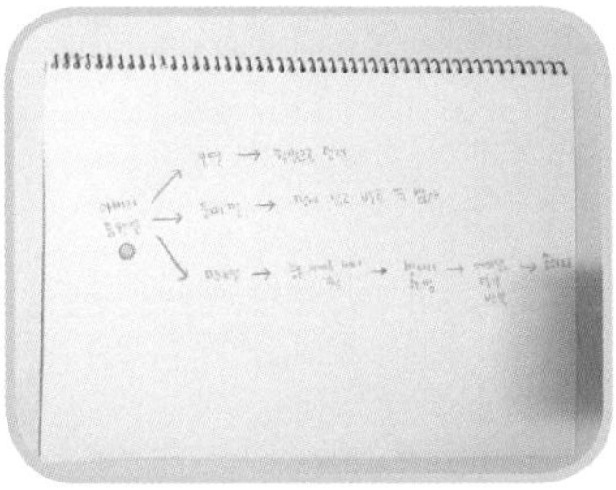

1 스케치북에 연필로 이야기 내용을 간단히 정리해요. 이때 화살표를 이용해 흐름을 표시해요.

2 화살표를 이용한 내용 요약을 보고, 줄거리를 말로 설명해요.

3 어떤 부분의 내용을 바꿀지 생각해요.

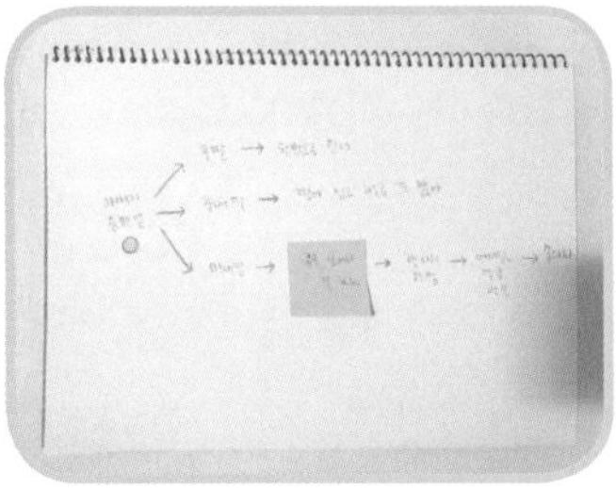

4 포스트잇에 바꾸고 싶은 내용을 적어서 붙여요.

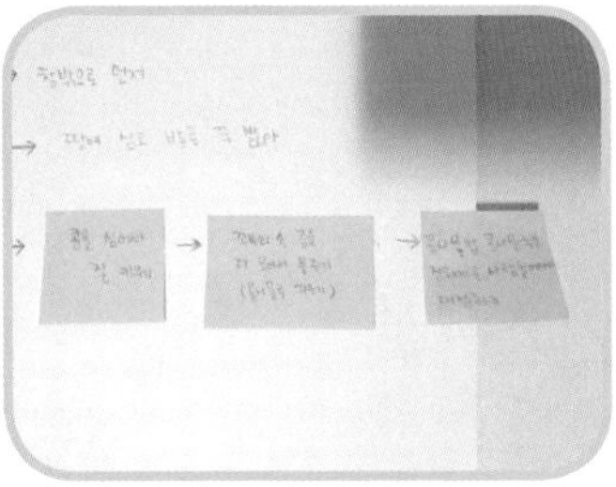

5 화살표로 연결되는 내용도 새로운 내용으로 바꿔요.

6 바뀐 내용을 말로 설명해봐요.

한 걸음 더!

콩 심은 데 콩 나요!

○**준비물** 콩 씨앗, 화분, 화분 받침대, 흙

1. 콩 씨앗을 물에 불려요.
2. 콩 씨앗을 화분에 심어요.
3. 물을 적당히 주고, 햇볕을 잘 쬘 수 있도록 해요.
4. 콩이 자라는 모습을 관찰해요. 자로 잎이 몇 센티인지, 몇 장인지 등을 살펴봐요.
5. 꽃이 나고 열매가 나는 모습을 관찰해요. 그리고 콩을 수확해요!

미술놀이

작디작은 콩보다 더 작은 점!

● **놀이 난이도** ★★ ● **준비물** 네임펜, 투명지, 종이, 투명테이프
● **초등 교육과정 역량** 창의적 사고 역량, 심미적 감성 역량

콩 한 알로 정성을 쏟아 소 한 마리를 마련한 막내딸처럼
우리도 작은 점에 정성을 쏟아서 멋진 미술작품을 만들어봐요.

놀이 속 미술 개념

미술 교과에서는 기본이 되는 점, 선, 면에 대해 학습하게 돼요. 점을 찍어서 표현하는 점묘화는 그리는 것에 자신이 없는 아이도 보다 적극적으로 참여할 수 있는 미술 활동이에요. 차분하고 꼼꼼하게만 한다면 꽤 멋있는 작품이 완성된다는 장점이 있어요.

놀이로 얻는 학교생활 tip!

자리에 앉아서 일정 시간 집중하며 몰입한다는 것은 어떤 아이에게는 쉬운 일이 아닐 수도 있어요. 초등학교에서 한 수업은 40분 단위로 이뤄져요. 40분 수업을 하고 10분 쉬는 시간이 주어진 후, 다시 40분 동안 수업이 이어져요. 블록 수업을 하는 경우에는 80분 수업을 하고, 20분 동안 놀이 시간을 갖기도 해요. 아이가 자리에 앉아 있기를 힘들어한다면 5분, 10분, 15분 단위로 시간을 조금씩 늘려서 자리에 앉아 집중하는 습관을 들이면서 아이가 성장을 할 때마다 아낌없이 칭찬해주세요.

놀이 순서

tip ★ 도안을 고를 때는 동화책의 한 장면을 골라도 돼요.

★ 점묘화를 그리기 어려워하는 아이에게는 부모님이 먼저 점을 콕콕 찍어서 테두리 부분을 완성해준 후, 아이가 안쪽을 채워가게 해주세요.

★ 인내심을 갖고 정성을 들일수록 멋진 점묘화가 완성돼요.

1 인터넷에서 그림을 그릴 도안을 다운 받거나 종이에 직접 그려요.

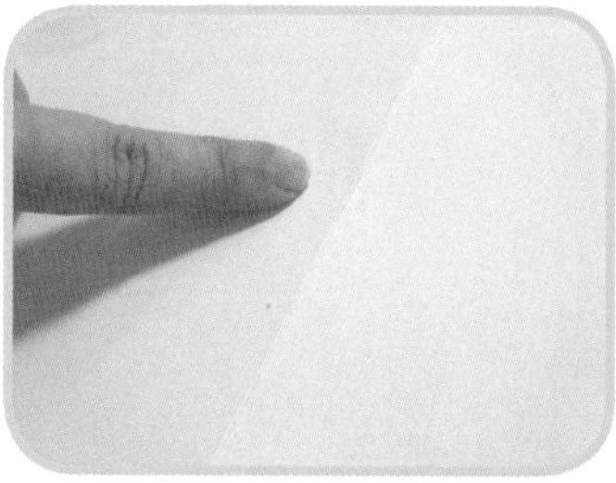

2 투명지를 도안 위에 놓고 양 끝부분을 투명테이프로 고정시켜요.

3 투명지 위에 네임펜으로 점을 콕콕 찍어서 테두리 부분을 완성해요.

4 점을 콕콕 찍어서 안쪽 부분도 채워줘요.

5 고정시키기 위해 붙였던 투명테이프를 떼 내요.

6 완성된 작품을 전시해요.

한 걸음 더!

선으로 그려요

○**준비물** 네임펜, 투명지, A4 크기의 도안, 투명테이프, 자

1. 인터넷에서 그림을 그릴 도안을 다운 받거나 직접 그려요.
2. 투명지를 도안 위에 놓고 양 끝부분을 투명테이프로 고정시켜요.
3. 투명지 위에 자와 네임펜을 이용해서 그림의 안쪽 부분을 선을 계속 그어줘요(가로, 세로, 사선 중 하나를 선택해서 한 방향으로만 계속 선을 그어요).
4. 고정시켜놨던 투명테이프를 떼고, 완성된 작품을 전시해요.

35

숲 속 재봉사

최향랑 글 · 그림 | 창비 | 2010

국어 교과서 수록 학년

1-2. 10단원 〈인물의 말과 행동을 상상해요〉

이야기 내용 소개

숲에 사는 재봉사는 옷 만들기를 아주 좋아해요. 숲 속 재봉사는 밤낮을 쉬지 않고 옷을 만들었어요. 그래서 새들도, 물고기들도, 큰 동물들과 작은 곤충들도, 높은 산과 낮은 산의 동물들도 숲 속 재봉사에게 옷을 부탁했어요. 새는 춤출 때 입을 옷을 부탁했고, 사자는 갈기털이 자꾸 눈을 가려서 모자가 필요했어요. 토끼는 깡충깡충 뛸 때 예쁘게 팔랑거리는 치마를 부탁했어요. 숲 속 재봉사는 동물들의 옷들을 만들어주고, 덕분에 모두가 다 꿈꿔왔던 옷을 입고 한바탕 잔치가 벌어졌어요.

Q

내용 이해하기

1. 새는 어떤 옷을 부탁했나요?

2. 사자는 어떤 옷이 필요했나요?

3. 토끼는 어떤 옷을 좋아했나요?

생각 주머니 키우기

1. 내가 만약 숲 속 재봉사라면 누구에게 어떤 옷을 만들어주고 싶나요?

2. 내가 숲에 산다면 숲 속 재봉사에게 어떤 옷을 부탁하고 싶나요?

나의 감상을 한 줄로 표현해보세요.

미술놀이

자연이 선물해준 알록달록 리스

- **놀이 난이도** ★★ • **준비물** 다양한 색의 나뭇잎(또는 꽃), 도화지, 가위, 풀(또는 투명테이프), 고무줄
- **초등 교육과정 역량** 심미적 감성 역량, 창의적 사고 역량

크리스마스를 더욱 즐겁게 하는 장식품 중에서 크리스마스 리스가 있어요. 자연이 선물해주는 재료를 이용해서 리스를 만들어볼까요? 훌륭한 장식품이 될 거예요.

놀이 속 미술 개념

10색 상환이란, 빨강, 주황, 노랑, 연두, 초록, 청록, 파랑, 남색, 보라, 자주 10가지 색을 둥글게 배열한 것을 말합니다. 미술 시간에 학생들은 색상환을 보고 유사색과 보색, 따뜻한 느낌이 나는 색과 차가운 느낌이 나는 색 등을 익히게 됩니다.

놀이로 얻는 학교생활 tip!

초등 2학년 통합교과 가을 교과에서는 낙엽을 모으고 관찰하는 활동을 해요. 그리고 초등 4학년 과학 교과에는 〈식물의 생활〉 단원에서 여러 가지 식물의 잎을 채집해서 생김새나 촉감 등과 같은 외형적 특징을 알아보고 분류하는 활동을 해요. 일상생활에서도 과학적 탐구의 기본이 되는 관찰 활동과 분류 활동을 자주 해보세요.

놀이 순서

tip ★ 봄과 가을에 하기 좋은 놀이예요. 가을에는 단풍으로, 봄에는 꽃으로 빨강, 주황, 노랑 빛깔을 찾을 수 있어요.

★ 가급적 잎을 따기 보다는 떨어져 있는 잎을 주워서 활동해요.

★ 부모님이 식물의 이름을 잘 모르셔도 걱정하지 마세요. 꽃과 잎의 색깔, 모양 등 생김새를 위주로 잘 관찰하고 아이에게 꽃과 잎의 이름을 지어보게 하며 놀이할 수 있어요.

1 다양한 색의 나뭇잎을 모아요.

2 모아온 잎을 생김새와 특징을 자세히 살펴봐요.

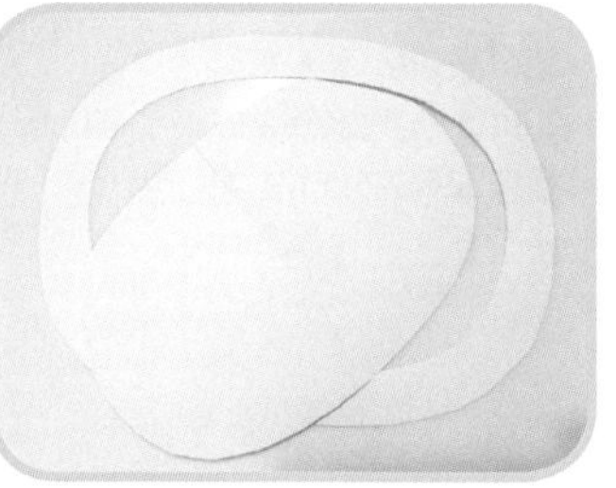

3 도화지를 도넛 모양으로 잘라요.

4 도넛 모양의 종이 위에 모아온 잎을 색깔별로 분류하고 종이 위에 붙여요.

5 고무줄을 고리 모양으로 만들어서 종이 뒤에 붙여요.

6 단풍으로 만든 리스 완성!

한 걸음 더!

10색 상환 만들기

○ **준비물** 도화지, 연필, 지우개, 물감(또는 색연필)

1. 도화지에 2개의 원을 그려 도넛 모양이 되게 해주세요.
2. 원을 10칸으로 나누어요.
3. 각각의 칸에 10색 상환에 해당하는 색을 칠해요. 색을 칠하는 대신, 해당하는 색의 색종이를 오려 붙여도 돼요.
4. 유사색, 보색을 각각 알아봐요.

요리놀이

나무가 선물해준 금빛 사탕

- **놀이 난이도** ★★★
- **준비물** 냄비(또는 프라이팬), 메이플 시럽, 실리콘 얼음틀, 이쑤시개
- **초등 교육과정 역량** 지식정보처리 역량, 창의적 사고 역량

나무는 우리에게 알록달록한 멋진 풍경을 선물해주기도 하고, 좋은 공기를 주기도 해요.
꿀처럼 끈적끈적한 메이플 시럽은 단풍나무가 우리에게 선물해준 요리 재료랍니다.
메이플 시럽을 이용해서 금빛 사탕을 만들어 먹어요.

놀이 속 요리개념

메이플 시럽은 어떻게 만드는 걸까요? 단풍나무 껍질에 홈을 파서 수액(물, 설탕, 미네랄로 구성돼 있어요)을 모아요. 그리고 모은 수액을 끓이면 메이플 시럽이 완성돼요. 메이플 시럽을 보글보글 끓이면 시럽 속의 설탕 분자들이 붙으면서 투명하면서도 금빛을 띠는 유리처럼 보이게 돼요.

놀이로 얻는 학교생활 tip!

요즘 아이들에게 인기 있는 장래희망 중 하나가 바로 셰프예요. 아이는 요리하는 과정에 참여하면서 멋진 셰프가 된 듯한 기분을 느낄 수 있어요. 놀이를 통해 아이들은 해낼 수 있다는 자신감도 향상되고, 스트레스도 풀 수 있어요.

놀이 순서

tip ★ 시럽이 끈적해서 얼음틀이나 손에 묻게 되지만, 최대한 아이가 많은 역할을 담당할 수 있게 해주세요.
★ 달기 때문에 최대한 얇게 만들어서 조금씩 먹게 유도해주세요.

1 냄비에 메이플 시럽을 종이컵 기준 2컵 정도 넣어요.

2 시럽을 끓이면서 눌어붙지 않도록 중불에서 계속 저어요.

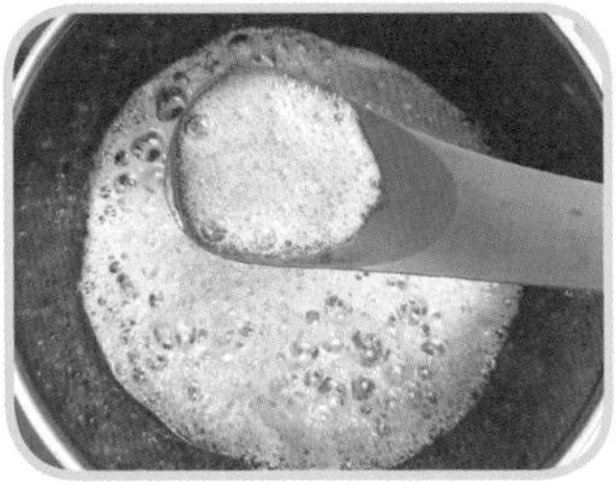

3 거품이 많아지면 약불로 줄이고 계속 저어요. 시럽이 끈적해지면 끓이는 과정을 멈춰요.

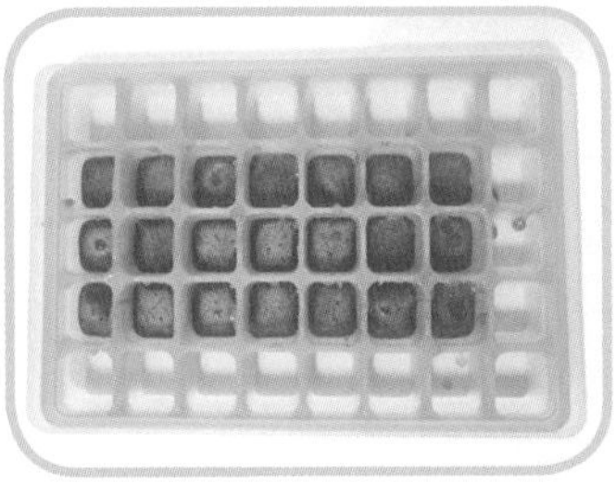

4 실리콘 얼음틀에 뜨거운 시럽을 부어요.

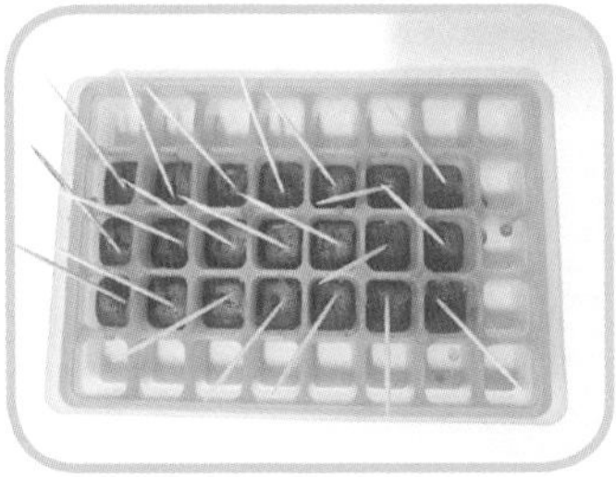

5 얼음틀에 이쑤시개를 하나씩 꽂아요.

6 냉동실에서 30분간 얼리면 완성!

한 걸음 더!

이쑤시개로 나무 만들기

○ **준비물** 이쑤시개, 마시멜로

1. 어떤 모양의 나무를 만들지 생각해요.
2. 마시멜로 양쪽에 이쑤시개 두세 개를 끼워서 연결해요.
3. 2와 같은 방식으로 이쑤시개와 마시멜로를 이용해서 멋진 나무 모양을 완성해요.

36

아씨방 일곱 동무

이영경 글 · 그림 | 비룡소 | 1998

국어 교과서 수록 학년

3-1. 8단원 〈의견이 있어요〉

이야기 내용 소개

옛날에 일곱 동무와 함께 바느질을 하는 아씨가 있었어요. 일곱 동무는 자, 가위, 바늘, 실, 골무, 인두, 다리미로 늘 사이좋게 바느질을 해왔어요. 그러던 어느 날, 일곱 동무가 본인이 더 귀하다고 서로 다투기 시작했어요. 옷감의 너비와 길이를 알려주는 자, 자를 수 있는 가위, 꿰맬 수 있는 바늘, 한 땀 한 땀이 돼주는 실, 아씨 손이 다치지 않게 지켜주는 골무, 모양을 잡아주는 인두, 구겨지고 접힌 곳을 펴주는 다리미가 모두 자신이 잘났다고 이야기해요.

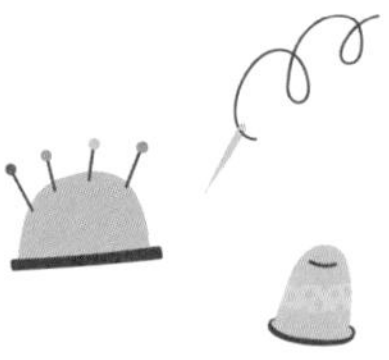

내용 이해하기

1. 아씨의 일곱 동무는 누구누구인가요?

2. 실은 왜 자신이 더 귀하다고 했나요?

생각 주머니 키우기

1. 내 생각에는 누가 가장 중요한 것 같나요? 가장 중요하다고 생각하는 동무와 그 이유를 말해보세요.

2. 공부할 때 나를 가장 도와주는 물건은 무엇인가요? 그 이유를 말해보세요.

나의 감상을 한 줄로 표현해보세요.

코딩놀이

진실을 밝혀내는 카드 마술

● **놀이 난이도** ★★★ ● **준비물** 양면 색종이, 가위
● **초등 교육과정 역량** 지식정보처리 역량, 창의적 사고 역량

아씨방 일곱 동무의 말은 이야기 속에서만 들려요. 평소에는 바늘, 실 등의 사물의 말은 들리지 않아요. 만약 마술을 부릴 수 있다면 그들이 말하는 걸 들을 수 있을지도 몰라요. 진실을 밝히는 카드 마술 놀이를 하며 마술 부리는 법을 배워볼까요?

놀이 속 코딩 개념

컴퓨터는 어떤 정보가 옳은지 어떻게 밝혀낼 수 있을까요? 컴퓨터가 잘못된 정보를 저장해 오류가 나면 곤란한 일이 발생할 수 있겠죠. 그래서 컴퓨터는 '패리티 비트'를 사용해요. 이진 데이터 열에 정보의 오류를 확인할 수 있는 비트 하나를 추가하여 현재의 비트 값이 맞는지 알려주는 거죠. 이 놀이에서 세로줄과 가로줄에 추가로 놓는 것이 바로 패리티 비트의 역할을 해요.

놀이로 얻는 학교생활 tip!

책의 뒤표지를 보면 바코드가 있는 것을 볼 수 있어요. 이 바코드 숫자에도 패리티 비트가 숨어 있어요. 책 바코드 13번째 마지막 숫자을 제외하고 앞의 12개 숫자만 가지고 계산해요.

1. 홀수 번째에 위치한 숫자를 모두 더해주세요.
2. 짝수 번째에 위치한 숫자를 모두 더해서 3을 곱해주세요.
3. 1과 2의 결과를 더해주세요.
4. 3의 결과 값의 일의 자리 숫자에서 10을 뺀 수가 패리티 비트예요. 계산 결과가 바코드의 마지막 숫자와 같나요? 패리티 비트를 확인해봐요!

놀이 순서

tip★ '특정 색깔이 짝수 개이면 같은 색깔 종이를 하나 더 놓기' 방법은 홀수 패리티 방식이에요. 방법을 바꾸어서 '특정 색깔이 홀수 개이면 같은 색깔 종이를 하나 더 놓기'인 짝수 패리티 방식으로 바꾸어 놀이할 수도 있어요.

1 2가지 색의 색종이를 2번 접어서 4등분하고 잘라주세요.

2 색종이를 정사각형 모양으로 무작위로 깔아주세요.

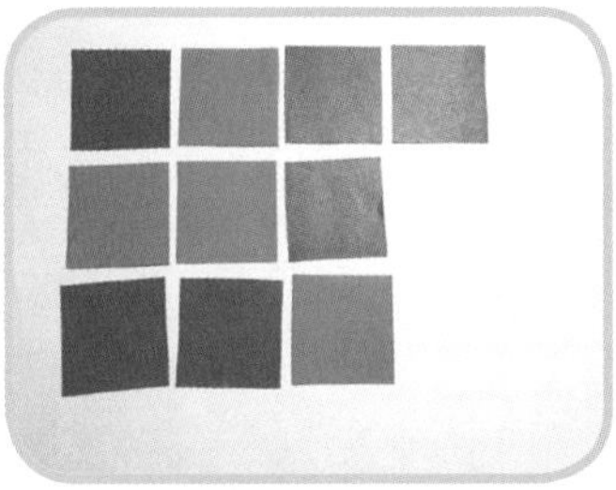

3 가로줄을 보며, 빨간 색깔이 짝수 개이면 빨간색 종이를 하나 더 놔주세요. 홀수 개이면 초록색 종이를 놔주세요.

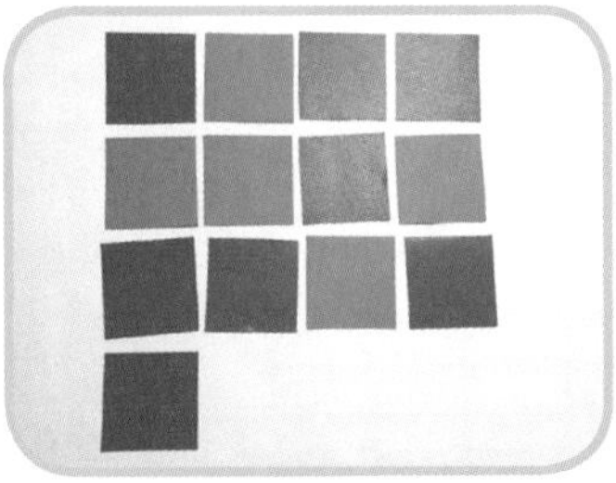

4 세로줄도 마찬가지 방법으로 색종이를 추가해주세요.

5 카트를 다 깔아서 완성해주세요.

6 이제 마술을 부릴 차례에요. 다른 사람을 불러서 내가 눈을 감은 동안 카드 1장을 뒤집어보라고 해요.

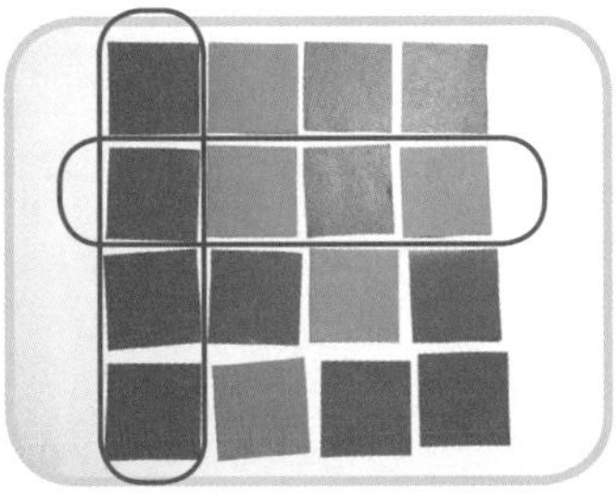

7 눈을 뜨고, 가로 줄과 세로 줄을 살피면서 규칙이 어긋난 곳(빨간색이 홀수가 아닌 곳)이 어디인지 찾아요.

8 뒤집힌 카드를 찾고, 마술을 부린 것을 보여줘요!

과학놀이

비밀 상자 속 물건 맞히기!

- **놀이 난이도** ★
- **준비물** 티슈 곽, 색종이, 풀, 가위, 색연필, 자, 가위, 바늘, 실, 골무, 다리미
- **초등 교육과정 역량** 지식정보처리 역량, 의사소통 역량

여러분은 아씨방의 일곱 동무를 잘 알고 있나요?
정말 잘 알고 있다면, 비밀 상자 안에 들어 있어도 맞출 수 있겠죠?
보이지 않는 상자 안에서 일곱 동무를 관찰하는 놀이를 해봐요!

놀이 속 과학 개념

관찰은 어떤 사물이나 현상을 자세히 살펴보는 것을 의미해요. 이 능력은 과학의 기초 탐구 원리가 돼요. 사물을 관찰할 때 우리의 오감을 활용할 수도 있지만 오감 외에도 온도계, 저울 등 다양한 도구를 사용하여 나타낼 수 있어요.

놀이로 얻는 학교생활 tip!

초등 3학년 과학 교과에는 〈우리 생활과 물질〉이라는 단원에서 물체와 물질에 대하여 배우게 돼요. 물체는 모양이 있고 공간을 차지하고 있는 것을 말해요. 예시로 아씨방 일곱 동무와 같은 물건들이 있어요. 물질은 물체를 만드는 재료를 뜻해요. 아씨방 일곱 동무 중의 하나인 자를 예로 들면 나무로 만든 자, 플라스틱으로 만든 자, 금속으로 만든 자처럼 자를 만드는 다양한 물질이 있어요.

놀이 순서

tip ★ 뾰족한 부분을 가진 가위, 바늘은 티슈 곽에 넣어서 놀이하지 않고, 눈을 감은 채로 아이의 손가락에 물건을 가져다 대서 물건을 맞히게 해주세요.

★ 아씨방에 등장하는 인두는 오늘날 사용하지 않아요. 부모님께서 어떤 생김새와 용도인지만 간단히 설명해주세요.

1 티슈 곽에 풀을 발라요.

2 색종이를 붙여서 비밀 상자를 꾸며요.

3 아이는 눈을 감거나 안대를 써요.

4 부모가 비밀 상자 안에 자, 가위, 바늘, 실, 골무, 다리미 중 하나를 넣어요.

5 아이는 비밀 상자 안에 손을 넣어 촉감만으로 물건을 맞혀요.

6 생각한 물건이 맞는지 비밀 상자에서 꺼내어 확인해요!

한 걸음 더!

이것은 무엇일까요?

○**준비물** 비밀 상자, 집 안의 다양한 물건

1. 비밀 상자에 퀴즈를 낼 물건을 집어넣어요.
2. 비밀 상자 안에서 물건을 만지며 물건에 대해서 설명해요.
3. 물건에 대한 설명을 들은 사람은 어떤 물건인지 알아맞혀요!
4. 그 물건이 맞는지 비밀 상자에서 꺼내서 보여줘요.

37

온 세상 국기가 펄럭펄럭

서정훈 글 | 김성희 그림 | 웅진주니어 | 2010

국어 교과서 수록 학년

3-2. 7단원 〈글을 읽고 소개해요〉

이야기 내용 소개

월드컵 개막식을 보면 각 나라를 대표하는 선수들이 국기를 들고 줄지어 입장해요. 갖가지 무늬와 색깔들이 출렁이는 모습을 보면 참 멋지죠. 국기를 자세히 살피면 다양한 이야기를 발견할 수 있어요. 캐나다의 국기에는 자연이 담겨 있어요. 캐나다에 많이 자라는 단풍나무가 있기 때문이죠. 멕시코의 국기에는 전설이 담겨 있어요. 멕시코에는 신의 계시를 받은 독수리가 내려앉은 곳에 도시를 세웠더니 부강졌다는 전설이 있는데, 국기에 이 전설 속 독수리를 그려 넣었어요. 미국 국기에는 땅이 담겨 있어요. 미국 국기의 별은 각 주를 상징해요. 국기의 별이 13개였는데 지금은 50개가 되었죠. 이는 처음 국가를 세울 때 13개의 주였지만 현재의 50개의 주로 늘었다는 표시이기도 하죠. 우리나라 국기에는 평화를 상징하는 흰 바탕, 조화로운 우주를 뜻하는 태극 문양, 하늘, 땅, 물, 불을 나타내는 4괘가 담겨 있어요. 이처럼 국기는 그 나라를 나타내는 얼굴이에요.

Q

내용 이해하기

1. 캐나다 국기에는 무슨 그림이 있나요?

2. 멕시코 국기에는 독수리 이야기가 그려져 있어요. 독수리는 멕시코의 무엇을 상징하나요?

3. 미국 국기는 처음에 13개의 별이 있었어요. 지금은 몇 개의 별이 있나요?

4. 우리나라 국기에서 평화를 사랑하는 마음이 담긴 부분은 어느 곳인가요?

생각 주머니 키우기

1. 우리나라는 일본에 나라를 빼앗겼을 때 태극기를 마음대로 사용하지 못했어요. 그때 우리나라 사람들의 마음은 어땠을까요?

나의 감상을 한 줄로 표현해보세요.

체육놀이

국기 올려! 국기 내려!

● **놀이 난이도** ★★ ● **준비물** 여러나라의 국기, 수수깡, 테이프
● **초등 교육과정 역량** 지식정보처리 역량, 창의적 사고 역량

월드컵 개막식에 등장하는 각 나라를 대표하는 국기들이 펄럭이는 모습은 정말 멋지죠? 우리도 알록달록 국기를 만들어보고 국기 게임을 해요.

놀이 속 체육 개념

국기를 만들고 지시에 따라 행동하는 놀이를 해볼까요? 처음에는 단순히 국기를 올리고 내리는 명령들만 해주세요. 국기를 올리고, 내리는 행동에 익숙해졌다면, 더욱 복잡한 동작을 통해 아이의 활동 범위를 넓혀줄 수 있어요. 예를 들면 '캐나다 국기 들고 한 발로 서 있기', '캐나다 국기 내려놓고 발을 바꾸어 10초 버티기', '우리나라 국기 들고 만세! 외치면서 거실 한 바퀴 돌기' 등 아이가 놀이를 통해 에너지를 발산할 수 있도록 유도해주세요.

놀이로 얻는 학교생활 tip!

학교에서는 선생님이 학생들에게 수업 내용부터 학교 규칙까지 많은 정보를 주죠. 이때 선생님의 말을 잘 듣고 올바르게 행동하는 아이가 있는 반면, 주변 친구들에게 "지금 뭐해야 하는 거야?", "어떻게 해?"라며 계속해서 묻는 아이가 있어요. 차이는 바로 청지각력이에요. 청지각이란 귀로 들은 소리자료를 판단하고, 이해하는 것을 말해요. '국기 올려! 국기 내려!' 놀이를 하면서 들리는 정보에 집중하고, 올바르게 해석해서 행동하는 것은 청지각 훈련에 도움이 돼요.

tip ★ 아이가 끝까지 듣는 연습을 할 수 있게 지시를 복잡하게 내려보세요.

놀이 순서

1 수수깡을 2등분해서 잡기 편하게 만들어요. 수수깡은 깃대가 될 거예요.

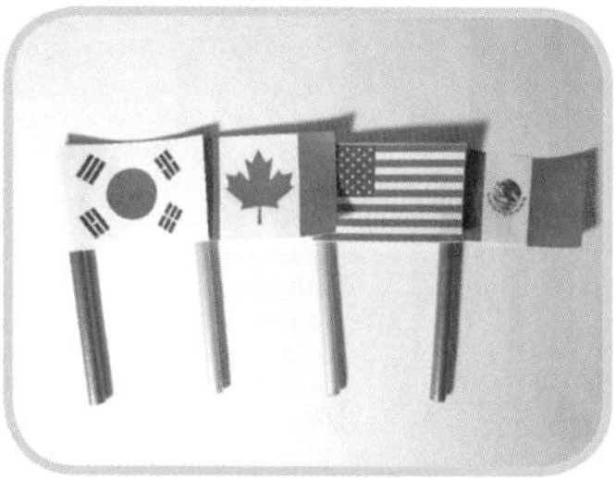

2 수수깡에 프린트한 국기를 테이프로 붙여주세요.

3 행동을 지시하기 전에 우선 나라별 국기의 모습을 익혀요.

4 간단한 지시부터 시작해요. "멕시코 국기 들어!"

5 두 개의 명령을 섞어서 지시해요. "멕시코 국기 내려놓고 미국 국기 들어!"

6 난이도를 높여 어려운 지시도 해볼까요? "캐나다 국기 들지 말고 한국 국기 반만 들어!"

한 걸음 더!

가라사대 놀이

'가라사대'를 앞에 붙인 말만 행동해야 해요.

예) '가라사대, 양손 높이 번쩍 들어!' – 행동해요.

'양손 내리고 차렷!' – 행동하지 않아요.

'가라사대, 장난감 정리하기!' – 행동해요.

'멈춰!' – 행동하지 않아요.

코딩놀이

스마일 국기 픽셀아트

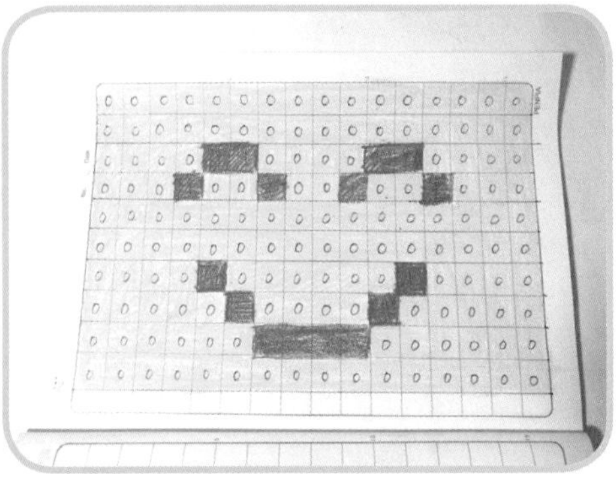

●놀이 난이도 ★ ●준비물 줄 공책, 자, 펜, 색연필
●초등 교육과정 역량 심미적 감성 역량, 창의적 사고 역량

국기는 그 나라를 나타내는 얼굴이라고 해요.
모든 국민들이 행복한 스마일 나라가 있다면 어떨까요?
스마일 나라의 스마일 국기를 픽셀아트로 만들어볼까요?

놀이 속 코딩 개념

컴퓨터는 1과 0만 저장할 수 있다고 하는데, 그렇다면 어떻게 2, 3, 4, 5와 같은 다른 숫자나 'HELLO' 같은 문자를 나타낼 수 있는 걸까요? 컴퓨터는 아스키, 유니코드 같은 체계를 이용해서 숫자와 문자를 고유한 코드 값으로 저장해 표현할 수 있어요. 예를 들어서 2는 '0000001', 3은 '0000010', 4는 '0000011'와 같이, A는 '1000001', B는 '1000010', C는 '1000011'와 같은 식으로 저장하고 있어요.

놀이로 얻는 학교생활 tip!

학교에 열리는 다양한 행사 중 '환경 보호', '학교폭력 예방', '안전한 학교' 등에서 표어나 포스터를 그려야 하는 경우가 있어요. 이때 글자는 비율에 맞춰 균형 있게 쓸 수 있어야 하죠. 도화지를 픽셀아트 나누듯이 일정한 간격으로 줄을 그어 나누어보세요. 그러면 이를 토대로 어느 곳이 중간인지, 어디 쯤에 글자를 써야 하는지 칸을 세어서 정확히 위치시킬 수 있어요.

놀이 순서

tip ★ 그림의 선명도를 높이기 위해서는 격자를 작게 만들 수 있어요.
★ 완성한 그림을 멀리 떨어져서 보면 전체적인 모습을 더 잘 파악할 수 있어요.
★ '나만의 픽셀아트 그림집'을 만들어서 퀴즈처럼 풀어나갈 수 있게 다양한 디자인을 책으로 엮어보는 것도 좋아요.

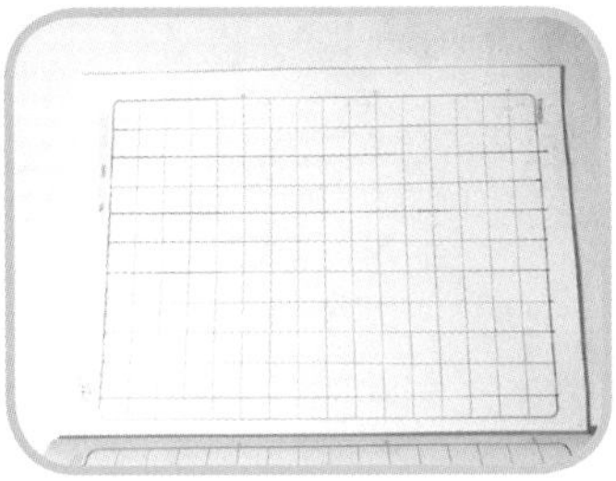

1 자를 이용해서 줄 공책의 간격만큼 수직으로 줄을 그어주세요.

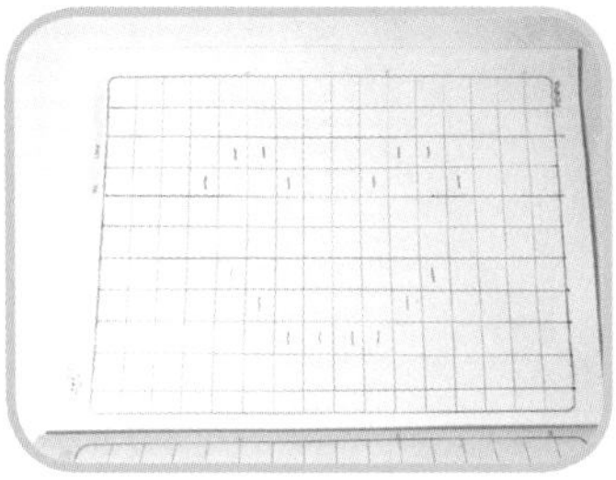

2 나타내고 싶은 스마일 그림 칸에 1을 써주세요.

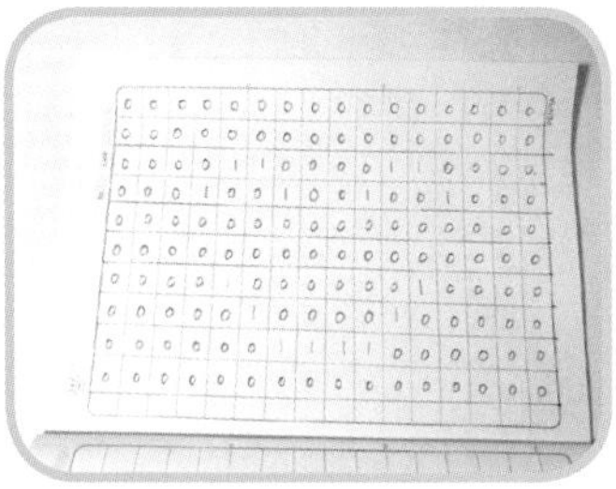

3 나머지 칸은 모두 0으로 채워주세요.

4 1과 0의 색을 정해주세요.

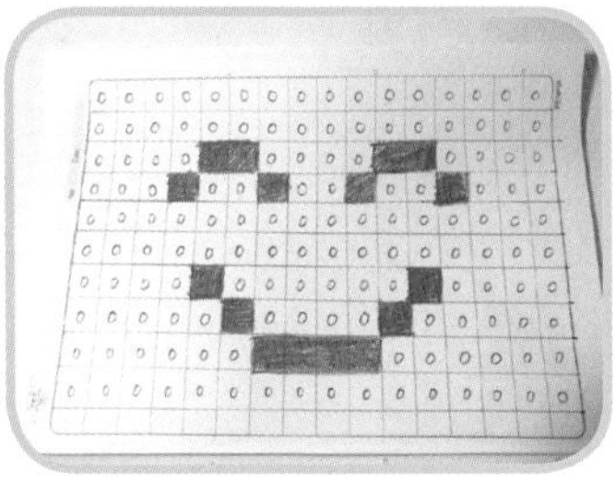

5 1에 지정한 색을 칠해주세요.

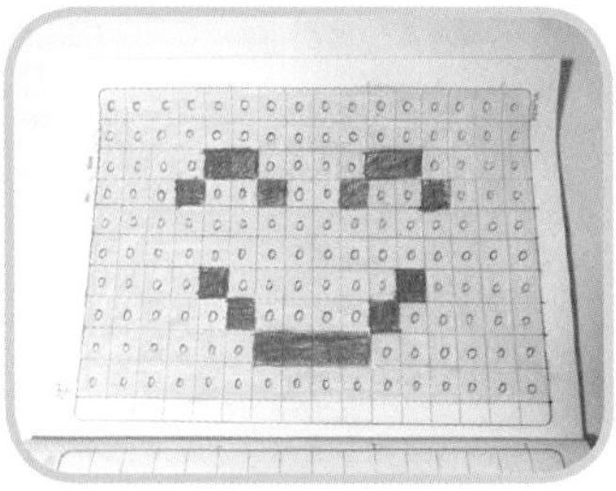

6 0에 지정한 색을 칠해주세요. 픽셀아트 완성!

한 걸음 더!

내가 디자인하는 나라 국기

○**준비물** 모눈종이, 자, 펜, 색연필

1. 어떤 나라의 국기를 만들고 싶은지 정해요.
2. 나라에 어울리는 국기를 디자인해서 표현하고 싶은 부분에 1을 써요.
3. 나머지 바탕 부분을 0으로 채워요.
4. 1과 0의 색을 정해서 색을 칠해주세요.

38

무툴라는 못 말려!

베벌리 나이두 글 | 피에트 그로블러 그림 | 강미라 옮김 | 국민서관 | 2008

국어 교과서 수록 학년

3-2. 9단원 〈작품 속 인물이 되어〉

이야기 내용 소개

토끼 무툴라가 코끼리 투루를 만났어요. 무툴라는 인사를 건넸지만 투루는 무툴라의 인사를 무시했어요. 거만한 투루에게 무툴라는 자신이 아무리 작더라도 줄다리기를 하면 투루를 이길 수 있을 거라고 다음 날 대결을 신청해요. 그리고 무툴라는 하마 쿠부를 찾아가요. 쿠부 역시 무툴라를 꼬맹이라고 무시하며 말을 들어주지 않죠. 무툴라는 거만한 쿠부에게도 줄다리기로 이길 수 있을 거라고 다음 날 대결을 제안해요. 그리고 집에 돌아와서는 튼튼한 밧줄을 열심히 준비하죠.

대결하는 날 무툴라는 길고 튼튼한 밧줄을 가지고 가서 한쪽은 투루에게, 한 쪽은 쿠부에게 줄을 주고 "휘이이이익!" 하고 시작 신호를 보내요. 둘은 영차 영차 끙끙 밧줄을 당겨요. 투루와 쿠부는 둘 다 지고 싶지 않아서 해가 질 때까지 계속해서 줄다리기를 했어요. 지치고 나서야 둘은 동시에 밧줄을 놓았고, 무툴라는 깡충깡충 뛰어 마지막으로 "휘이이이익!" 하고 종료 휘파람을 불어서 무승부가 되었어요.

Q

내용 이해하기

1. 무툴라는 투루와 쿠부에게 줄다리기 대결을 신청하고 집에 돌아와서 무엇을 준비했나요?

2. 무툴라가 만든 밧줄을 다음날 누구에게 주었나요?

생각 주머니 키우기

1. 무툴라의 인사에 쌀쌀맞게 구는 투루의 모습을 상상하며 연기해볼까요?

2. 내가 투루나 쿠부라면 무툴라에게 어떤 상냥한 말을 해줄 수 있을까요?

나의 감상을 한 줄로 표현해보세요.

동요 빨리 쓰기

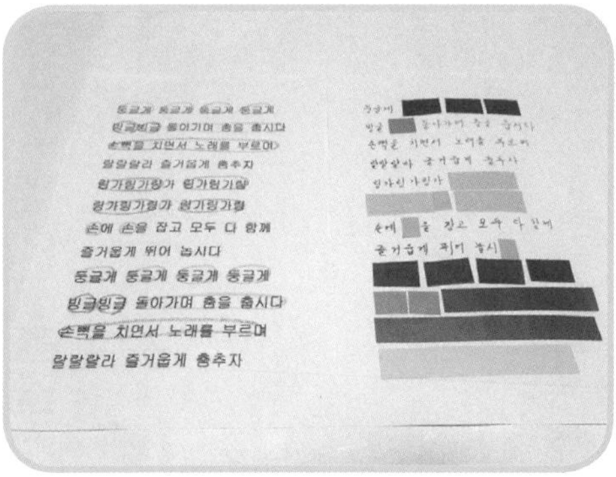

- **놀이 난이도** ★★★ - **준비물** 종이, 색종이, 펜, 색연필, 가위, 풀
- **초등 교육과정 역량** 지식정보처리 역량, 의사소통 역량

지혜로운 산토끼 무툴라는 하마 쿠부와 코끼리 투루에게 자신이 똑똑하다는 걸 다시 한번 증명해보려고 해요. 동요 빨리 쓰기 대회를 통해서 말이죠. 똑똑한 무툴라의 정보를 압축하는 방법대로 동요 빨리 쓰기 놀이를 해볼까요?

놀이 속 코딩 개념

컴퓨터는 많은 정보를 처리하고 저장해요. 'A, B, C, A, B, C, A, B, C' 라는 정보가 있다고 생각해보세요. 모든 정보를 하나씩 저장한다면 효율성이 떨어지겠죠? 그래서 똑똑한 컴퓨터는 중복되는 정보인 'A, B, C,'가 3번 있다고 저장한답니다. 그렇게 되면 정보를 처리하는 속도가 빨라질 뿐만 아니라 정보를 저장하는 공간도 줄일 수 있게 되거든요.

놀이로 얻는 학교생활 tip!

반복은 코딩에서는 컴퓨터가 정보를 압축시켜 저장하는 방법으로 이용하지만 문학에서는 언어의 아름다움을 표현하려 사용하기도 해요. 학교에서 배우는 동시, 동요 등을 보면 반복되는 말이 자주 나온답니다. 놀이를 통해 반복에서 오는 운율을 느끼고 이를 교과서 곳곳에서 찾아보는 건 어떨까요?

놀이 순서

tip ★ 한글을 읽고 쓰는데 익숙하지 않은 경우에는 부모님이 대신 써주고, 읽어주는 과정이 필요한 놀이예요.

★ 동요는 꼭 「둥글게 둥글게」가 아니어도 돼요. 아이가 좋아하는 동요 중 언어 반복이 많은 것을 골라 놀이해보세요.

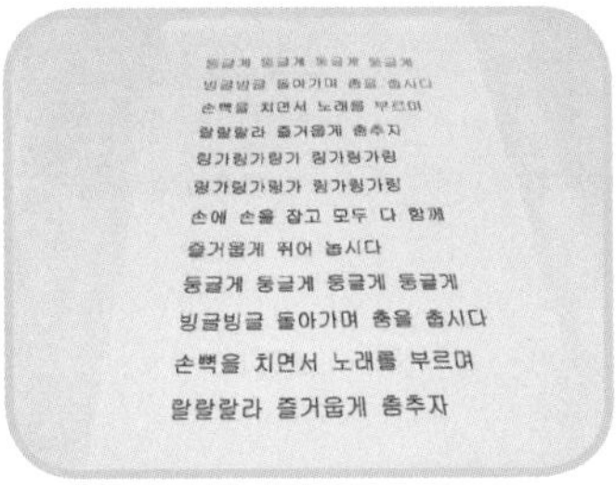

1 종이에 펜으로 「둥글게 둥글게」 동요 가사를 써요.

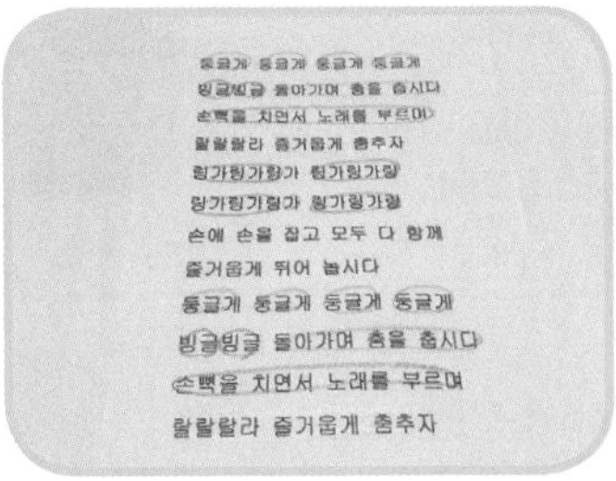

2 반복되는 말을 찾아 1가지 색연필로 동그라미를 쳐요.

3 반복되는 말이 2번째 나왔을 때부터 색종이를 잘라 붙여요.

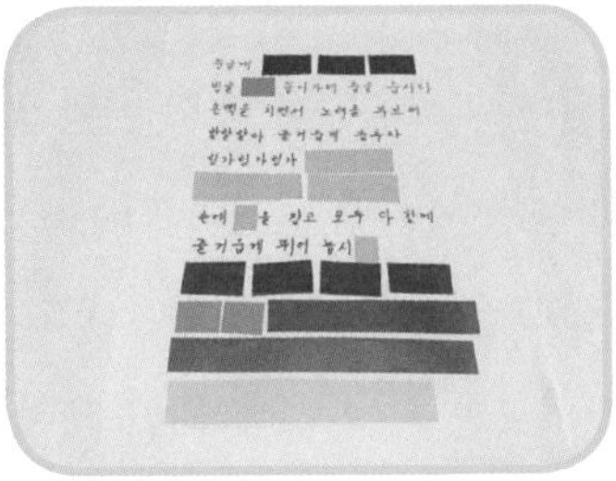

4 색종이를 붙이지 않은 부분의 가사를 넣어서 완성해보세요.

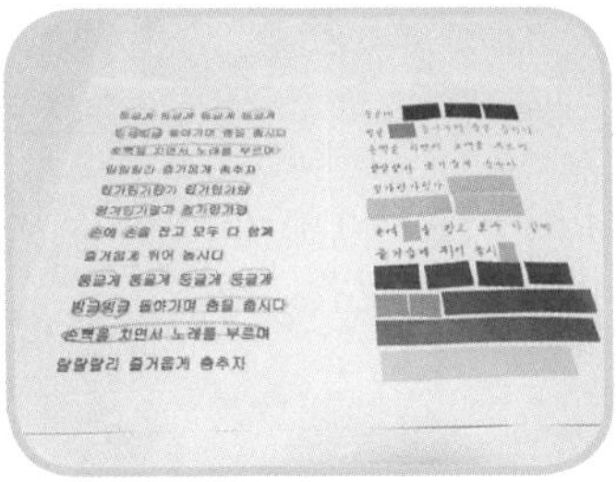

5 모든 글자가 쓰여 있는 종이와, 반복되는 말은 색종이로 가린 종이를 비교해요.

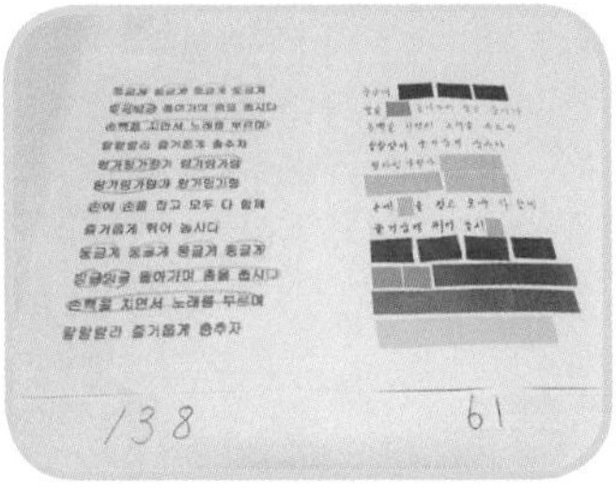

6 컴퓨터가 이 동요를 저장해야 한다면 어떤 방법이 더 좋을까요? 무엇이 얼마나 효율적인지 글자 수를 세어서 알아봐요!

한 걸음 더!

언어 압축 동요를 맞혀라!

○ **준비물** 반복된 글자를 가린 완성 작품, 펜

1. 위 놀이에서 완성 작품을 가지고 주변 사람들(할머니, 할아버지, 친구 등)에게 퀴즈를 내봐요.
2. 같은 색깔 색종이는 같은 말이라는 힌트를 주면 더욱 쉽게 맞힐 수 있어요.
3. 누가 가려진 글자를 더 잘 맞히는지 볼까요?

체육놀이

토끼가 이기는 땅따먹기

- **놀이 난이도** ★
- **준비물** 절연테이프(또는 종이테이프), 종이, 펜, 공깃돌
- **초등 교육과정 역량** 지식정보처리 역량, 의사소통 역량

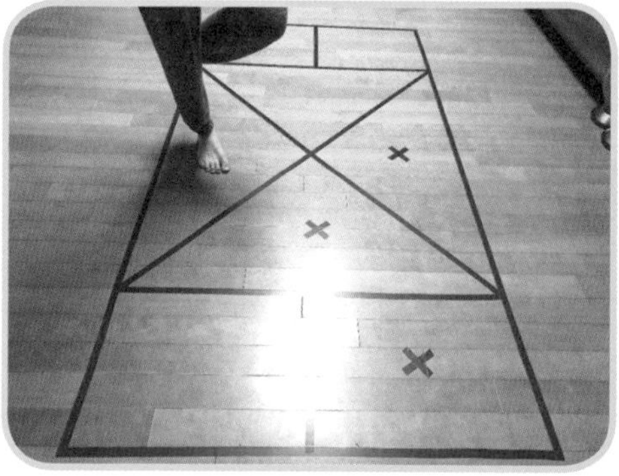

하마와 코끼리는 토끼에게 졌다는 게 너무 분했어요.
그래서 자신들이 아주 잘하는 땅따먹기 놀이를 하자고 제안해요.
대신 "우리는 힘이 더 세고! 키가 더 크니까! 네가 규칙 하나쯤은 정하게 해주지!"라고 했어요.
어떤 규칙을 정하면 토끼가 이길 수 있을까요?

놀이 속 체육 개념

땅따먹기 놀이를 잘 하기 위해서는 전략을 잘 짜야 하고, 한 발로 균형을 잡으며 민첩하게 행동해야 하죠. 이러한 능력은 체력과 관련이 있어요. 초등학생이 길러야 할 체력은 크게 건강 체력과 운동 체력으로 나뉘어요. 건강 체력은 근력, 근지구력, 유연성, 심폐 지구력 등 건강에 대한 체력을, 운동 체력은 순발력, 민첩성, 평형성, 협응성 등 운동에 필요한 체력을 의미해요. 체육놀이는 다양한 건강 체력과 운동 체력을 길러요.

놀이로 얻는 학교생활 tip!

초등학교 체육 시간에는 준비 운동과 정리 운동을 포함하여 40분간 체육 활동을 하게 돼요. 아이의 체질 또는 체력에 따라 체육 시간 내내 참여하는 것을 힘들어하기도 하죠. 그래서 평상시에 가족과 함께 건강 체력을 기르는 것이 중요해요.

놀이 순서

tip ★ 아이는 토끼, 아이보다 키가 크거나 힘이 센 형제나 부모가 하마와 코끼리 역할을 맡아주세요.

★ 반복을 통해 스스로 가장 유리한 규칙을 찾을 수 있게 도와주세요.

★ 절연테이프, 종이테이프 등 떼어도 자국이 남지 않는 테이프를 사용해요.

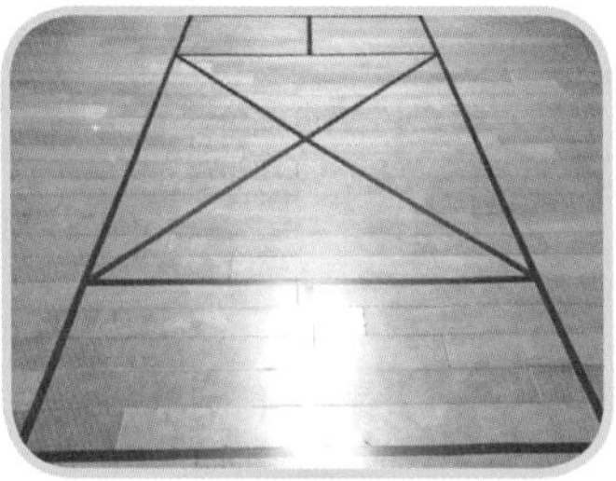

1 테이프로 땅따먹기판을 그려주세요.

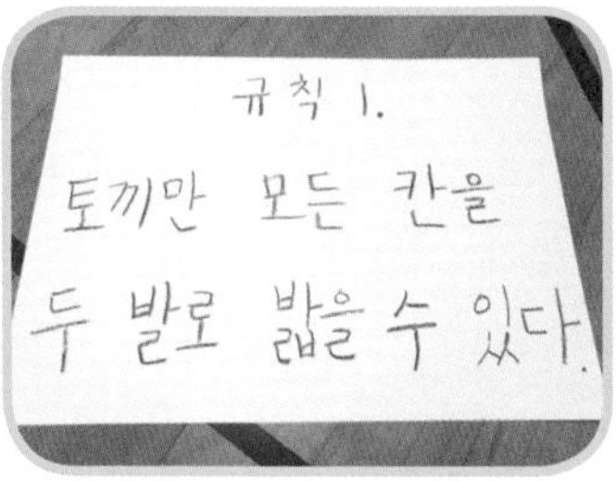

2 토끼가 이길 수 있는 규칙을 정해주세요.

3 새로 정한 규칙에 맞게 번갈아 땅따먹기 놀이해요.

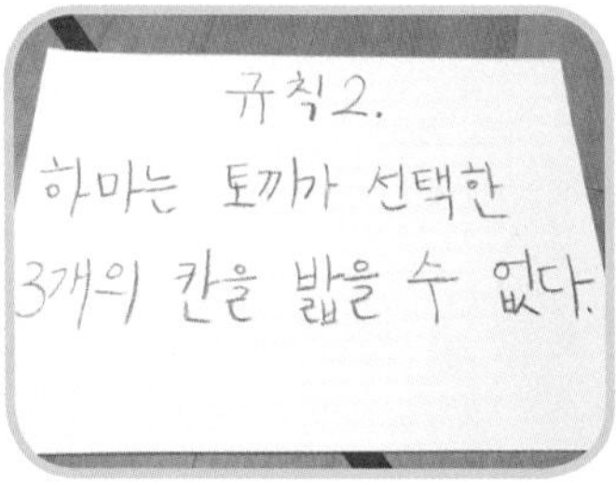

4 토끼가 이길 수 있는 또 다른 규칙을 정해주세요.

5 새로 정한 규칙에 맞게 번갈아 땅따먹기 놀이해요.

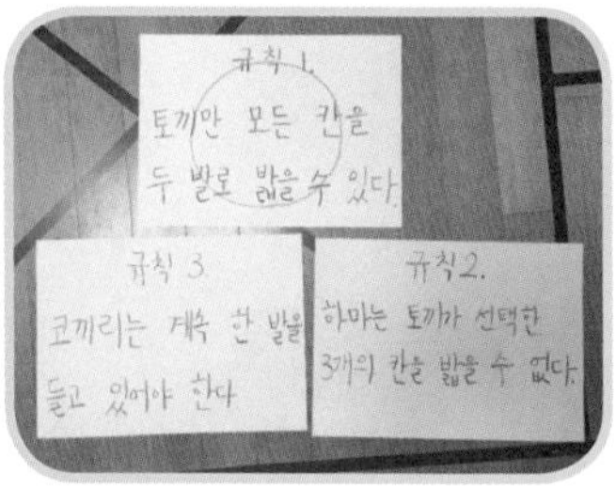

6 어떤 규칙이 가장 유리했나요? 경험을 바탕으로 토끼에게 가장 유리한 규칙을 정해주세요.

한 걸음 더!

○**준비물** 절연테이프(또는 종이테이프), 종이, 펜, 공깃돌

너도 나도 유리한 땅따먹기

1. 동물마다 자신의 규칙을 하나씩 정해요.

   예) 하마 – 코끼리는 내가 정한 땅을 밟을 수 없다. 코끼리 – 발 바꾸기는 나만 할 수 있다.
2. 각자가 생각한 유리한 규칙을 모두 지키며 놀이해요.
3. 놀이 후, 누구의 규칙이 가장 유리했는지 이야기를 나누어요.

39

토끼의 재판

푸른숲글방 글 | 최용희 그림 | 월드베스트 | 2017

국어 교과서 수록 학년
3-2. 9단원 〈작품 속 인물이 되어〉

이야기 내용 소개

사냥꾼들이 궤짝에 가둬둔 호랑이를 두고 샘을 찾아 떠나요. 그 사이에 길을 가던 나그네에게 호랑이는 궤짝을 열어달라고 잡아먹지 않겠다고 애원하죠. 나그네는 그 말을 듣고 궤짝을 열어주었다가, 자신을 잡아먹으려는 호랑이를 보고 왜 약속을 지키지 않냐며 다투게 돼요. 소나무에게 누가 옳은지 물어보자, 소나무는 호랑이가 옳다고 말해요. 사람들은 맑은 공기를 마시게 해주는데도 함부로 소나무를 베어버리니까요. 다음으로 길에게도 누가 옳은지 물어봐요. 길도 호랑이가 옳다고 말해요. 사람들은 날마다 길을 밟고 다니면서도 고맙다는 말없이 함부로 대하기 때문이에요. 마지막으로 토끼에게 물어봐요. 하지만 토끼는 나그네와 호랑이의 이야기를 잘 이해하지 못했어요. 답답한 호랑이는 궤짝으로 들어가며 "내가 이렇게 안에 있었는데!" 하고 재연해요. 이때 토끼가 얼른 문고리를 걸어 잠가, 호랑이는 다시 갇히게 되고 나그네는 무사히 다시 길을 떠나요.

Q

내용 이해하기

1. 등장인물은 모두 누구누구인가요?

2. 호랑이와 나그네는 왜 싸우게 되었나요?

3. 소나무와 길은 누구의 편을 들었나요? 이유는 무엇인가요?

생각 주머니 키우기

1. 토끼의 지혜를 보며 어떤 생각이 들었나요?

2. 소나무와 길은 사람에게 서운한 게 많았던 모양이에요. 앞으로 우리는 나무를 대할 때, 길을 지나갈 때 어떻게 행동해야 할까요?

나의 감상을 한 줄로 표현해보세요.

긴급 기자회견!

- **놀이 난이도** ★★★ **준비물** 의자, 장난감 마이크, 카메라
- **초등 교육과정 역량** 심미적 감성 역량, 창의적 사고 역량

나그네는 호랑이를 살려줬는데 도리어 자신을 잡아먹으려 한다면 마음이 어땠을까요?
나그네가 자신의 심경을 토로하는 기자회견이 열렸다고 해요.
이야기 속 인물이 돼 기자회견장에 참여해봐요.

놀이 속 국어 개념

'긴급 기자회견!' 놀이는 작품 속 인물이 돼, 그 인물을 연기하는 놀이예요. 작품 속 인물과 이야기를 잘 이해하고 이야기에 드러나 있지 않은 인물의 속마음도 미루어 짐작할 수 있어야 해요. 그리고 인물의 성격을 살려 그에 어울리는 표정, 몸짓, 말투를 설정하여 연기할 수 있어야 해요.

놀이로 얻는 학교생활 tip!

학교는 아이들이 접할 수 있는 작은 사회예요. 학교를 다니며 다른 사람들과 더불어 살아가는 사회성을 기를 수 있어요. 하지만 반 친구들과 매일 몇 시간씩 함께 생활하면서 좋은 관계를 맺어나가는 것은 참 어려운 일이에요. 아이마다 생각이 다르기 때문에 갈등이 일어나기 쉽기 때문이죠. 다양한 인물이 돼보는 이 놀이는 작품 속 다양한 인물의 성격과 특징을 이해할 때 도움이 될 뿐만 아니라, 아이 주변에 있는 다양한 친구들에 대한 공감 능력을 키워줄 수 있는 좋은 경험이 될 거예요.

놀이 순서

tip ★ 아이가 상황에 몰입하여 참여할 수 있도록 하려면 부모도 기자처럼 실감나게 질문하는 것이 중요해요.

1 기자회견장을 준비해요. 의자를 놓고, 카메라를 두고 상황에 몰입할 수 있게 준비해요.

2 아이가 등장인물의 역할을 맡고 기자회견장으로 들어와 인사해요.

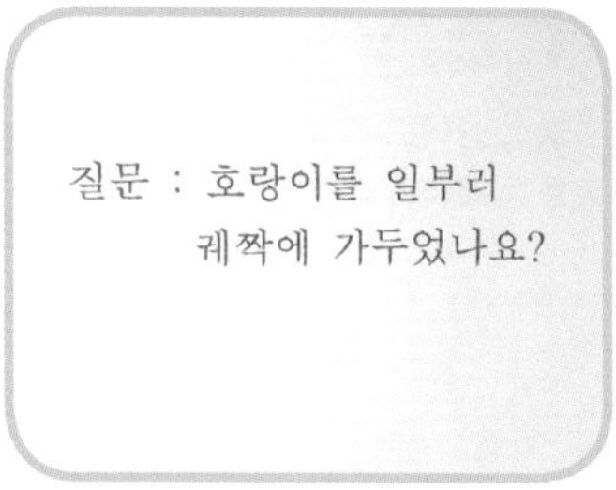

3 기자 역할을 맡은 부모가 아이에게 동화에서 무슨 일이 일어난 건지 질문을 해요.

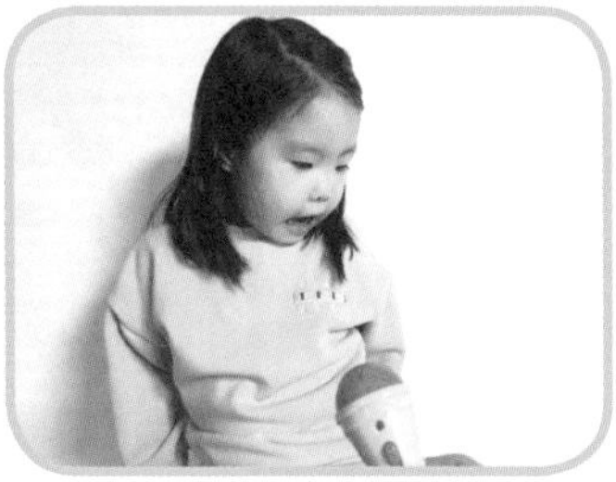

4 해당 인물을 연기하며 그 인물의 입장을 유추해 대답해요.

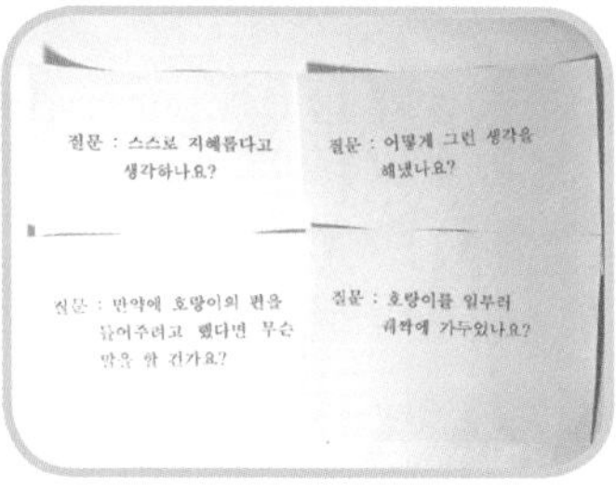

5 기자는 그때 기분은 어땠는지, 왜 그런 행동을 했는지 등 질문을 확장해요.

6 해당 인물이 돼 대답해요.

한 걸음 더!

기자가 돼 취재해요

○ **준비물** 마이크, 질문 카드

1. 기자회견장에서 역할을 바꿔 참여해요.
2. 이번에는 부모가 의자에 앉아서 아이의 기자 질문에 대답해요.

코딩놀이

커다란 연극 무대 주문하기

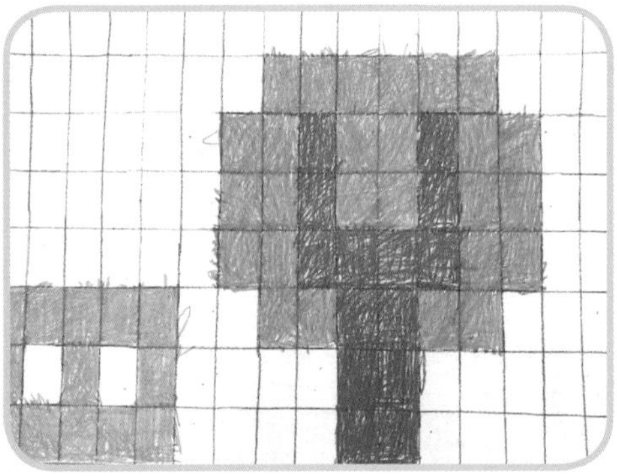

● **놀이 난이도** ★★★ ● **준비물** 전지, 크레파스
● **초등 교육과정 역량** 지식정보처리 역량, 의사소통 역량

연극 무대에 쓰일 배경을 업체에 전화해서 주문하려고 해요.
그런데 어떤 무대 배경을 원하는지 말로만 설명해야 한다고 해요.
어떻게 하면 정확하게 전달할 수 있을까요? '커다란 연극무대 주문하기' 놀이로 알아봐요!

놀이 속 코딩 개념

이미지 파일은 픽셀이라는 작은 단위로 쪼개져 있어요. 그래서 하나, 하나의 픽셀 값이 무엇인지를 알면 전체의 그림을 완성할 수 있어요. 팩스는 어떻게 정보를 전달하는 걸까요? 컴퓨터는 숫자만 다룰 수 있는데 말이죠. 팩스를 보낼 때 컴퓨터는 이미지를 아주 작은 픽셀로 나누어 값을 하나하나 전달해요. 순서대로 픽셀 값이 1인지, 0인지를 전달받는다면 멀리 떨어진 공간에서도 같은 이미지 파일을 전송하고 받을 수 있어요.

놀이로 얻는 학교생활 tip!

학교에서는 국어 시간에 배운 이야기와 미술 교과를 융합하여 연극을 준비하기도 해요. 연극의 완성도를 높이기 위해서는 연극 무대를 준비하는 과정이 꼭 필요해요. 무대의 배경을 그리기도 하고, 연극에 사용할 소품을 만들기도 하고, 맡은 역할에 맞게 분장을 하기도 해요.

놀이 순서

tip ★ 이 놀이는 픽셀 칸의 개수와 색깔만 정확히 전달한다면 말로만 소통해도 원하는 그림을 그려낼 수 있어요. 픽셀 칸을 말하는 사람과 그에 따라 색칠하는 사람이 각자 다른 방에 있게 하고 놀이하는 방법도 있어요.

★ 줄끼리 따로 명령하는 것이 중요해요. 큰 그림도 한 줄 한 줄 나누어 설명하면 쉽게 해결할 수 있거든요.

1 전지의 짧은 면(세로)을 반으로 접고, 또 반으로 접는 것을 4번 반복하여 16칸을 만들어요.

2 전지의 긴 면(가로)을 반으로 접고, 또 반으로 접는 것을 3번 반복하여 8칸을 만들어요.

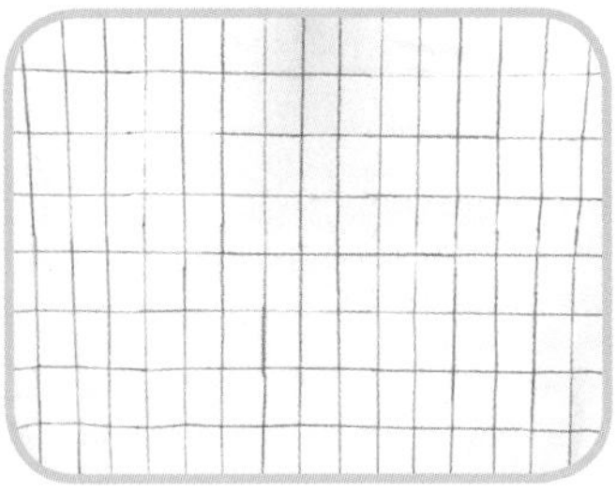

3 전지를 모두 펴고, 픽셀 칸이 잘 보이게 칸 모양을 검은색 크레파스로 그려주세요.

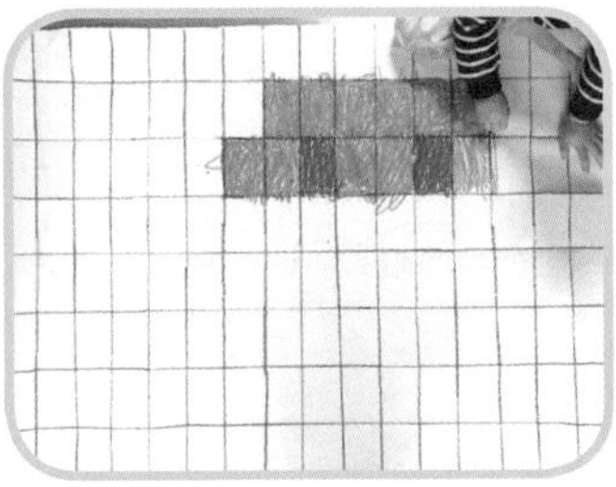

4 부모는 한 줄 씩 픽셀의 유무를 알려줘요. 둘째 줄은 '흰색 7개, 초록색 6개, 흰색 3개'예요.

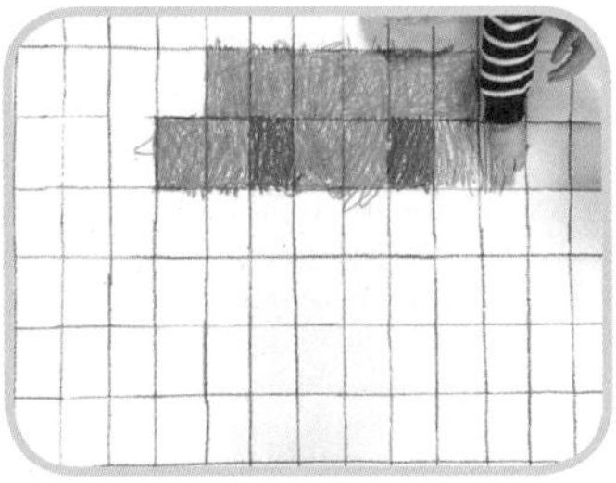

5 셋째 줄은 '흰색 6개, 초록색 2개, 갈색 1개, 초록색 2개, 갈색 1개, 초록색 2개, 흰색 2개'예요.

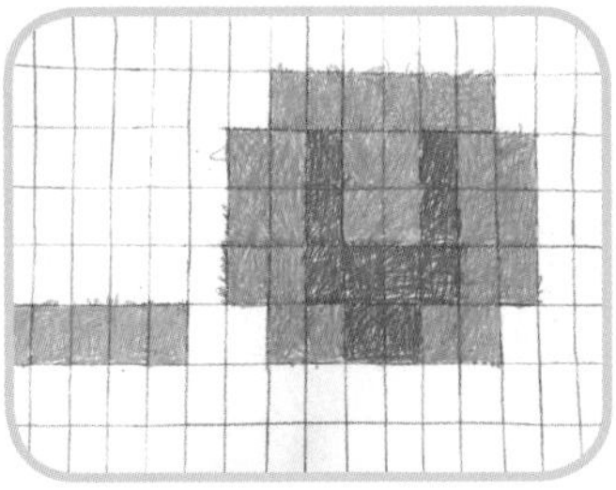

6 여섯째 줄은 '노란색 5개, 흰색 2개, 초록색 2개, 갈색 2개, 초록색 2개, 흰색 3개'예요.

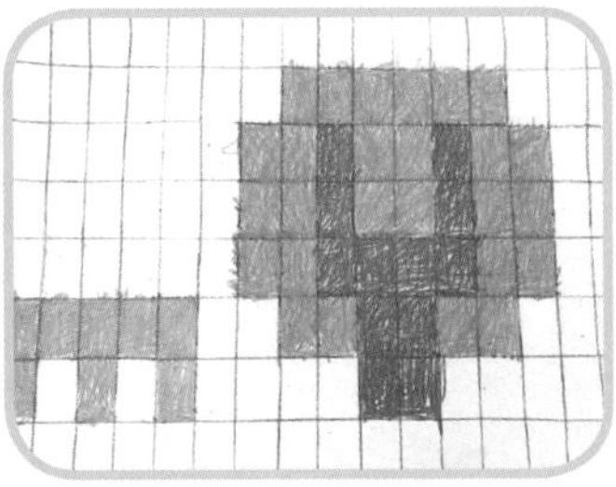

7 일곱째 줄은 '노란색 1개, 흰색 1개, 노란색 1개, 흰색 1개, 노란색 1개, 흰색 4개, 갈색 2개, 흰색 5개'예요.

8 이렇게 한 줄씩 픽셀의 개수와 색깔을 알려줘 궤짝과 소나무가 있는 연극 무대를 완성해요!

✦ 에필로그

책은 아이의 세계를 넓힌다

요즘 아이들이 더 똑똑하다, 발달이 더 빠르다고 하는데도 예전에 비해 문해력이 떨어진다는 말을 듣습니다. 왜일까요? 문해력이 갖춰지기 전에 단순히 문제를 푸는 스킬을 익히는 아이들이 늘어나고 있기 때문입니다. 수학 연산은 빠르고 정확하게 하면서 수학 문제를 긴 지문으로 읽으면 무슨 말인지 몰라서 못 풀겠다는 말을 하는 경우가 이와 같습니다. 이러한 문해력의 부족은 학습 부진을 초래하거나, 학습에 대한 의욕을 떨어트려 공부와 점점 멀어지게 만들기도 합니다. 글을 읽고 이해하는 힘은 학습 전반에 걸쳐 기본적으로 뒷받침이 돼야 하는 능력입니다. 문해력을 기르는 열쇠는 바로 독서입니다.

빠르게 변화하는 시대 속에서 많은 직업이 사라지고, 새로운 직업이 생겨날 것이라고 합니다. 아이의 미래 경쟁력을 길러주기 위해 로봇이 아닌 인간만이 할 수 있는 능력을 키우는 것이 중요하다고 합니다. 그렇다면 우리 아이들에게 길러줘야 할, 인간만이 할 수 있는 능력은 정확히 무엇일까요? 독창적인 사고, 변화에 유연하게 대처하는 능력이 그것입니다. 독서는 이 능력들을 키워줄 수 있는 값진 공부입니다. 아이는 독서를 통해 자신의 일상을 넘어서는 간접 경험을 할 수 있습니다. 그 과정에서 많은 감정을 느끼고 사고력, 상상력, 창의력이 넓어질 수 있습니다. 또 독서를 통해 얻은 지식은 세상을 보는 시야를 넓혀주고

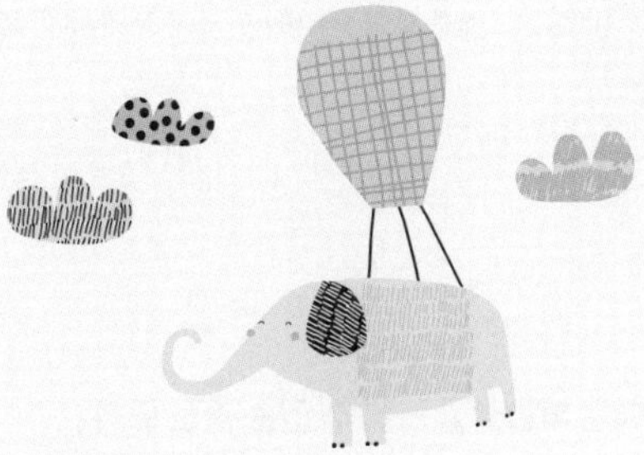

세상을 살아가는데 있어 자신감을 심어줄 것입니다. 독서를 통해서 아이에게 공부에 대한 자신감을, 나아가 삶을 주도적으로 살아갈 수 있는 힘을 길러주세요.

부록

주제별 추천 도서 리스트

초등학교 1~3학년 국어 교과서에 실린 책을 선별하여 추천했습니다.

★아름다운 우리말을 느낄 수 있는 추천 도서

책 제목	저자	출판사	출간연도	학년
글자동물원	이안 글, 최미란 그림	문학동네	2015	1
까르르 깔깔	이상교 글, 길고은이 그림	미세기	2015	1

●함께 읽으면 좋아요

책 제목	저자	출판사	출간연도	학년
숨바꼭질 ㄱㄴㄷ	김재영	현북스	2013	1
표정으로 배우는 ㄱㄴㄷ	솔트앤페퍼	소금과후추	2017	1
동물 친구 ㄱㄴㄷ	김경미	웅진주니어	2006	1
생각하는 ㄱㄴㄷ	이지원 기획, 이보나 흐미엘레프스카 그림	논장	2005	1
손으로 몸으로 ㄱㄴㄷ	전금하	문학동네	2008	1
최승호 · 방시혁의 말놀이 동요집 1	최승호 글, 윤정주 그림, 방시혁 작곡	비룡소	2011	1
동동 아기 오리	권태응 글, 김성민 그림	다섯수레	2009	1
라면 맛있게 먹는 법	권오삼 글, 윤지회 그림	문학동네	2015	1
아가 입은 앵두	서정숙 글, 채상우 그림	보물창고	2013	1
윤동주 시집	윤동주	범우사	2015	2
우산 쓴 지렁이	오은영	현암사	2006	2
내 별 잘 있나요	이화주 글, 김세현 그림	상상의힘	2013	2
아니, 방귀 뽕나무	김은영 글, 정성화 그림	사계절	2015	2
아빠 얼굴이 더 빨갛다	김시민 글, 이상열 그림	리잼	2017	2
딱지 따먹기	초등학교 아이들 글, 백창우 곡, 강우근 그림	보리	2002	2
께롱께롱 놀이노래	편해문 편, 윤정주 그림	보리	2008	2
우리 전래 동요	신현득 글, 정병례 그림	현암사	2007	2
수박씨	최명란 글, 김동수 그림	창비	2008	2
참 좋은 짝	손동연	푸른책들	2004	2
나무는 즐거워	이기철 글, 남주현 그림	비룡소	2019	2
신발 속에 사는 악어	위기철 글, 안미영 그림	사계절	2015	2
산새알 물새알	박목월 글, 양상용 그림	푸른책들	2016	2
호주머니 속 알사탕	이송현 글, 전미화 그림	문학과지성사	2011	2
짝 바꾸는 날	이일숙 글, 박진주 그림	도토리숲	2017	2
동무 동무 씨동무	편해문 글, 박향미 그림	창비	1998	2
우리 동네 이야기	정두리 글, 임수진 외 그림	푸른책들	2013	2

너라면 가만있겠니?	우남희 글, 이채원 그림	청개구리	2014	3
꽃 발걸음 소리	오순택	아침마중	2016	3
아! 깜짝 놀라는 소리	신형건 글, 김지현 · 강나래 그림	푸른책들	2016	3
바람의 보물찾기	강현호 글, 히치 그림	청개구리	2011	3
삐뽀삐뽀 눈물이 달려온다	김륭 글, 노인경 그림	문학동네	2012	3
쥐눈이콩은 기죽지 않아	이준관 글, 김정은 그림	문학동네	2017	3
축구부에 들고 싶다	성명진 글, 홍정선 그림	창비	2011	3
어쩌면 저기 저 나무에만 둥지를 틀었을까	이정환 글, 강나래 외 그림	푸른책들	2011	3
까불고 싶은 날	정유경 글, 조미나 그림	창비	2010	3
지렁이 일기 예보	유강희 글, 이고은 그림	비룡소	2019	3
내 입은 불량 입	경북 봉화 분교 어린이들	크레용하우스	2013	3
감자꽃	권태응 글, 신슬기 그림	보물창고	2014	3
타임캡슐 속의 필통	남호섭 글, 남궁산 그림	창비	2017	3

★가족의 따뜻함을 느낄 수 있는 추천 도서

책 제목	저자	출판사	출간연도	학년
강아지 복실이	한미호 글, 김유대 그림	국민서관	2012	1
콩 한 알과 송아지	한해숙 글, 김주경 그림	애플트리태일즈	2015	1
내 꿈은 방울토마토 엄마	허윤 글, 윤희동 그림	키위북스	2014	2
크록텔레 가족	파트리샤 베르비 글, 클로디아 비엘린스키 그림, 양진희 옮김	함께자람	2002	2
리디아의 정원	사라 스튜어트 글, 데이비드 스몰 그림, 이복희 옮김	시공주니어	1998	3
아드님, 진지 드세요	강민경 글, 이영림 그림	좋은책어린이	2011	3

●함께 읽으면 좋아요

책 제목	저자	출판사	출간연도	학년
어머니 무명치마	김종상 글, 한연호 그림	창비	2002	1
몰라쟁이 엄마	이태준 글, 신가영 그림	우리교육	2002	1
나는 자라요	김희경 글, 염혜원 그림	창비	2016	1
김용택 선생님이 챙겨 주신 1학년 책가방 동화	김용택 엮음, 이규희 외 글, 강산 그림	파랑새어린이	2003	2
원숭이 오누이	채인선 글, 배현주 그림	한림출판사	2009	2
엄마를 잠깐 잃어버렸어요	크리스 호튼 글 · 그림, 김상미 옮김	보림	2011	2
귀신보다 더 무서워	허은순 글, 김이조 그림	보리	2013	3

★친구와 이웃의 고마움을 느낄 수 있는 추천 도서

책 제목	저자	출판사	출간연도	학년
몽몽 숲의 박쥐 두 마리	이혜옥 글, 이은진 그림	한국차일드아카데미	2013	1
소금을 만드는 맷돌	홍윤희 글, 한태희 그림	예림아이	2012	1
꿀독에 빠진 여우	안선모 글, 김미은 그림	보물창고	2017	1
신기한 독	홍영우	보리	2010	2

욕심쟁이 딸기 아저씨	김유경	노란돼지	2017	2
치과 의사 드소토 선생님	윌리엄 스타이그 글 · 그림, 조은수 옮김	비룡소	1995	2
내가 도와줄게	테드 오닐 외 글, R.W. 앨리 그림, 노은정 옮김	비룡소	2003	2
프린들 주세요	앤드루 클레먼츠 글, 양혜원 그림, 햇살과나무꾼 옮김	사계절	2001	3
만복이네 떡집	김리리 글, 이승현 그림	비룡소	2010	3
거인 부벨라와 지렁이 친구	조 프리드먼 글, 샘 차일즈 그림, 지혜연 옮김	주니어RHK	2016	3
진짜 투명인간	레미 쿠르종 글 · 그림, 이정주 옮김	씨드북	2015	3
무툴라는 못 말려!	베벌리 나이두 글, 피에트 그로블러 그림, 강미라 옮김	국민서관	2008	3
이야기 할아버지의 이상한 밤	임혜령 글, 류재수 그림	한림출판사	2012	3

● 함께 읽으면 좋아요

책 제목	저자	출판사	출간연도	학년
표지판이 말을 해요	장석봉	웅진씽크빅	2008	1
으악, 도깨비다!	손정원 글, 유애로 그림	느림보	2002	2
까만 아기 양	앨리자베스 쇼 글 · 그림, 유동환 옮김	푸른그림책	2006	2
선생님, 바보 의사 선생님	이상희 글, 김명길 그림	웅진주니어	2006	2
훨훨 간다	권정생 글, 김용철 그림	국민서관	2003	2
콩이네 옆집이 수상하다!	천효정 글, 윤정주 그림	문학동네	2016	2
신발 신은 강아지	고상미	위즈덤하우스	2016	2
종이 봉지 공주	로버트 먼치 글, 마이클 마르첸코 그림, 김태희 옮김	비룡소	1998	2
팥죽 할멈과 호랑이	박운규 글, 백희나 그림	시공주니어	2006	2
교과서 전래동화	조동호 글, 이은주 그림	거인	2005	2
개구리와 두꺼비는 친구	아놀드 로벨 글 · 그림, 엄혜숙 옮김	비룡소	1996	2
소똥 밟은 호랑이	박민호 글, 전병준 그림	영림카디널	2018	2
책이 사라진 날	고정욱 글, 서현 그림	한솔수북	2015	3
도토리 신랑	서정오 글, 김병하 그림	보리	2007	3
바위나리와 아기별	마해송 글, 정유정 그림	길벗어린이	1998	3
귀신 선생님과 진짜 아이들	남동윤	사계절	2014	3
별난 양반 이선달 표류기 1	김기정 글, 이승현 그림	웅진주니어	2011	3

★자연을 사랑하는 마음을 길러주는 추천 도서

책 제목	저자	출판사	출간연도	학년
구름 놀이	한태희	미래엔 아이세움	2004	1
숲 속 재봉사	최향랑	창비	2010	1
바삭바삭 갈매기	전민걸	한림출판사	2014	3

● 함께 읽으면 좋아요

책 제목	저자	출판사	출간연도	학년
작은 집 이야기	버지니아 리 버튼 글 · 그림, 홍연미 옮김	시공주니어	1993	2

큰턱 사슴벌레 vs 큰뿔 장수풍뎅이	장영철	위즈덤하우스	2012	2
나무들이 재잘거리는 숲 이야기	김남길 글, 끌레몽 그림	풀과바람	2014	2
내가 조금 불편하면 세상은 초록이 돼요	김소희 글, 정은희 그림	토토북	2009	2
7년 동안의 잠	박완서 글, 김세현 그림	어린이작가정신	2015	2
플랑크톤의 비밀	김종문 글 · 사진, 이경국 그림	예림당	2015	3
개구쟁이 수달은 무얼 하며 놀까요?	왕입분 글, 송영욱 그림	JEI재능교육	2006	3
알고 보면 더 재미있는 곤충 이야기	김태우 · 함윤미 글, 공혜진 · 고상미 그림	뜨인돌어린이	2006	3
식물이 좋아지는 식물책	김진옥	궁리	2020	3
숨 쉬는 도시 꾸리찌바	안순혜 글, 박혜선 그림	파란자전거	2004	3

★아이의 마음을 보듬어주는 추천 도서

책 제목	저자	출판사	출간연도	학년
이가 아파서 치과에 가요	한규호 글, 원성현 그림	받침없는동화	2019	1
오늘 내 기분은…	메리앤 코카 레플러 글 · 그림, 김영미 옮김	키즈엠	2015	2
42가지 마음의 색깔	크리스티나 누녜스 페리이라 외 글 · 그림, 남진희 옮김	레드스톤	2015	2
꼴찌라도 괜찮아!	유계영 글, 김중석 그림	휴이넘	2010	3
하루와 미요	임정자 글, 박세영 그림	문학동네	2014	3

●함께 읽으면 좋아요

책 제목	저자	출판사	출간연도	학년
아주 무서운 날	탕무니우 글 · 그림, 홍연숙 옮김	찰리북	2014	2
기분을 말해 봐요	디디에 레비 글, 파브리스 튀리에 그림, 장석훈 옮김	다림	2016	2
아홉 살 마음 사전	박성우 글, 김효은 그림	창비	2017	2
언제나 칭찬	류호선 글, 박정섭 그림	사계절	2017	2

★문화적 소양을 기를 수 있는 추천 도서

책 제목	저자	출판사	출간연도	학년
아씨방 일곱 동무	이영경	비룡소	1998	3
온 세상 국기가 펄럭펄럭	서정훈 글, 김성희 그림	웅진주니어	2010	3
아인슈타인 아저씨네 탐정 사무소	김대조 글, 소윤경 그림	주니어김영사	2015	3

●함께 읽으면 좋아요

책 제목	저자	출판사	출간연도	학년
머리가 좋아지는 그림책 : 창의력	우리누리 글, 윤정주 그림	길벗스쿨	2017	2
곱구나! 우리 장신구	박세경 글, 조에스더 그림	한솔수북	2014	3
한눈에 반한 우리 미술관	장세현	사계절	2012	3
꽃과 새, 선비의 마음	고연희	보림	2004	3
종이접기백선 5	편집부	종이나라	1998	3

교과서가 재미있어지는 초등 교과 학습 놀이 150
하루 한 권 엄마표 책 놀이터

1판 1쇄 인쇄 2020년 6월 29일
1판 1쇄 발행 2020년 7월 15일

지은이 권정아 · 권정민
펴낸이 고병욱

기획편집실장 김성수 **책임편집** 한지희 **기획편집** 이새봄 이미현
마케팅 이일권 현나래 김윤성 김재욱 이애주 오정민
디자인 공희 진미나 백은주 **외서기획** 이슬
제작 김기창 **관리** 주동은 조재언 **총무** 문준기 노재경 송민진

펴낸곳 청림출판(주)
등록 제1989-000026호

본사 06048 서울시 강남구 도산대로 38길 11 청림출판(주) (논현동 63)
제2사옥 10881 경기도 파주시 회동길 173 청림아트스페이스 (문발동 518-6)
전화 02-546-4341 **팩스** 02-546-8053
홈페이지 www.chungrim.com **이메일** life@chungrim.com
블로그 blog.naver.com/chungrimlife **페이스북** www.facebook.com/chungrimlife

ISBN 979-11-88700-65-3 (13590)

* 이 도서의 국립중앙도서관 출판예정도서목록(CIP)은 서지정보유통지원시스템 홈페이지(http://seoji.nl.go.kr)와 국가자료공동목록시스템(http://www.nl.go.kr/kolisnet)에서 이용하실 수 있습니다.(CIP제어번호: CIP2020023521)